中国林业碳管理的探索与实践

Forest Carbon Management in China: Exploration and Practices

李怒云　编著

中国林业出版社

图书在版编目(CIP)数据

中国林业碳管理探索与实践 / 李怒云编著. —北京: 中国林业出版社, 2016.5
(碳汇中国系列丛书)
ISBN 978-7-5038-8515-0

Ⅰ. ①中… Ⅱ. ①李… Ⅲ. ①森林-二氧化碳-资源管理-研究-中国 Ⅳ. ①S718.5

中国版本图书馆 CIP 数据核字(2016)第 093830 号

中国林业出版社
责任编辑:李顺
出版咨询:(010)83143569

出版:中国林业出版社(100009 北京西城区德内大街刘海胡同 7 号)
网站:http://lycb.forestry.gov.cn
印刷:北京卡乐富印刷有限公司
发行:中国林业出版社
电话:(010)83143500
版次:2017 年 1 月第 1 版
印次:2017 年 1 月第 1 次
开本:787mm×960mm 1/16
印张:15.75
字数:250 千字
定价:68.00 元

总　序

进入21世纪，国际社会加快了应对气候变化的全球治理进程。气候变化不仅仅是全球环境问题，也是世界共同关注的社会问题，更是涉及各国发展的重大战略问题。面对全球绿色低碳经济转型的大趋势，各国政府和企业和全社会都在积极调整战略，以迎接低碳经济的机遇与挑战。我国是世界上最大的发展中国家，也是温室气体排放增速和排放量均居世界第一的国家。长期以来，面对气候变化的重大挑战，作为一个负责任的大国，我国政府积极采取多种措施，有效应对气候变化，在提高能效、降低能耗等方面都取得了明显成效。

森林在减缓气候变化中具有特殊功能。采取林业措施，利用绿色碳汇抵销碳排放，已成为应对气候变化国际治理政策的重要内容，受到世界各国的高度关注和普遍认同。自1997年《京都议定书》将森林间接减排明确为有效减排途径以来，气候大会通过的巴厘路线图、哥本哈根协议等成果文件，都突出强调了林业增汇减排的具体措施。特别是在去年底结束的联合国巴黎气候大会上，林业作为单独条款被写入《巴黎协定》，要求2020年后各国采取行动，保护和增加森林碳汇，充分彰显了林业在应对气候变化中的重要地位和作用。长期以来，我国政府坚持把发展林业作为应对气候变化的有效手段，通过大规模推进造林绿化、加强森林经营和保护等措施增加森林碳汇。据统计，近年来在全球森林资源锐减的情况下，我国森林面积持续增长，人工林保存面积达10.4亿亩，居全球首位，全国森林植被总碳储量达84.27亿吨。联合国粮农组织全球森林资源评估认为，中国多年开展的大规模植树造林和天然林资源保护，对扭转亚洲地区森林资源下降趋势起到了重要支持作用，为全球生态安全和应对气候变化做出了积极贡献。

国家林业局在加强森林经营和保护、大规模推进造林绿化的同时，从2003年开始，相继成立了碳汇办、能源办、气候办等林业应对气候变化管理机构，制定了林业应对气候变化行动计划，开展了碳汇造林试点，建立了全国碳汇计量监测体系，推动林业碳汇减排量进入碳市场交易。同时，广泛宣传普及林业应对气候变化和碳汇知识，促进企业捐资造林自愿减排。为进一步引导企业和个人等各类社会主体参与以积累碳汇、减少碳排放为主的植树造林公益活动。经国务院批准，2010 年，由中国石油天然气集团公司发起、国家林业局主管，在民政部登记注册成立了首家以增汇减排、应对气候变化为目的的全国性公募基金会——中国绿色碳汇基金会。自成立以来，碳汇基金会在推进植树造林、森林经营、减少毁林以及完善森林生态补偿机制等方面做了许多有益的探索。特别是在推动我国企业捐资造林、树立全民低碳意识方面创造性地开展了大量工作，收到了明显成效。2015 年荣获民政部授予的“全国先进社会组织”称号。

增加森林碳汇，应对气候变化，既需要各级政府加大投入力度，也需要全社会的广泛参与。为进一步普及绿色低碳发展和林业应对气候变化的相关知识，近期，碳汇基金会组织编写完成了《碳汇中国》系列丛书，比较系统地介绍了全球应对气候变化治理的制度和政策背景，应对气候变化的国际行动和谈判进程，林业纳入国内外温室气体减排的相关规则和要求，林业碳汇管理的理论与实践等内容。这是一套关于林业碳汇理论、实践、技术、标准及其管理规则的丛书，对于开展碳汇研究、指导实践等具有较高的价值。这套丛书的出版，将会使广大读者特别是林业相关从业人员，加深对应对气候变化相关全球治理制度与政策、林业碳汇基本知识、国内外碳交易等情况的了解，切实增强加快造林绿化、增加森林碳汇的自觉性和紧迫性。同时，也有利于帮助广大公众进一步树立绿色生态理念和低碳生活理念，积极参加造林增汇活动，自觉消除碳足迹，共同保护人类共有的美好家园。

国家林业局局长 张建龙

二〇一六年二月二日

序

知道碳汇的人很多，但将碳汇与自己从事的工作结合起来，开创一份事业的人却寥寥无几，中国绿色碳汇基金会秘书长李怒云女士就是其中之一。

2004 年，我们一起在美国培训学习，听说她正在负责实施一个林业碳汇交易项目。可以看出，她已经下定决心在这一陌生领域进行拼搏。除了完成培训所安排内容外，她其他时间一直在都在了解和学习应对气候变化的知识。在美国培训期间，我们访问了许多美国政府机构、非政府组织和一些国际非政府机构。每到一处，林业碳汇是她必谈的话题，以至于美国朋友称她为 carbon lady。

森林碳汇纳入我国林业管理范畴大概也是从那时开始。在缺乏资金、技术和人才支撑的情况下，李怒云女士和她的同事们开始了艰辛的探索，期间的酸甜苦辣可想而知。功夫不负有心人，迎接他们勤奋工作的回报是丰富的成果和不断扩大的影响力，直到成立了国内首个以应对气候变化为主要目标的全国性公募基金会。这是一个实实在在的机构，也是一个施展才华的平台。通过资金募集、宣传策划和项目实施，使更多的部门、企业、组织和个人了解了林业的碳汇功能，也使他们的事业得到更多人的认可，并愿意为之作出贡献。

我钦佩她的工作热情和执着追求，她的创新意识和坚忍不拔的工作精神是我学习的榜样。这本书给读者带来的不仅是大量的信息，更是一个林业工作者的敬业精神。

国家林业局国际合作司司长 苏春雨

2016 年 3 月 20 日

前　言

自20世纪70年代以来，以变暖为特征的全球气候变化问题不仅引起了科学界的深切关注，而且逐渐受到国际社会和各国政府的高度重视，成为当今国际政治、经济、环境和外交领域的热点问题。有研究表明(IPCC, 2001)：1861～2000年全球地表平均增温0.6摄氏度，尤其是过去50年间的增温，很大程度是由于人类大量燃烧化石燃料以及毁林等人为因素，导致大气层中二氧化碳(CO_2)、甲烷(CH_4)、氧化亚氮(N_2O)、氢氟碳化物(HF-Cs)、全氟化碳(PFCs)、六氟化硫(SF6)六种温室气体浓度大幅度增加，形成温室效应的结果。人类应对气候变化基本手段无外乎两种，一是减少温室气体排放(源)，二是增加温室气体吸收(汇)。前者主要是通过降低能耗、提高能效、使用清洁能源等来实现，这将对一个国家经济产生重大影响。而增加温室气体吸收(汇)，主要是利用绿色植物具有光合作用的生物学特性，放出氧气，吸收大气中的二氧化碳并将其固定到植物体和土壤中，在一定时期内起到稳定和降低大气中温室气体浓度的作用。为了减少全球温室气体排放，降低浓度。1992年，全球189个国家签署了《联合国气候变化框架公约》(下简称《公约》)。目标是将大气中温室气体的浓度稳定在防止气候系统受到危险的人为干扰的水平上。由于排放到大气中的温室气体主要源于发达国家数百年前工业革命时期的历史排放，本着“共同但有区别的责任”原则，《公约》要求发达国家缔约方率先减排并在21世纪末将其温室气体的排放恢复到1990年水平。1997年2月，在日本京都召开的《公约》第3次缔约方大会(COP3)上通过了《联合国气候变化框架公约的京都议定书》(下简称《京都议定书》。首次以法律形式规定《京都议定书》的附件1国家(包括工业化和经济转轨国家，统称为发达国家)在2008～2012年的第一个承诺期内，要将本国温室气体排放量在1990年的基础上平均减少5.2%。同时，制定了相应的规则和制度。其中《京都议定书》中的“土地利用、土地利用变化和林业”

条款，确定了绿色植物碳汇在应对气候变化中具有重要作用，特别是《京都议定书》灵活的履约机制之一：清洁发展机制(Clean Development Mechanism，CDM)中的造林、再造林碳汇项目，以及其后《公约》谈判中诸多的涉林议题，如帮助发展中国家"减少毁林和退化林地造成的碳排放，以及加强森林经营和恢复森林植被增加碳汇(Reduce Emissions from Deforestation and forest Degradation in developing Countries，REDD +) 等，为林业碳汇抵消碳排放开辟了道路。在传统的植树造林、森林资源管理的基础上，拓展了增汇减排，争取更多碳排放空间的内容。将林业建设和管理纳入了全球减缓和适应气候变化的轨道，走上了林业碳管理之路。

本书所论述的林业碳管理，主要是指在应对气候变化背景下，林业建设的诸多方面和具体措施。实际上，森林植物吸收二氧化碳是其自然属性，依托生物量计算森林植被碳储量、各类碳库及动态变化等，并非新技术和新概念。但是，在应对气候变化背景下，特别是在《公约》、《京都议定书》等国际制度和规则下，森林的吸碳固碳功能具有了新的用途，产生了新的概念乃至新的技术标准和要求 。非实物的林业碳汇减排量也成为了碳市场中可交易的重要产品。特别是林业措施与国家经济发展的碳排放空间有了密不可分的战略关系。林业碳汇的自然属性和经济属性被赋予了减缓和适应气候变化的政治使命。以此为基础所开展的工作，就是笔者在本书中所论述的林业碳管理。

本书从介绍国际林业碳管理的概念与实践入手，阐述了林业在应对气候变化中的特殊功能与作用。通过对中国森林被恢复和森林保护的巨大成就的展示，认真总结了从 2002 年开始，国家林业局从无到有、从小到大逐步开展的林业应对气候变化工作。通过看似简单，但起到了启蒙作用的首个"造林绿化与气候变化"及后来多个研讨会和培训班开始，梳理了从知识普及到机构建设、标准研发到项目实施、国内政策到国际谈判等重点工作。介绍了中国绿色碳汇基金会的运行模式及自愿碳汇交易试点、"购买碳汇、履行义务植树"、"碳中和会议"造林项目、国际合作与交流等一系列具有中国特色的开创性工作。本书还首次将 3 年前就组织专家研究编制并经实际测定的《碳汇城市指标体系》展示给读者，为那些森林覆被率高、林业碳汇多、工业碳排放少、生态产品丰富、具有良好人居环境但又较贫困的地区，创造一张新的“生态名片”，提供新的发展思路。最后从林业碳管理尚有诸多需要探索和创新空间出发，提出了中国林业碳管理未来的发展思路和展望。

由于作者水平有限，书中难免有不足之处，恳请读者给予批评指正。

李怒云

2016 年 1 月 11 日

目　录

第一章　国际应对气候变化治理制度与林业碳管理

第一节　林业碳汇逐渐纳入国际规则

2001年7月在德国波恩召开了《公约》缔约方第六次大会(COP6)的续会。这次会议上各方达成了《波恩政治协议》。就林业议题，提出了将土地利用、土地利用变化和林业(Land Use, Land Use Change and Forsetry, LULUCF)活动作为减排的有效手段，并同意将造林和再造林作为第一承诺期合格的清洁发展机制(下简称CDM)项目。《波恩政治协议》的达成显示了国际社会共同应对气候变化的决心，也为执行《京都议定书》具体措施的谈判建立了基本框架。

2001年10月29日在摩洛哥马拉喀什召开了缔约方第七次大会(COP7)。这次会议的主要任务就是完成《波恩政治协议》遗留的技术性谈判，明确缔约各方所应承担的义务，以便促使《京都议定书》早日生效。大会最终达成了《马拉喀什协定》，其中要求就第一承诺期CDM碳汇项目展开进一步工作，以确定其模式、管理办法和规则以及在第九次缔约方大会上就第一承诺期中造林和再造林CDM项目的模式和规则做出决定。本次会议解决了《京都议定书》确定的三种减排机制的基本运行规则，并同意迅速启动CDM项目，使得CDM项目的合作成了热点。马拉喀什会议的成功，使国际气候谈判进入了各缔约方批准《京都议定书》的关键阶段，推进了《公约》和《京都议定书》的发展进程。

2003年12月1日~12日，《公约》缔约方第九次大会(COP9)在意大利米兰召开。此次会议主要是解决《京都议定书》中操作和技术层面的问题，如制定碳汇项目的原则和标准，制定气候变化专项基金的操作规则，以及如何应用政府间气候变化专门委员会(下简称IPCC)第三次评估报告作为新一轮气候变化谈判的科学依据等。最终，会议通过了关于碳汇项目执行的原则协议，解决了包括与碳汇项目有关的定义、碳汇项目固碳的非持久性、计入期、监测，项目的社会经济和环境影响评价、小项目问题，基准线、额外性和泄漏等的定义以及它们之间的相互关联；如何使用IPCC关于土地利用、土地利用变化和林业(下简称LULUCF)的良好做法指南、潜在的外来入侵物种和转基因树种等在内的相关问题。经过几次缔约方大会的认真研究和反复探讨，作为CDM下LULUCF活动中的林业碳汇项目正式启动并进入实质性项目试点和操作阶段。

根据清洁发展机制的规定，林业碳汇项目的造林(afforestation)，是“指通过栽植、播种或人工促进天然更新下种方式，将至少在过去50年内不曾为森林的土地转化为幼林地的人为直接活动。“再造林(rfforestation)”，是“指通过栽植、播种或人工促进天然更新下种方式，将过去曾经是森林但被转化为无林地的土地，转化为有林地的人为直接活动”。对于第一承诺期，再造林仅限于在1989年12月31日以来不为森林的土地上进行的人工造林活动。也就是说CDM的林业碳汇项目必须是在50年以来或者1990年以来的无林地上的人工造林活动。2003年《波恩政治协定》为附件1国家利用造林、再造林碳汇项目获取减排量设定了上限，即在第一承诺期内(2008～2012年)，附件1国家每年从清洁发展机制造林、再造林碳汇项目中获得的减排抵销额不得超过其基准年(1990年)排放量的1%。至此，森林生态系统的碳汇功能从实质上进入了抵减碳排放的国际制度和规则中，同时表明，国际社会进一步认可了林业碳汇在一定时期对稳定乃至降低大气中温室气体浓度起到的重要作用。

第二节　国际林业碳管理实践案例

2007年IPCC第四次评估报告指出：林业具有多种效益，兼具减缓和适应气候变化的双重功能，是未来30～50年增加碳汇、减少排放的成本较低、经济可行的重要措施。这一结论，不仅引起了科学界的关注，而且逐渐受到国际社会和各国政府的高度重视。专家认为，如果在2050年前将森林砍伐速度降低50%，并将这一水平维持到2100年，能减少碳排放约500亿吨。因此，在工业温室气体减排国际谈判十分艰难的情况下，林业措施受到了高度重视，林业碳管理逐步进入了应对气候变化的国际进程。

在《京都议定书》生效前后的一段时间，世界各国相继开展了林业与应对气候变化的诸多研究，包括自然科学、政策制度、标准和方法学、碳交易规则等。虽然从理论到实践提出林业碳管理概念的国家并不多，但为将林业措施更多地应用到全球应对气候变化和国内外碳交易中奠定了基础。

一、美国林业碳管理简述

（一）美国森林碳汇基本情况

美国国土面积962万平方公里，人口3亿多。森林面积约3亿公顷，森林覆盖率33%，其中57%的森林面积为私人所有，主要分布在美国东南部；43%为联邦政府、州政府或地方政府所有，主要分布在美国西部和北部。美国森林不仅提供足够的木材产品，还提供优质水源、优美景观等生态服务。而美国森林碳吸收对于抵消美国温室气体排放，减缓气候变化方面也有着重要的作用。根据美国温室气体清单，目前，美国每年由化石燃料等产生的CO_2排放量约为65.26亿吨（美国温室气体清单编制及排放数据管理机制调研报告，刘保晓、李靖、徐华清，2014-12-31）。美国森林每年净吸收CO_2约为7亿吨，相当于全国当年温室气体排放量的12%。

（二）重视维护森林碳库

美国森林在1700~1950年的250年间，表现为碳源。主要原因是美国工业革命期间，森林遭到持续大规模的破坏。到1900年，这种破坏达到顶点，当年因为破坏森林造成的CO_2排放达到29亿吨。根据20世纪40年代末发表的报告，当时美国森林的消耗因素主要是木材生产、燃料消耗以及病虫、林火等灾害，对森林造成了很大破坏。经过20世纪持续的森林恢复，美国森林逐渐由碳源转变为碳汇。到21世纪，美国森林每年净吸收的CO_2已达到7亿吨左右。鉴于历史的教训，美国在关注森林传统功能的同时，坚持多种措施恢复森林植被、发展生物质能源、开发木材替代品、重视农用林业与城市林业建设等。对保持和增加森林碳库，充分发挥美国森林的碳汇功能起到了积极作用。

（三）注重科学研究和管理

美国历来重视森林吸碳固碳机理和碳汇计量监测等科学研究。从1991年建立第一个碳通量塔起，至今已经建立了100多个通量塔。利用通量塔观测数据，结合遥感数据，美国科学家估算了全国森林生态系统的碳储量和碳吸收能力，并从树木的生命周期和生长周期两个尺度研究森林碳库的碳平衡情况。此外，美国林务局向公众提供碳汇计量服务。开发了基于网络技术的决策支持系统，利用美国森林调查数据和气象数据估算森林碳储量和碳汇，用户可以选择国家、州和小到几个县的空间区域，根据森林类型和立地条件估算碳储量和碳汇。

美国森林近年来处于较为稳定的状态。在采取各种措施保持和增加森林碳库的同时，通过对森林的科学管理，充分发挥森林的碳汇功能。根据IPCC的分析预测，全球森林管理水平的提高，将对减缓大气中温室气体的累积起到重要作用。以2010年为基线，预计到2050年，通过科学管理森林减少的CO_2将累计达到80亿吨。因此，多年来，美国森林管理者将林业碳管理的理念纳入森林经营管理，在森林管理活动中注重碳平衡和减少对碳库的干扰，努力控制林火和病虫害的发生，有效地发挥了森林碳汇的作用。但是，美国科学家认为，森林生态系统的碳汇潜力也是有限的，对此应做出科学评价。研究表明，如果现在要使美国的森林生态系统多吸收10%的CO_2碳，需要在森林碳减排和增加碳汇两个方面做出巨大努力(李怒云等，赴美考察报告)。

(四)美国林业碳汇交易

作为应对气候变化的碳减排抵消措施，美国林业碳汇较早地进入到了温室气体交易市场。在美国的数家碳交易所中，可登记林业碳汇交易机构共有4个：①芝加哥气候交易所(Chicago Climate Exchange)；②加州气候行动登记所(The California Climate Action Registry)；③区域温室气体排放倡议(The Regional Greenhouse Gas Initiative)；④国家自愿申报温室气体排放计划(National Voluntary Reporting of Greenhouse Gases Program)(陈叙图等，美国林业碳汇市场现状及发展趋势)。其中较为典型的是芝加哥气候交易所和加州温室气体交易计划。

案例1　芝加哥气候交易所(Chicago Climate Exchange)

成立于2003年的美国芝加哥气候交易所，是北美地区，也是世界上第一个6种主要温室气体自愿交易平台。其最早把碳汇纳入了温室气体交易产品中。2003~2006年期间是交易所运行的第一期，其项目主要在加拿大、美国和墨西哥。

芝加哥气候交易所的项目类型可分成减排项目和碳汇项目两大类，其中碳汇项目包括农业土壤固定、林业活动和牧场土壤固碳。合格的林业碳汇项目包括造林、森林保护和城市植树等项目。林业碳汇项目合格性主要有以下几个要求：

- 造林、再造林和改善森林管理的项目要在1990年1月1日前为无林地或退化林地上进行；
- 造林项目和森林经营项目可在同一林地开展；
- 需证明经营森林的方式是可持续经营；
- 需证明用于长期承诺的森林碳库具有永久性；
- 需按已认可的方法学开发项目；
- 碳汇减排量必须要经独立第三方认证。

目前，已注册成功的林业碳汇项目位于哥斯达黎加、巴西和美国。2010年，芝加哥气候交易所被美国洲际交易所收购。

案例2. 美国加州的林业碳汇交易

美国加利福尼亚州(下简称加州)面积约42万平方公里，人口3800万，分别占美国人口的13%和12%。2013年国内生产总值(GDP)为2.2万亿美元，是世界第八大经济体。作为美国第一大州，2006年加州政府批准了《全球气候变暖解决方案法案》(Assembly Bill 32, Global Warming Solutions Act，下简称AB32)，提出将2020年温室气体排放恢复到1990年水平，到2050年温室气体在1990年基础上将进一步减排80%。为实现这一目标，州政府批准了总量控制及交易计划，对区域内2013～2020年的排放设置了总量控制。2013年1月，加州碳市场正式启动。将年排放量达到或超过25000吨CO_2当量的360家企业纳入其中。这些企业的总排放量占加州温室气体排放总量的85%。覆盖了电力、石油、炼油、钢铁、造纸、水泥、林业等行业。

早在2008年，加州就建立了温室气体强制报告制度，覆盖州内大型排放源。组织编制了20个行业的核算报告方法，对发电厂和重点设备要求采用烟气自动监控系统减排。鉴于排放数据核查的重要性，加州政府引入第三方核查机制，并对其进行了严格的培训和资质管理，为加州后来开展碳交易打下了很好的基础。

加州在配额分配方面采用免费分配和拍卖相结合的方式。为降低碳市场“泄漏风险”，在免费分配时充分考虑行业排放强度和产品贸易情况，对工业企业按照产品标杆和能耗标杆法计算免费分配配额量。电力配电企业按照历史排放量90%免费分配配额，同时，政府预留4.6%的配额用于调节价格。加州碳交易机制允许企业通过抵消机制完成8%的减排义务。接受的抵消减排项目类型包括森林、城市森林(1吨碳汇信用相当于1吨CO_2当量)、消耗臭氧层物质和农业甲烷项目等。2013~2014年(第一期)的配额为3.225亿吨CO_2当量，其中，可通过抵消机制完成的最大减排量为2580万吨CO_2当量。

碳抵消设有上限，企业用于合规的碳抵消指标不超过排放配额的8%。这意味着在2012~2020年期间，最高约2.3亿吨的碳抵消指标将进入该市场。碳抵消具有相对优势，企业购买满足排放上限要求，比投资新技术减碳或购买碳排放配额的成本更低。2013年碳排放配额的交易价格在每吨12美元左右，而抵消额度的价格每吨在8~10美元之间。因其价格优势，碳抵消项目呈现良好发展前景。自2012年该市场启动到2014年，仅林业项目就获得165万吨签发量。

加州碳市场的碳抵消交易按照“加州空气资源委员会认可抵消协议”的规定运行。协议是碳抵消项目评估和判决的依据，界定了碳抵消项目的基本方法和实施步骤，并确定减少温室气体排放的效益。其内容主要有：项目的资格标准(确保项目的额外性)、计量方法学、监管核查和执法要求等。在协议基础上，针对本国林业碳汇进入加州碳市场，制定了森林项目协议(US Forest Projects Protocol)，并由加州空气资源委员会认可后正式发布。

加州森林项目协议又分为两类。一类是森林项目遵约补偿协议(Compliance Offset Protocol for U. S. Forest Projects)项目，另一类是城市森林遵约补偿协议(Compliance Offset Protocol for Urban Forest Projects)项目。

森林项目遵约补偿协议包括9项内容：森林项目的界定和要求、市场规则和其他规定(额外性、项目启动、项目授信期等)、确定项目区域、项目边界、计量温室气体净减少和增强气体净清除、项目监测、报告要求、核查。适合该协议的有3类项目，即再造林、改进森林管理和避免林地转换。再造林项目和改进森林管理项目可以在私有土地或州、市所有的土地上开展，但避免林地转换项目仅限于在私有土地上实施。

城市森林遵约补偿协议主要有8项内容：减少温室气体排放项目(项目界定及方法学、项目运营商或授权的项目指定人)、资格规定、项目的边界及计量方法、温室气体减排计算方法及计量方法学、持久性、抵消项目监测及计量方法学、报告参数（年度报告要求、文件保存、核查周期）、监管核查要求。目前，有3类区域内的城市森林符合该协议，即城市区域、校园和公用事业单位管理的区域。

2013年11月13日，加州签发了碳市场启动以来的第一批林业碳汇项目。其中位于加利福尼亚州的门多西诺县的“威利茨森林项目（Willits Woods）”属于森林经营类。该项目距离旧金山市约150公里。项目业主Coastal Ridges LLC公司对约7288公顷森林进行了经营。经第三方认证机构SCS Global Sercices核查，签发了2004～2012年间碳汇减排量约120吨（CO_2当量下简称吨）。所用方法学为气候行动储备森林项目协议（Forest Project Protocol，version3.2）。另外还签发了一个缅因州的森林经营项目，减排量约为24万吨。

在加州政府积极支持下，林业碳汇交易取得了显著成效。首期获得了6700多万美元收益，全部投入到湿地和流域保护、防火和城市等林业建设中。（State of the California Cap－and－Trade 2013/14，2014年3月27日出版）

二、加拿大林业碳管理简介

2008年，加拿大政府提出了新的林业发展战略，其重点是林业部门的改革要充分发挥林业在减缓和适应气候变化中的作用。该战略指出，林业部门的改革与应对气候变化具有相互影响、相互依赖的特点。改革要有长期的计划和国际视角，包括信息共享等一系列的管理政策和行动。加拿大林业应对气候变化的具体措施包括减缓和适应两方面：①减缓方面，通过加强森林火灾、病虫灾防治以及减少森林砍伐等措施减少碳排放，同时加强对森林管理和促进使用林产品增加碳汇和储碳量。②适应方面：计划提供2500万美元，用5年时间帮助社区适应气候变化，为加拿大全国11个以社区为基础的合作企业提供资金，推进社区应对气候变化的信息、工具、策略的共享等。之后《行动计划2000》的出台，将植树造林和建设防护林带作为重要内容纳入应对气候变化范围，并由政府投资5亿加元给予支持。

此外，加拿大政府积极推动包括林业碳汇在内的碳交易。如哥伦比亚省（简称BC省）把林业碳汇减排量纳入了2008年成立并由其控股的“太平洋碳信托基金（Pacific Carbon Trust，下称PCT）”的碳排放权（下称简碳权）管理。

PCT 经营的碳权源自三类项目，即提高能源效率项目、使用可再生能源替代项目和林业碳汇项目。这些项目分布在以温哥华为中心的全省各地，其中林业碳汇项目占到 60%，提高能源效率项目 20%，使用可再生能源的能源替代项目 20%。

为了使买卖的碳权符合 BC 省的相关规定，PCT 制定了项目指南和项目开发规则及要求。在项目开始前，要求项目开发商根据《BC 省碳权交易条例》(下称《条例》)进行 4 项检查：(1)项目起始日(基线)必须是 2007 年 11 月 29 日之后；(2)所产生的碳权必须在 BC 省内；(3)项目开发商必须对项目产生的碳权有清晰的产权或者可以顺利获得该产权；(4)用于碳中和的碳权不能来自 BC 省的水力发电项目，因为水力发电项目被认为不具有额外性，不能作为可交易的碳权。

在完全满足上述 4 个条件的前提下，项目开发商还要遵循以下 6 条规定：

(1)范围：温室气体减排必须来自 BC 省内的碳源，其中包括森林碳汇。符合要求的只有《京都议定书》认定的 6 种温室气体，并且以 CO_2 当量($CO_2{}^{-e}$)计算。

(2)基线要求：项目实施必须与《条例》规定保持一致，而且减排量必须可测量、可报告、可核查。

(3)方法学：项目开发商必须提供相应的方法学，以阐明减排量如何计算以及每年项目减排量的计算公式。

(4)额外性：与无需实施项目也可产生的减排量进行比较，项目实施必须具有经济、技术等额外性，以确保项目所获减排量是额外增量。

(5)核证：独立第三方必须依照《条例》规定对项目设计(PDD)进行审核，并对项目监测报告进行核证。

(6)排他性：项目产生的减排量只有在没有用于其他碳中和用途时，才能被认定是有效的碳权，避免重复计算。

林业碳汇项目

(1)项目类型。PCT 购买的来自林业碳汇项目的碳权，除了满足以上 6 条规定外，还要按照《BC 省森林碳补偿协议》(the Protocol for the Creation of Forest Carbon Offsets in BC，简称 FCOP)实施项目。具体项目类型包括：造林、再造林、改善森林管理和减少毁林等。

(2)项目合格性要求

根据 FCOP，所有合格的林业项目应满足以下条件：

① 合法：项目必须遵守各种适用的土地和森林管理法规[1]。

② 树种质量：所申报项目必须使用具有遗传多样性的高产树种，或者是达到 BC 省林业《树种选择标准》的树种，包括不得使用转基因树种。

③ 碳库选择：在确定项目分类、适用性和区域划定后，项目申请人必须明确受该项目影响的碳源、碳汇和碳库，以计算温室气体的净排放量。

(3)项目额外性要求

资金额外性

①即使将现有的政府气候变化激励政策考虑在内，项目也不盈利。

②所申报项目的经济收益低于项目方现有的内部投资收益率。

③所申报项目的吸引力低于可行的替代项目。

④项目方获得资金有困难。

符合资金额外性的情况主要是技术性问题或其他问题。项目方必须清楚说明即便获得的是非资金激励，但碳权带来的这些激励至少有助于克服已明确的下列情况。主要包括：

①技术额外性。所申报项目含有项目方未用过或不便使用的技术方法。所以，即使项目是有收益的，项目方通常也不会实施。然而，产生碳权所带来的非资金利益，比如体现了企业的环保责任等，对项目方和利益相关者是有价值的。这些非资金利益使项目方决定继续实施项目。

②供应链额外性。源于供应链的问题使项目无法获利。由于环境友好型项目符合 PCT 或政府的可持续发展及社会责任目标，产生碳权的能力可以使 PCT 和当地政府部门与项目方一起解决供应链问题。

③法律额外性。所申报项目实施中遇到法律问题，使项目实施遇到困难。但是，由于项目具有产生碳权的潜力，这有助于说服政府管理者与项目方合作，对法律规定进行调整以允许项目进行。由此可见，PCT 在经营林业碳汇项目获得有效碳权，需严格遵循 BC 省所制定的项目实施标准。只有那些符合方法学要求所产生的碳权，才能进入交易。（中国人口．资源与环境 2013 年第 12 期 P165 – 167）

链接1：加拿大应对气候变化政策之难

1987年在蒙特利尔签订了针对氟氯碳化物排放的协议。这是早期解决臭氧层破坏问题的一个重要尝试。在《京都议定书》正式生效的2005年，加拿大主动承办了具有历史意义的《联合国气候变化框架公约》第十一次缔约方会议（COP11）暨《京都议定书》第一次缔约方会议（MOP1），并曾努力推进"蒙特利尔路线图"。直到2006年初，保守党执政的哈珀政府漠视国际社会积极回应新的气候变化协定谈判，追随美国政府的消极抵制，放弃了前自由党政府对《京都议定书》的承诺。哈勃政府的决定给国际气候变化谈判增添了不少阻力，也招致了国际社会的强烈不满。对于保守党政府在应对气候变化方面的不作为行为，加拿大反对党（自由党、新民主党及绿党等）表示强烈不满。2006年10月，加拿大反对党之一的新民主党领导人林顿（Jack Layton）首次向众议院提交了一份《气候变化责任法案》，得到了自由党、魁北克集团及新民主党的支持，2008年6月在众议院获通过。在该法案尚未提交参议院审议时，2008年8月保守党政府领导人哈勃提前举行大选，同时解散议会，导致该法案未经参议院审议及流产。2009年2月新民主党国会议员海尔（Bruce Hyer）将林顿的《气候变化责任法案》作为议员私人条例草案再次向加拿大国会提交，经过议员们长达1年的辩论，于2010年4月、5月分别通过众议院的二读和三读，进入了参议院的审议程序。同年11月经过参议院5次辩论后，最终未获得通过。2011年12月12日联合国德班气候大会（COP12）结束之前，加拿大环境部长彼得·肯特宣布，加拿大正式退出《京都议定书》。加拿大自由党政府于2002年签署加入《京都议定书》，但保守党自2006年执政至今一直对执行《京都议定书》持消极态度，只承诺到2020年在2005年的基础上减排17%，换算下来大大低于《京都议定书》规定的目标。据《公约》秘书处所列举的数据，加拿大2009年的温室气体排放比1990年增长近30%，比2005年增长17%左右，而按照《京都议定书》的要求，加拿大到2012年的排放应比1990年降低6%。据多个环保组织发表的调查报告，加拿大现在是世界上人均温室气体排放大国之一，一个重要原因是西部油砂开采经济利益丰厚，但在转化为石油的过程中对大气污染巨大。

三、澳大利亚林业碳管理简介

澳大利亚拥有1.49亿公顷森林，其中1.474亿公顷为天然林，另有197万公顷为人工林。这些森林覆盖澳洲19%的土地，并使澳人均森林拥有量达到7公顷，远超过全球人均森林拥有量0.6公顷，澳大利亚成为全球人均森林拥有量最高的国家之一。澳大利亚的森林极为独特和多样化。78%的天然林是桉树。人工林有52%是外来以辐射松为主的针叶林，48%是以桉树为主的阔叶林。澳大利亚干旱土地占据全澳内陆面积的70%，难以支持树木生长。所以其天然林主要分布在年降雨量超过500毫米的地区，商业用途的人工林则主要栽种在年降雨量超过700毫米的地区。

澳大利亚各界一致认为，促进林业发展是应对气候变化的重要手段。由于森林潜在的经济、生态和社会效益，发展碳汇林业有着较为广阔的前景。因此，政府在制定减少温室气体排放的政策、法律和规划中，都把林业碳汇抵消碳排放作为重要内容列入其中，如在《产权转让法案1919》中对林业碳汇产权的定义是：与土地相关的碳汇权利是一项授予个人的权利，这种权利源自1990年后在土地上现存或将生长的树木形成的碳汇，可以通过协议、法定、商业或现在和未来的其他收益的形式来确定。澳政府还鼓励林场主自愿加入"碳污染减少方案"。澳大利亚政府通过立法明晰了碳汇的产权，直接推动了林业碳汇进入碳市场交易。

2003年1月1日，澳大利亚新南威尔士州启动了为期10年的温室气体减排计划。这是全球最早强制实施的减排计划之一。该计划的交易机制与欧盟排放交易体系的机制相类似，但参加减排计划的公司仅限于大的电力企业和电力零售商。为了保证交易制度的顺利实施，新南威尔士州设计了一个严格的履约框架，企业的CO_2排放量每超标1个碳信用配额将被处以11.5澳元的罚款。允许哪些碳排放受限的电力企业和电力零售商、消费者及其他提供或消费电力的人员购买新南威尔士温室气体减排许可证(下简称NGACs)抵减其超额碳排放，其中合格的碳汇产权可以作为NGACs使用。在2010年5月生效的《2003年第五号温室气体基准规则(碳汇)》中规定，土地上的碳汇产权可以独立于土地所有权或其他与土地有关的权利进行转让。只有在合格土地上注册过的碳汇产权才能产生NGACs，这些产权的持有人可以不是土地的所有者。

由于澳大利亚对林业碳汇抵消碳排放的重视，一些国际组织和企业纷纷加入种植碳汇林。如西澳洲林产委员会与英国石油公司(BP)和澳大利亚发电厂合作，前者营造了5000公顷碳汇林，根据各自出资和需要，由后两个公司拥有碳汇信用指标。此外，新南威尔士州的林业部门也出售经认证的碳汇信用指标；还有丰田汽车公司出资委托澳大利亚造林公司种植和管理5000公顷桉树林，丰田汽车公司除了获得碳汇减排量外，计入期结束后，还把木材出售给日本造纸公司。(2007年 林业科学 中国森林碳汇交易市场现状与潜力，何英 张小全 刘云仙)

面对近些年国际气候谈判涉林热点问题REDD。澳大利亚提出将土地部门纳入REDD机制中，并鼓励当地人和原住民积极参与到本国的REDD行动中来，最大限度地保护生物多样性以及当地社区和原住民的利益。

此外，林业应对气候变化的科学研究也一直受到澳大利亚的重视。新南威尔士州FCPI研究所开展了林产品固碳的生命周期评估、林木采伐和加工过程中碳排放综合计算等一系列的研究；西悉尼大学通过建造人工温室，增加CO_2浓度，测量树木的生长情况等。

四、新西兰林业碳管理

新西兰位于太平洋西南部，属于发达国家。1990年新西兰温室气体排放量为59797.2千吨，2010年增加到71657.2千吨，增长约19.8%。温室气体排放量的上升导致该地区季节性积雪减少、周围海平面上升较快；新西兰国内大部地区遭遇严重干旱、农牧业产量及产值下降、农民收入减少，农牧产品出口受影响。

(1)新西兰林业参与碳市场背景

新西兰是《公约》和《京都议定书》的缔约方之一。根据《京都议定书》规定，在第一承诺期内(2008~2012年)其必须将CO_2等6种温室气体排放量稳定在1990年水平上。为完成这个目标，新西兰利用林业碳汇抵减排放量，开展排放权交易和降低工业及能源行业能耗，进行实质减排。

2002年新西兰通过了《应对气候变化法》，对需要减排的行业和企业的减排责任及碳交易媒介——新西兰单位(NZUs)做出了相关规定。之后在2008年修改法案时，将新西兰排放贸易体系(NZ ETS)纳入，明确碳市场作为新西兰控制温室气体排放的主要措施。2011年5月，新西兰再次对法案作出修订，针对有关机构和人员作出了相关规定，进一步完善了新西兰排放贸易体系。

新西兰国内的森林面积在1990～2010年的20年间，经历了逐步上升再下降的过程：1990年森林面积为772万公顷；2000年升至826.6万公顷；2005年继续上升至831.1万公顷；到2010年下降到826.9万公顷，占国土面积的31%。其中天然林面积达214.4万公顷，占森林面积的26%；人工林面积为612.5万公顷，占森林面积的74%。

新西兰国内主要排放源集中在农业和能源部门，而林业部门总体是碳汇。2010年新西兰农业部门排放约占47%，能源部门约占43%，两者合计占除了LULUCF之外总排放量的90%，而涉及LULUCF的部门2010年抵消农业、能源、工业加工和废弃物排放总和的27.9%。因此，新西兰基于国内各行业的碳排放、履约成本、减排能力以及监管的复杂性等原则，确定了各部门逐步纳入碳市场的实施步骤。根据林业的减排能力，新西兰政府于2008年1月1日(也是《议定书》第一承诺期2008～2012年的起始日期)将林业纳入碳市场配额管理。

新西兰将林业首先纳入碳市场交易体系，主要基于以下几点考虑：一是工业、交通、能源等需求部门可以向林业部门购买配额，弥补超额排放，降低了这些部门的减排成本，最终也降低了新西兰履行《京都议定书》的成本；二是新西兰森林拥有较高的碳储量和碳汇，森林所有者通过碳市场将排放配额出售给超额排放企业，取得经济效益，将进一步刺激造林和保护森林，增加本国森林增汇，确保实现《京都议定书》减排目标；三是新西兰政府认为，毁林是国内重要的排放源之一，把林业纳入碳市场，能够借助市场机制减少毁林，有利于促进保护现有林地和增加新的森林。

（2）新西兰碳市场对林业的管理

新西兰政府根据本国森林历史上经历严重破坏、人工林较多等特点，在构建碳市场过程中，制定了森林分类管理对策，利用碳市场促进资金向林业流入，大力增加人工林面积，保护现有人工林，促进森林增汇，尽力减少毁林排放。由于新西兰建立碳市场是为了完成《京都议定书》规定的目标，因此，碳市场对林业的管理，按照《京都议定书》分类为1989年后森林和1990年前森林。碳市场对森林的管理主要有两点：

第一，界定了两类森林。1989年后森林指的是1989年12月31日后的造林形成的森林又称为“京都森林”。1989年12月31日前覆盖森林，但在1990年1月1日至2007年12月31日之间被毁林(即土地被转换为非林业用途或采伐后更新达不到最低要求)，并在2007年12月31日之后重新种植了树木成为森林的土地，也符合1989年后有林地的资格。如果1989年后的林地满足上述林地的要求，它覆盖的可以是外来或本土树种。1990年前森林指的是1989年12月31日覆盖森林，且在2007年12月31日优势林种(木材材积最多的树种)是外来树种成为森林的林地。本土老龄林(Old - growth indigenous)等天然林不受碳市场的规则约束，不属于1990年前的森林。

第二，对两类森林采用不同的管理办法。1989年后的天然林(指天然更新的次生林)和人工林可自愿加入碳市场，其在市场中的待遇一致。森林所有权人可自愿部分或全部地将森林加入碳市场，森林所有权人因森林碳汇的净增加获得相应的新西兰单位，但如果森林碳汇下降(由于毁林和火灾)，必须向政府上缴相应的新西兰单位。

对于1989年后的森林，森林所有者在考虑碳市场收益和木材收益的基础上决定是否加入碳市场。在决定后他还面临着三种选择：① 全部森林加入碳市场，完成登记注册、在农林部帮助下制成碳核算区、提供有关产权证明文件以及发表森林加入碳市场的声明以后，获得加入碳市场的资格。在加入以后，他需要向农林部报告森林的排放情况。农林部在其退出时核算其帐户中的碳交易单位的结余情况以及在其转让土地时所获得的碳交易单位。②选择把部分森林加入碳市场。③1990年前的天然林未被纳入碳市场，原因是其森林碳汇已经处于稳定状况，且受到多部相关森林保护法规的管辖，如《资源管理法案》(Resource Management Act)、《森林协议法案》(the Forest Accord)，其遭毁林的风险相对较低。对于1990年前的人工林可以纳入碳市场，但采伐要受约束。首先必须遵守一条共同原则，即在第一承诺期(2008~2012年)的5年内，如果林地所有人有可能会毁林或将林地转化其他用途且面积超过2公顷，将被强制纳入碳市场并向政府上交相应的新西兰单位。在此基础上，林地所有人根据自有森林的具体情况，可以有4种选择。①如果认为不会发生面积超2公顷的毁林，1990年前森林用途受到了限制的情况。林地所有者可以考虑加入计划，获得免费的碳交易单位的一次性分配。获得分配后，需要为以后的毁林排放负责。②对于“树木杂草清除或到2007年9月1日所有权人拥有的林地面积低于50公顷”两种情况下的所有权人，可以申请免除碳市场有关责任。③可以采取不申领碳交易单位、不采取任何动作的策略。但是在这种情况下，若发生面积超2公顷的毁林行为，除不能申领新西兰单位外，还必须重新造林。④选择把部分森林加入计划、部分森林申请免除碳市场义务。

(3)新西兰林业部门出台的有关规定

为使林业顺利加入新西兰本国碳市场，根据2002年《应对气候变化法》和2008年的修正案相关规定，明确由农林部门负责制定相关管理和技术指南，支撑碳市场运行。目前农林部门已编制和实施的技术指南和管理办法有6个：

①《林业参与新西兰排放交易计划指南》。主要描述林业参与碳市场的总体情况。该计划指南阐述了1990年前森林和1989年后森林的定义，解释了1990年前森林和1989年后森林的参与者的权利和义务，总结了新西兰排放交易计划对1990年前森林和1989年后森林的的影响等。

②《林业参与排放交易计划土地分类指南》。主要介绍了如何根据2002年的应对气候变化法案和2008年修正案有关规定，判别林地是1990年前林地还是1989年后林地，并给出了实用建议。

③《参与排放交易计划的林地制图指南和地理空间制图信息标准》。用于指导参与者使用农林部的在线制图工具或参与者自己的地理信息系统制图工具，描述如何根据2002年应对气候变化法案和2008年的修正案有关规定，界定林地的面积和范围。

④《排放交易计划中林业地和碳储量测量方法和标准指南》和《排放交易计划查表法指南》。这两份指南主要用于确定林地边界范围后，帮助开展森林清查实地测量，计算登记在排放交易计划中的森林的碳储量和碳汇，并在碳市场进行碳储量和碳汇的问答。

⑤《1990年前林业新西兰单位的分配和免除》。主要规定1990年林地因避免毁林付出的机会成本。为此，政府用新西兰单位对它们进行补偿，并制定具体的分配办法及免除情况。

⑥《排放交易计划中的林地交易》。主要用于界定林地交易时各方对碳市场承担的权利义务，分析碳市场中的林地交易行为，提醒需要注意的问题等。

(4)新西兰林业碳交易运行机制

碳市场的主要参与者：

对于1989年后的森林，自愿选择是否参加碳市场，参与者是森林所有权人，也包括租地经营者。

对于1990年前的森林，参与碳市场的有两种：一种是若毁林面积超2公顷的森林所有权人，其被强制参加碳市场；另一种是申领到免费的一次性分配新西兰单位的森林所有权人，也成为碳市场的参与者。

从表现形式看，这两类森林的参与主体可以是个人、公司、家族信托代理人、国有企业等。

加入碳市场的主要程序如下：

①登记注册。a. 在中央注册系统在线登记成为用户，系统自动向林主分配用户名和密码。b. 森林所有权人申请新西兰排放单位注册持有账户(New Zealand Emissions Unit Register holding account)，以核算碳交易单位的变化情况。c. 经济发展部核实“申请开立新西兰排放单位持有账户的申请人”的身份。d. 经济发展部分配给申请人一个唯一的帐户号码。e. 申请人要成为林业部门的一个参与者，必须接受农林部对其林地、林权、经营合同等方面的检查，以验证申请资格。f. 验证合格后，申请人再回到经济发展部取得启动帐户的密钥。g. 取得新西兰排放单位注册持有账户后，经济发展部将要求森林所有权人制作核算碳汇变化的记录表(排放情况报表)。

②划定林地范围。森林所有权人经过经济发展部的批准，在中央注册系统领取碳账户，完成注册。然后，森林所有权人开始进入碳汇项目的实际操作流程。根据农林部的指导划定参与碳市场的林地边界范围，主要包括森林制图和划定碳核算区域。划定边界后，农林部将保存森林所有权人碳汇项目的边界图及相关信息。

③核算碳汇变化。在划定林地范围后，森林所有权人根据农林部指导分配的碳核算区，采用农林部出台的“查表法”或“实地测量法”核算碳储量变化，核算结果登记在注册系统规定的碳核算记录表中。

④加强项目管理。在核算碳汇的同时，森林所有权人需要加强森林碳汇项目管理。一方面，对于碳市场划定的森林碳汇项目林地边界内的土地清理、整理及其他变动活动，应及时向农林部报告；另一方面，对于边界外(但也属于森林所有权人的林地)的土地变动活动也需要加强管理。

⑤碳汇数据录入参与者排放情况报表。经过农林部认证，森林所有权人真实地完成了上述管理过程，未发生碳排放。森林所有权人可将根据“查表法”等方法计算的森林碳汇，制成森林碳排放情况报表。参与者根据指定的办法完成碳排放情况报表后，核算登记在注册系统下的森林碳汇和碳储量变化，计算可以取得的碳交易单位数量。这一数据经过经济发展部和农林部共同审核后，将向林主颁发新西兰单位。

⑥林主申领新西兰单位。这里按两大类划分：(1)1989 年后森林的申领

分两种情况。第一，一次性申领。于2013年1～3月间，(根据速查表)一次申领2008—2012共计五年累计碳储存量对应的新西兰单位；第二，分两次申领。于2012年1～3月间，先申领2008～2011共计4年累计碳储量对应的新西兰单位。于2013年1～3月间，再申领2012年该年累计碳储量对应的新西兰单位。(2)1990年前的森林也分为两种。一是毁林超过2公顷的强制参与方，它不存在领取新西兰单位的情况，相反应交出新西兰单位。另一是申领到免费新西兰单位的1990年前森林所有权人，具体分为3种：第一，合格的1990年前森林，并且自2002年10月31日并没有改变所有权安排的，每公顷将获得60个新西兰单位；第二，合格的1990年前森林，但于2002年11月1日当天及之后转让给持有人，他可以获得每公顷39个新西兰单位；第三，已在2008年1月1日当天(或以后)通过怀唐伊定居点条约(Treaty of Waitangi)转让给(毛利人)部落(iwi)的皇室森林，每公顷可获18个新西兰单位。

⑦林主交出新西兰单位。森林所有权人应遵守交易规则，把获得的碳交易单位纳入碳市场进行交易，长期跟踪交易情况，一旦出现碳排放或退市的情况，需交出新西兰单位进行弥补。

(5)新西兰林业碳交易体系特点

①构建了简洁、低交易成本、实用的森林碳汇计量体系。新西兰森林碳汇计算较为方便且实用。首先，根据《林业参与排放交易计划土地分类指南》判别林地是1989年后的林地还是1990年前的林地。其次，政府协助森林所有权人完成林地地理位置及边界的数字化绘图工作，并建立碳核算区，使基础信息库得以完备。再次，通过查表法或实测法能够快速计量森林碳储量。最后，新西兰森林碳汇交易注册界面(NZEUR)进行简单的相关变量数据的输入，森林所有权人可快速地获得其森林碳汇及收益数据。

② 建立了森林所有权人森林碳排放报告制度。新西兰政府要求森林所有权人应参照IPCC方法，进行排放量自我评估，并按月报、季报和年报的方式提交碳排放报告，政府再通过审计部门核查其是否合规。森林所有权人以农林部的碳核算记录为基础数据，根据自己的排放情况报表，报告森林增汇或毁林造成的碳排放的具体情况。首先，森林所有权人以碳核算区域为单位计算碳汇和碳储量变化，并把这一数字反馈给农林部，农林部针对森林所有权人参与碳市场的碳核算区域的核算记录表作为该森林所有权人增加碳汇或毁林造成碳排放的基础依据。其次，农林部门针对每个森林所有权的排放

情况报表，报告所有森林所有权人每个核算年度（每一个日历年）其森林增汇或森林排放的数据。最后，根据不同森林类型，区分1990年前的林地已被毁林的所有地块上的碳储存情况和1989年后林地每一块碳核算区域的碳储存情况。

③充分发挥林业碳汇功能，降低国家碳减排成本。2009年，新西兰森林吸收了该国全年温室气体排放的近1/4。在《京都议定书》第一承诺期中，新西兰所分配的排放指标为3096万吨，而1989年后森林的净吸收部分据估算可达8930万吨。该数字意味着新西兰1989年后森林在第一承诺期所吸收的量完全可抵减1990年来新西兰的温室气体排放量。在2010年的新西兰碳排放权交易市场上，森林类新西兰单位的交易比重更是达到64%，远高于其他类型碳排放交易产品，有效地降低了国内减排成本。由于新西兰森林资源相对丰富，新西兰单位以国家信用为基础，并率先参与到国际碳排放交易中，也将充分发挥新西兰在林业碳汇资源上的国际竞争优势。

④ 林业碳信用指标发放无上限，增加了森林管理和其他维护收益。新西兰政府规定免费碳排放配额的分配计划需要预先提交国会讨论通过方能实行，而森林碳信用指标的发放不受分配方案的制约，在制度上确保了森林所有权人通过提高森林减排效率从而获得更多碳信用指标的可能性；同时，也意味着只要符合条件的森林项目均可获得相应的碳信用指标。这极大地增强了森林所有权人为获得森林碳信用指标而积极进行造林，进而提高森林保护和可森林持续经营的收益。

⑤ 农业减排的纳入进一步增强了造林和森林管护在减排方面的作用。新西兰温室气体排放最大的部门是农业，2009年农业部门温室气体排放量占该年度整体温室气体排放量的46. 5%。由于新西兰的农业排放较高，使得造林及森林保护与农业生产扩大之间具有相对矛盾性。既要保持新西兰的乳制品的出口竞争力，又要创造国内良好的生态环境，是摆在新西兰政府面前的重要问题之一。农业温室气体减排和森林碳汇增加是新西兰政府履行减排承诺的重要手段，在确保了森林所有权人收益的确定性和可预见性，将明显增加造林和森林管理的增汇作用。

（6）新西兰林业碳交易市场运行效果

新西兰碳市场自建立至今，已将林业、交通、渔业、工业加工、能源等部门纳入到碳交易市场体系中。农业部门原定2013年加入，由于受全球金融危机和欧债危机影响，推迟到2015年。1990年以来，新西兰的总排放量呈逐年上升趋势，但从2008年开始连续三年出现下降，通过国内碳市场的运行，促进了清洁能源发展，扭转了毁林局面，成功实现了低成本减排。如2011年6月25日至2012年6月20日，工业等部门共产生了碳排放3180.3万吨，其中依靠林业和其他部门提供了1492万吨的碳清除，递减比例达到了46.9%。显然，碳市场发挥了积极的减排作用。

此外，新西兰国内碳市场促进了该国造林和森林管护。一方面，新西兰国内的土地所有权制度，使森林碳汇项目得到了持久延续，也确保了森林碳汇较高的交易价格。另一方面，碳市场帮助新西兰国内发展林业并降低了减排成本。新西兰将林业纳入碳市场，对鼓励植树造林的作用十分明显，据新西兰农林部的《2011排放贸易计划报告》统计，排放贸易计划实施前的2004~2008年，新西兰毁林面积达到4万公顷，森林纳入减排体系后，2009年毁林面积下降到3500公顷，而2011年造林面积达到8000公顷，有效促进了国内森林面积的增加，同时也为工业部门减排提供了多样选择，降低了国内减排成本。

五、其他国家林业碳管理

① 英国的《气候变化法案》。2008年英国公布了《气候变化法案》，成为世界上第一个制定减少温室气体排放、应对气候变化法律约束性框架的国家。其中苏格兰林业委员会提出了苏格兰林业适应和减缓气候变化的《合作计划2008－2011年》；英国林业委员会调整各成员国的林业战略，将林业减缓和适应气候变化作为林业战略的重要组成部分，并制定了各成员国林业应对气候变化的目标。比较有影响的是《可再生能源战略草案》和《森林和气候变化指南——咨询草案》。前者提出在2020年前，生物能源具有满足可再生能源发展目标33%的潜力，而木质燃料是其中的重要内容；后者明确了林业应对气候变化的6个关键行动，即保护现有森林、减少毁林、恢复森林植被、使用木质能源、用木材替代其它建筑材料以及制定适应气候变化计划。

②德国的《基本法》和有关节能法案。德国《基本法》中规定了国家对林业的干预范围后，联邦政府和各州政府陆续颁布了多项林业法规以及与林业有关的法规。例如，为保证森林资源的稳定增长，实现森林可持续经营。联邦与各州的《森林法》都对森林采伐管理方式作出了明确规定，如严格控制采伐量；改变传统的采伐方式；占用林地必须补造相应面积的树木等。这些法律法规旨在改善森林经营状况，增加森林碳汇、充分发挥林业在应对气候

变化中的功能和作用。此外，德国政府高度重视林业生物质能的开发利用。由于政府的全力支持，生物柴油在德国发展最快。国家除了每年向种谷物、甘蔗、甜菜、木本油料等生物柴油原材料的菜农、林农提供适当的经济补贴外，还对生物柴油的生产、销售企业减免税收；还为开发新产品提供资金。德国应对气候变化的相关法律条款在《建筑物节能法》《机动车辆税法》《热电联产法》《节能标识法》《生态税改革法》《可再生能源法》等中都有体现。

德国还积极参与制止非法砍伐热带雨林的行为，并通过在海利根达姆倡议发起的世界银行"森林碳伙伴基金"计划提供支持。德国对发展中国家由于森林砍伐造成的温室气体排放和打击非法采伐提出了积极的建议措施，希望通过成立一个国际森林监测网络，如积极推进借助地球综合观测卫星系统（GEOSS）或通过联合国粮农组织的资源评估项目以减少热带国家的毁林。

③ 巴西的国家公约。巴西制定了《亚马逊地区森林价值核算和停止毁林》的国家公约，其目标是为减少毁林和恢复已遭到破坏的林地。计划在未来 10 年里将毁林规模减少 70%，以此来应对气候变化。巴西环境部长卡洛斯・明克曾宣布的减少毁林计划，要求在 2017 年之前，将巴西每年的毁林速度，从最近 10 年的平均每年 18907 平方千米减少到 4921 平方千米。而巴西政府则在 2009 年哥本哈根气候大会上就提出了"自愿性"减排意愿，计划到 2020 年减少 36.1% ~38.9% 的温室气体排放。

④ 印度国家行动计划和绿色印度计划。印度应对气候变化所采取的行动主要有太阳能计划、提高能源效率计划、喜马拉雅生态保护计划、绿色印度计划等，其核心内容都是保护生态环境，促进社会和经济可持续发展，增强减缓和适应气候变化的能力。

印度应对气候变化的政策措施包括提高能源利用效率，促进水电、风能、太阳能等可再生能源的发展；开发利用清洁煤炭发电技术，推广使用清洁低碳的交通燃料，强化森林保护和管理等。2008 年 6 月，印度政府批准了第一个关于应对气候变化的国家行动计划，其中确定的林业措施有加强森林可持续经营、寻求有效地开发和保护并重的方法、非木质林产品的开发利用、退化林地的植被恢复等。此项行动持续到 2017 年。在此之前，即 2007 年印度总理还宣布了包括在已退化林地上重新造林 600 万公顷的绿色印度计划。

⑤ 俄罗斯的《森林工业基本发展纲要》。为了提高俄罗斯林业特别是木材加工业的国际竞争力，俄政府加强了对森林工业企业的调控力度。进一步

深化林业企业改革，调整产业结构，提高产品加工能力，扩大林产品出口。俄罗斯工业科技部制定了《森林工业基本发展纲要》，其核心内容是将木材加工业的赢利重点从原木出口转向木材深加工。2008 年俄罗斯联邦政府为了限制原木出口，提高了原木出口关税。通过增加关税的手段达到对原木限伐的效果。

⑥ 日本《2008 年林业白皮书》中明确了包括农村、渔业地区等地域作为生物资源和林业碳汇的供给源；提出了依靠间伐来可持续利用森林、扩大建筑使用木材以及扩大利用生物质能源的行动计划；明确了长期减排 60% ~ 80% 的低碳社会的目标。

⑦ 瑞士的新林业行动计划，提出了最大限度地挖掘木材的价值，以逐步提高林主、林业企业业主和公众对木材多种用途的认识。法国在若干领域也采取了一些新举措，包括木材生产与加工、重视自然保护区以及促进和开发森林的休闲功能等。

随着国际气候谈判的深入发展，2007 年底在印度尼西亚巴厘岛召开的第 13 次缔约方大会(COP13)上，将“减少发展中国家毁林和森林退化导致的碳排放，以及通过森林保护、可持续经营森林和造林增加碳汇(下简称 REDD +)”纳入了《巴厘行动计划》并成为 2012 年后发展中国家林业行业在更大程度上参与减缓气候变化的重要内容(国家林业局，2009)。

第二章　中国林业碳管理的发展历程

森林生态系统既然储存了如此多的二氧化碳，那么森林被砍伐、被烧毁、扰动森林土壤等，都会造成巨大的碳排放。因此，森林既是碳汇也是碳源。联合国《2000 年全球生态展望》指出，全球森林已从人类文明初期的约 76 亿公顷减少到 38 亿公顷，减少了 50%，难以支撑人类文明的大厦，对全球气候变化暖造成了严重影响。联合国粮农组织(FAO)的研究表明，1850 ~ 1998 年，由于土地利用变化引起的全球碳排放高达 810 ~1910 亿吨碳，其中 87% 由毁林引起；20 世纪 80 ~ 90 年代，以热带地区毁林为主的土地利用变化引起的碳排放分别为每年 9 ~25 亿吨碳和 8 ~24 亿吨碳，占到同期化石燃料燃烧排放量的 31% 和 25% (Ciais et al，2001)。2000 ~ 2005 年间，全球年均毁林面积为 730 万公顷。IPCC 第四次评估报告指出，2004 年，源自森林排放的温室气体约占全球温室气体排放总量的 17.4%，仅次于能源和工业部门，位列第三。毁林造成大量的二氧化碳进入大气，加速了气候变暖的进程。因此，如何科学造林和可持续的管理并保护森林资源，使其真正发挥增汇减排的作用，成为新形势下全球林业发展新的热点问题，也是中国现代林业发展的重要问题。

第一节　中国林业建设的巨大成就

中国林业建设取得了举世瞩目的伟大成就，森林资源在为国家经济发展和人民生活提供了大量的木材和能源的同时，吸收固定了大量的二氧化碳，为减缓全球气候变暖做出了积极贡献，也对中国生态文明建设、拓展国家碳排放空间、构建人与自然和谐相处的生存环境有着不可替代的作用。

1. 森林面积增加和人工林面积位居世界首位

中国政府多年来高度重视森林植被的恢复与保护，特别是 80 年代以来，从中央到地方采取了各种措施加快森林植被恢复和保护并建立了多种保护区，保护野生动植物、湿地等。自 1998 年开始，国家相继启动实施了天然林保护、退耕还林、京津风沙源治理、三北和长江等地区防护林建设、速生丰产林基地建设以及野生动植物保护六大林业重点工程。到2014年底，六大林业重点工程完成造林面积8669.97万公顷，总投资3922.27亿元，其中，国家投资3247.62亿元。1981年以来，中国持续开展了全民义务植树活动。截至2014年底，全国共有149.2亿人次参加义务植树，共植树688.4亿株。2015年底城市建成区绿化覆盖率由1981年的10.1%提高到40.22%，人均公园绿地面积13.08平方米，有效地改善了人居环境。为改善我国生态环境、确保国土生态安全、增强森林碳汇功能、提高林业在应对气候变化中的减缓和适应能力做出了积极贡献。

全国第八次森林资源清查结果表明，我国森林面积2.08亿公顷，森林覆被率21.63%，全国森林总蓄积量151.37亿立方米，全国森林植被总生物量170.02亿吨，总碳储量84.27亿吨。森林的年涵养水源量58.07百亿立方米，年固土量81.91亿吨，年保肥量4.30亿吨，年吸收污染物量0.38亿吨，年滞尘量58.45亿吨（国家林业局，2014）。中国成为全球森林面积增加最快、人工林最多的国家，对减缓全球气候变暖做出了巨大贡献。这些巨大成果得到了国际社会的充分肯定和高度评价。联合国粮农组织发布的《2015年世界森林状况》指出：中国是全球净增森林面积最多的国家，年均增加154.2公顷（见表2-1）。总体而言，亚洲和太平洋区域在20世纪90年代每年损失森林70多万公顷，但在2000~2010年期间，每年增加了140万公顷。这主要是中国大规模植树造林的结果。20世纪90年代中国森林面积每年增加200万公顷，自2000年以来每年平均增加300万公顷（FAO，2010、2011）。2015年，澳大利亚科学家团队20年的研究发现，中国大规模地种树造林，为扭转全球森林损失做出了贡献。该研究报告以《近期全球陆地生物量损失的逆转》为题，发表在《自然气候变化》期刊上。研究表明：全球植被总量的增加，主要源于环境与经济因素的正向结合，尤其是中国大规模的植树造林项目。澳大利亚、非洲和南美洲大草原等地森林植被的增加，是降雨增加的结果；在俄罗斯及其他前苏联成员国，森林的天然更新则更多地发生在原来被弃耕的农地上，而中国是唯一通过实施大规模植树造林工程项目增加森林植被的国家。

表 2-1　2010－2015 年年均森林面积增加最多的国家

序号	国家	年均森林面积增加	
		面积(万公顷)	占 2010 年森林面积比例(%)
1	中国	154.2	0.8
2	澳大利亚	30.8	0.2
3	智利	30.1	1.9
4	美国	27.5	0.1
5	菲律宾	24.0	3.5
6	加蓬	20.0	0.9
7	老挝	18.9	1.1
8	印度	17.8	1.1
9	越南	12.9	0.9
10	法国	11.3	0.7

出处:联合国粮农组织 2015 年全球森林资源评估(Global Forest Resources Assessment 2015 – How are the world's forests changing)第 15 页 表 3 和表 4。

为落实国家应对气候变化工作方案。国家林业局编制印发了《应对气候变化林业行动计划》、编制了《林业应对气候变化“十三五”行动要点》和《林业适应气候变化行动方案(2015—2020 年)》以及若干政策文件。研建了林业碳汇计量监测体系实现全国覆盖，为科学测算林业碳汇奠定了坚实基础。努力增加森林碳汇，围绕实现到 2020 年比 2005 年增加森林面积 4000 万公顷。增加森林蓄积 13 亿立方米的“双增”目标，国家林业局加紧组织实施《全国造林绿化规划纲要(2011—2020 年)》。2014 年，全国共完成造林 8324 万亩、森林抚育 1.35 亿亩。义务植树 23.2 亿株。持续扎实开展造林绿化，深入推进重点生态工程。新一轮退耕还林工程正式启动，安排退耕还林任务 500 万亩。三北及长江流域等防护林体系建设工程继续稳步推进，出台了退化防护林改造指导意见，启动了退化防护林更新改造试点。京津风沙源治理二期工程和石漠化综合治理工程，分别完成林业建设任务 367 万亩和 557 万亩。积极推进国家储备林建设，首批划定国家储备林 1500 万亩。全面加强森林经营，稳步推进全国森林经营样板基地建设。森林面积和蓄积量持续增加，森林碳汇能力持续增强，为应对气候变化作出了新贡献。第八次全国森林资源清查(2009—2013 年)结果表明，相比“双增”目标，森林蓄积量目标已提前完成，森林面积目标已完成约 60%(2014 年林业应对气候变化政策与行动白皮书）。

为积极应对气候变化，2015 年 6 月，中国向《公约》秘书处提交了中国应对气候变化的国家自主贡献目标，其中森林蓄积量目标：2030 年比 2005 年增加 45 亿立方米。这是党中央、国务院根据中国林业特点、国际形势的变化以及立足中华民族和全人类长远利益、从全局和战略高度做出的一项重大决策，明确了新时期我国林业建设在应对气候变化中的新地位、新使命，促使森林在更好地发挥经济效益、社会效益、生态效益的同时，为国家经济发展争取更大的温室气体排放空间，维护国家生态安全，为国家气候外交做出贡献。

第二节　中国林业应对气候变化工作起步

1. 认知林业碳汇

2002 年 12 月，一群海内外的林业人和国内应对气候变化的管理工作者，集聚在浙江林学院（浙江农林大学的前身），参加了对今后中国林业应对气候变化和林业碳管理具有划时代意义的一个重要活动——首届造林绿化与气候变化国际研讨会暨培训班。这是由国家林业造林司和中国科学院农业政策研究中心、中国林业科学研究院、浙江林学院共同举办的国内首个与林业应对气候变化有关的国际研讨会暨培训班。由此，拉开了中国林业碳管理工作的序幕。

早在 2002 年的 4 月，中国环境与发展国际合作委员会林草问题课题组、国家林业局和中国科学院农业政策研究中心联合举办了“生态效益补偿政策和国际经验研讨会”。在这个会上，专家们指出：中国可以借鉴《京都议定书》规则下的清洁发展机制“造林、再造林项目”，为林业生态效益补偿开辟新的资金渠道。有专家认为：《京都议定书》中的涉林条款对未来中国林业的影响可能会超过世界贸易组织（WTO），即发展中国家通过造林、再造林获得的碳汇减排量可以抵消附件 1 国家的部分碳排放。在《京都议定书》的规则下，这些项目可能会对我国林业发展带来重大的影响（后来事实证明了这一点）。这些影响可能包括两个方面。第一，目前正在实施的退耕还林、防护林工程等人工造林项目，可以增强我国的碳吸收能力，同时，研究我国如何利用森林碳吸收能力的提高来降低工业温室气体排放所造成的压力；第二，我国可以利用人工林项目产生的额外“碳信用”获取发达国家的资金，从而加快我国林业发展。会议认为，在全球积极应对气候变化的背景下，今后林业的经营管理将面临巨大的挑战。林业生产已不仅仅限于植树造林增加森林面积、森林资源管理和森林利用，还要充分发挥森林的碳吸收和固碳功能，为应对气候变化的国家战略服务，同时，还要研究气候变化对森林生态系统和林业生产的影响以及未来的动态变化趋势。还要建立碳汇计量监测数据报告系统和认证机制，推动以林业碳汇交易为基础的生态服务市场的发育。专家们强调要了解这些新的概念和内容，需要研究清楚林业在应对气候变化中的功能和作用，了解应对气候变化国际规则和涉林议题，以及《京都议定书》和其下的清洁发展机制林业碳汇项目等等。

可见，林业部门是与《京都议定书》中土地利用、土地利用变化和林业以及清洁发展机制等关系密切的重要机构。但在2002年，我国林业工作者对这些国际进程了解不多。特别是负责全国植树造林、森林经营的植树造林司乃至全国营造林管理系统的管理人员，对于造林、再造林、清洁发展机制、温室气体清单、林业碳汇减排量以及碳汇交易等新概念知之甚少。面对林业措施纳入应对气候变化的新形势，急需在林业系统普及上述知识，特别是植树造林与应对气候变化的关系。于是，经国家林业局领导批准，在国家气候变化对策协调小组办公室（当时设在国家发改委地区经济司）的支持下，国家林业局造林司决定组织全国营造林系统的管理和技术人员进行一次林业应对气候变化知识的“扫盲”。在中国科学院农业政策研究中心筹措资金支持下，造林司向15个省（市、区）林业厅（局）发出了通知，邀请主管营造林的厅（局）领导以及有关管理和科研技术人员，参加2002年12月15～19日在浙江林学院举办的“造林绿化与气候变化国际研讨会暨培训班”（下简称研讨班）。这是中国林业应对气候变化的第一个研讨会和培训班。

2. 研讨班的主要内容

作为全国首个林业与应对气候变化研讨班，重点是普及应对气候变化相关知识。因此，第一天由国家发改委气候办领导、国家林业局、中国科学院、中国农科院和中国林科院以及来自加拿大的专家，围绕《京都议定书》的国际谈判进程以及《京都议定书》的实施对林业行业所造成的潜在影响进行宣讲和交流，并介绍相关政策和研究进展。首先，国家发改委地区经济司副司长兼国家气候办主任高广生，作为工作在中国应对气候变化工作第一线的国家应对气候变化协调小组办公室的主要负责人，他报告了“全球应对气候变化的国际谈判及应采取的对策”；国家林业局造林司司长魏殿生以“加快新时期林业发展应对全球变暖的挑战”的报告，作为对林业应对气候变化的初步探讨；一直从事全球气候变化的碳计量和碳交易市场与政策研究的加拿大不列颠哥伦比亚大学教授Gary Bull，他报告了“国际碳交易的现状和趋势”；作为世界银行生物碳基金技术顾问组成员的中国农科院研究员林而达，以他多次参加《京都议定书》涉林议题谈判的体会，作了题为“与《京都议定书》和生物碳基金有关的碳循环科学与政策问题”的研究报告；中国科学院地理研究所王绍强博士作了“中国科学院在全球气候变化方面的研究进展”报告；中国林科院研究员徐德应根据自己多次参加联合国气候大会技术谈判的经验，做了题为“与气候外交有关的几个林业问题”的研究报告；国家林业局政策法规司周金峰副处长介绍了“在森林固碳政策方面的研究计划”；日本文部省应用统计数理研究所研究员郑跃军提供了“《京都议定书》与林业所面临机遇与挑战”的书面研究报告。

后两天的研讨班，由来自国内外的专家进行专题培训。徐德应研究员详细讲解了“土地利用、土地利用变化和林业温室气体计量方法”，重点介绍了林业温室气体计量的基本思路、国内外研究现状，碳汇计量上容易出现的问题等，并提供了自己编写的培训教材；加拿大教授Gary Bull为学员们介绍了应对气候变化的各国行动，特别强调了林业应对气候变化与经济发展和农村扶贫的重要意义，还介绍了他本人多年来对建立碳交易网络和碳交易政策等方面的研究成果。由于天气的原因（降雪）邀请授课的其他几位国际专家未能来到，两天的培训课程是由徐德应研究员和Garry Bull教授共同完成的。

第四天是考察实习。浙江林学院为研讨班安排了森林可持续经营现场实习。通过现场观摩学习，学员们首次从应对气候变化的角度看待森林，重新认识林木吸碳固碳的功能和作用，领悟林业碳汇进入碳交易抵减碳排放的可能性，同时，现场进行生物量转化碳储量和碳汇量的技术操作，加深了学员对碳汇计量方法的理解和所学知识的巩固。

3. 成果与收获

（1）初识应对气候变化概念。这个研讨班，学员们第一次听到了与应对气候变化有关的新概念，如碳汇、碳源、碳信用、碳交易、碳基金、基线和额外性、碳减排、温室气体清单等。通过这次研讨班，使参会者初步了解了林业在全球应对气候变化中的功能与作用。知道了《公约》《京都议定书》等应对气候变化国际制度，初步了解了《京都议定书》的“灵活三机制”，即“排放贸易、联合履约和清洁发展机制”，了解了国际气候谈判及涉林议题进展等，同时，大家对林业碳汇可以通过碳交易的方式实现其货币价值有了初步认识。

(2)初知林业温室气体清单编制。鉴于参会的各省(区、市)的林业技术人员是首次接触IPCC指南和林业温室气体清单计算方法。专家授课采取了现场提问、解答、讨论的方式，气氛非常活跃。参会的技术人员希望深入学习具体的碳汇计量方法，并表达了参与林业温室气体清单编制的渴望。这次培训班，为今后省级林业系统技术人员参与林业碳汇计量和本省温室气体清单编制奠定了基础，对编写“气候变化初始国家信息通报”培养林业碳管理后备人才创造了条件。

(3)促进应对气候变化部门交流。本次研讨班是国家发改委、国家林业局、中国科学院、中国农科院、中国林科院和浙江林学院在应对气候变化事务上的首次合作。专家认为，举办这个研讨班，促进了各部门之间的交流，对提高今后的“国家信息通报”质量和促进林业部门更好地参与国家应对气候变化战略研究，参与国际气候谈判涉林议题等奠定了基础。同时，启发了林业部门开展林业应对气候变化管理政策和技术标准研究的思路。

(4)促进开展林业碳管理。应对气候变化的国际制度和《京都议定书》的生效，将给林业部门及与林区人民的生活带来长期和短期的影响。但是，林业系统对国际应对气候变化的情况和新动向缺少必要的了解，研究较少。参加培训班的地方林业部门学员表示，通过这次研讨班学习，开阔了视野，促进了林业系统了解、跟进应对气候变化国际进程的愿望。今后应重视林业应对气候变化的科学研究，特别是森林在陆地碳循环中的作用、林业碳汇计量方法学、林业碳管理等。同时，积极促进林业部门更多地参与应对气候变化的国内外活动，使林业更好地为国家气候外交服务。

链接2:《中华人民共和国气候变化初始国家信息通报》正式发布

由国家发展和改革委员会组织编制的《中华人民共和国气候变化初始国家信息通报》日前完成，并即将正式提交《联合国气候变化框架公约》缔约方大会，这是中国为履行公约所规定的义务而采取的一项具体行动。

2004，国家发展和改革委员会在京召开《中华人民共和国气候变化初始国家信息通报》发布会，国家发展和改革委员会副主任刘江在会上做了主旨发言，发布会由国家发展和改革委员会地区司司长郭培章主持，国家气候变化对策协调小组办公室主任高广生介绍了国家信息通报的编制过程及其主要内容，外交部条法司副司长高风和联合国环境署(UNEP)驻北京代表处代表马和励与会并先后应邀发言。国家气候变化对策协调小组成员单位代表、部分驻华使馆、国际机构、国内外媒体、企业界、参加国家信息通报编写的部分专家及其他相关人员出席了发布会。

气候变化是目前国际社会普遍关注的重大全球性问题，它不仅会对全球生态环境产生重大影响，而且还涉及人类社会的生产、消费和生活方式等社会经济的诸多领域。1992 年通过的《联合国气候变化框架公约》中明确规定，各缔约方应在公平的基础上，根据它们“共同但有区别的责任”原则和各自的能力，为人类当代和后代的利益保护气候系统，发达国家应率先采取行动对付气候变化及其不利影响。《公约》同时也要求所有缔约方提供温室气体各种排放源和吸收汇的国家清单，制订、执行、公布国家计划，包括减缓气候变化以及适应气候变化的措施，促进与气候变化有关的教育、培训和提高公众意识等。

中国政府对气候变化问题给予了高度重视，积极认真地履行自己在公约下所承担的各项义务。根据国家气候变化对策协调小组的决定，国家发展和改革委员会负责组织编制中国气候变化初始国家信息通报，包括国家温室气体清单。经过国家发展和改革委员会能源研究所、中国科学院大气物理研究所、中国农业科学院农业气象研究所、中国林业科学院森林生态环境研究所、中国环境科学研究院气候影响中心等有关单位400 余专家历时 3 年的努力，完成了《中华人民共和国气候变化初始国家信息通报》，并已经国务院批准。

《中华人民共和国气候变化初始国家信息通报》分为国家基本情况，国家温室气体清单，气候变化的影响与适应，与减缓气候变化相关的政策措施，气候系统观测与研究，宣传、教育与公众意识，资金、技术和能力建设方面的需求等章节，基本上反映了中国与气候变化相关的国情。根据报告，1994 年中国二氧化碳净排放量为 26.66 亿吨(折合约 7.28 亿吨碳)；甲烷排放总量约为 3429 万吨，氧化亚氮排放总量约为 85 万吨。上述结果表明，在经历了一段经济快速增长以后，中国的人均温室气体排放量仍然远低于发达国家的水平，中国政府实行的一系列有利于减缓气候变化的政策措施发挥了积极的作用。

全球气候变化是人类社会共同面临的挑战。提交中国气候变化初始国家信息通报，只是我们应对气候变化努力的一部分。中国愿意与国际社会一道，在可持续发展的框架下，积极应对气候变化。中国将一如既往地履行自己在《联合国气候变化框架公约》下承诺的义务，也希望国际社会对报告中提出的技术和资金需求给予充分的考虑，以进一步增强中国应对全球气候变化的能力。(国家发展和改革委员会国家气候变化对策协调小组办公室 2004－11－9)

链接3：

参加首届"造林绿化与气候变化研讨会暨培训班"人员主要来自中央和地方林业部门、科研院所和大专院校的官员、专家和学生共51人。主要人员名单：

高广生　国家发改委地区经济司副司长、国家气候办主任
林而达　中国农科院农业环境与可持续发展研究所所长　研究员
徐晋涛　中国科学院农业政策研究中心　研究员
龚亚珍　中国科学院农业政策研究中心　助理研究员
王绍强　中国科学院地理研究所　副研究员
魏殿生　国家林业局造林司司长
李怒云　国家林业局造林司总工程师
刘道平　国家林业局造林司质量处处长
高均凯　国家林业局造林司干部
周金峰　国家林业局政策法规司副处长
杨　静　国家林业局资源司调研员
戴广翠　国家林业局林业经济发展研究中心　研究员
徐德应　中国林科院森环森保所　研究员
陈国富　浙江省林业局副局长
周国模　浙江林学院副院长，教授
余树全　浙江林学资源学院副院长
Gary Bull　加拿大不列颠哥伦比亚(UBC)大学教授
郑跃军　日本文部省应用统计研究所　研究员

原计划邀请6位国际专家(Roger Sedjo, Sara Scherr, Gary Bull, Brent Shongen, Bob Mendelson, 郑跃军)，但因为天气原因造成4位专家未能到会，只有加拿大UBC大学Gary Bull教授到会授课，日本文部省郑跃军研究员后期到会。

图片 1　徐德应研究员在研讨班授课

图片 2　高广生、林而达、魏殿生(左二依次)参加研讨班

图片 3　Gary Bull (左)教授授课龚亚珍(右)翻译

第三节　举办第二期研讨会和培训班

1. 第二期研讨会

为进一步推进中国林业应对气候变化工作。2003 年 8 月 3 日，国家林业局造林司又一次与中国科学院农业政策研究中心合作，同时还有国家林业局经济发展研究中心共同在北京举办了第二次造林绿化与气候变化高级研讨会。来自国家发改委气候办、国家气象局、中国农科院农业环境与可持续发展研究所、中国社科院、中国林科院以及国家林业局调查研究室、政法司、国际合作司及三北防护林建设局等单位的负责人和专家参加了会议。在浙江临安第一次研讨会的基础上，参会人员进行了深入交流和讨论。大家畅所欲言，各抒己见。探讨了林业如何面对应对气候变化的国内外形势。会议一致认为气候变化可能会成为影响今后造林绿化和林业发展的战略性问题，应予以充分重视。有必要提前做好准备，积极开展造林绿化与气候变化的宏观战略研究，特别是 CDM 项目涉及的方法学开发、林业碳汇/源的计算以及非人为因素引起的碳汇/源的变化、全球碳排放权交易与我国生态效益补偿机制、温室气体减排涉及的国家利益与林业政策和林业碳汇计量、木材可持续利用与相关技术等方面的研究，为国家气候谈判决策提供技术支持。在 2005 年《京都议定书》生效之前，林业行业应抓住机遇，积极开展工作，充分发挥林业在减缓气候变化中的作用，谋划林业行业本身如何适应气候变化，特别是今后有可能开展的 CDM 林业碳汇项目，将为我们提供通过市场机制实现林业生态服务价值的新渠道。为此，与会人员给予了高度关注和期待。

链接 4

第二届造林绿化与气候变化研讨会参加人员名单

1. 高广生　国家发改委气候办主任
2. 林而达　中国农科院气象所所长
3. 徐晋涛　中科院农业政策研究中心副主任
4. 王绍强　中科院地理所副研究员
5. 阮水根　国家气象局预测减灾司司长
6. 李　周　中国社科院农发所副所长 研究员
7. 魏殿生　国家林业局造林司司长

8. 李怒云 国家林业局造林司总工程师
9. 陈根长 国家林业局政法司司长
10. 王前进 国家林业局调研室主任
11. 黎祖交 国家林业局经研中心主任
12. 苏 明 国家林业局国际合作中心
13. 王春峰 国家林业局造林司正处级司秘
14. 高均凯 国家林业局造林司干部
15. 于宁楼 国家林业局速丰办高工
16. 徐德应 中国林科院森环所 研究员
17. 卢 绮 中国林科院科研处处长 研究员
18. 李志勇 中国林科院资信所所长 研究员
19. 高立鹏 中国绿色时报记者
20. 外单位 记 者

2. 第二期培训班

2003 年 12 月 1～12 日，《公约》第九次缔约方大会（COP9）在意大利米兰召开后，CDM 下的造林、再造林进入实质性项目试点和操作阶段。

为此，加快全国林业系统应对气候变化的知识普及，促进林业行业从业人员进一步关注《公约》谈判进程，充分认识林业在全球应对气候变化中的重要作用，推动有关气候变化林业专题的研究和实践迫在眉睫。于是，2004 年 7 月 2～5 日，国家林业局造林司联合大自然保护协会（TNC）、北京师范大学环境学院、北京全球环境研究所（GEI），在国家林业局管理干部学院共同举办了第二期造林绿化与气候变化培训班。

出席培训班开幕式的领导和专家有国家林业局祝列克副局长，外交部条法司高风副司长；国家发改委地区经济司副司长、国家气候办主任高广生，联合国清洁发展机制执行理事会委员、科技部农村与社会发展司吕学都处长，大自然保护协会政策专员万旭生，北京全球环境研究所主任金嘉满，国家林业局植树造林司魏殿生司长和总工程师李怒云等。在各自的讲话和后续的专家授课中，分别介绍了《公约》谈判的最新进展情况；《公约》第九次缔约方大会有关将造林、再造林纳入 CDM 项目的规定；中国应对气候变化的政策与挑战；森林碳汇清单计算方法以及森林碳汇测定技术的新进展等；国际开展造林、再造林碳汇项目情况介绍和国内开展的可行性分析；《京都议定书》实施后对我国林业部门带来的机遇和挑战。来自各省(区、市)林业厅(局)造林主管部门和有关科研单位共87人参加了培训班。

由于国家林业局高度重视此次培训，授课教师都是国内应对气候变化管理前沿和超前参与技术研究的官员和专家，各方参与度高，培训效果很好。大家一致表示，了解了应对气候变化的国际进程和林业在应对气候变化中的重要作用，了解了新的概念，学到了新的知识，回去后将积极普及林业碳汇知识并更多地参与林业应对气候变化相关工作。

链接5：

第二次造林绿化与气候变化培训班授课内容和主讲专家：

(1)清洁发展机制(CDM)项目运行管理暂行办法，主讲：孙翠华处长(国家发改委地区司、国家气候办)；

(2)国际碳基金及其相关情况，主讲：林而达研究员(中国农科院农业环境与可持续发展研究所所长)；

(3)CDM林业碳汇谈判进展及相关规则，主讲：李玉娥研究员(中国农科院农业环境与可持续发展研究所)；

(4)森林碳汇测量与监测，主讲：齐晔教授(北京师范大学)；

(5)中国陆地生态系统碳循环研究进展，主讲：王绍强副研究员(中国科学院地理所)；

(6)林业碳汇融资机制，主讲：吴逢时博士(北京全球环境研究所)；

(7)林业碳汇项目国际案例，主讲：张爽博士(大自然保护协会)；

(8)碳交换机制与生态效益补偿初探，主讲：陈根长司长(原国家林业局政策法规司司长)；

(9)中国林业碳汇项目发展潜力分析，主讲：张小全研究员(中国林科院森环所)。

综上所述可以看出，中国林业碳管理从2002年12月开始起步，研讨会和培训班是林业碳管理起步阶段乃至后续林业应对气候变化管理工作得以快速推进的重要抓手，起到了十分关键的作用。截止到2015年3月，国家林业局联合相关部门和机构，共举办了30多期造林绿化与气候变化、CDM林业碳汇项目能力建设、林业碳汇计量与监测、林业碳汇产权研究等研讨会和培训班。本章所列举的两次研讨会和培训班，在中国林业应对气候变化管理工作发展历程中起到了开创性的作用，所以单独列章罗列细节，便于读者了解中国林业碳管理的发展历程。其他研讨和培训班就不在本书中赘述。

第三章　中国林业碳管理的机构设置

1992年6月11日中国政府签署了《公约》，不久后公开发表了中国环境与发展十大对策。1998年5月中国政府签署了《京都议定书》，成为第37个签约国并于2002年8月正式核准了该议定书。

第一节　国家应对气候变化机构溯源

1. 成立全国气候变化专家委员会

2006年的隆冬，全球气候变化暖在许多地方显著表现：纽约温暖如春、樱花盛开；西伯利亚棕熊因气候变暖无法冬眠；中国四川、重庆、香港、台湾宜兰遭遇罕见高温干旱……气候变化严重影响着地球上的各类生物，对人类经济社会可持续发展影响更为深远。此时，应对气候变化被提升到保障国家安全的高度来对待。为充分发挥科学家的咨询作用。2007年1月12日，中国国家气候变化专家委员会正式成立，标志着我国也有了在应对气候变化方面为政府决策提供科学咨询的专门机构。孙鸿烈院士任主任，丁一汇、何建坤、巢纪平、林而达、潘家华、吴国雄、周大地等各领域的12位专家入选。其中中国科学院院士、中国林科院研究员蒋有绪入选专家委员会委员。这个跨部门、跨学科的气候变化专家委员会，从科学层面为党和政府在气候、环境、经济与外交方面的决策提供科学咨询与服务，有助于增强政府决策的民主化、科学化和法制化，进一步了提高我国科学应对气候变化的能力。

2010年9月14日，经国家应对气候变化领导小组批准，国家发展改革委和中国气象局对国家气候变化专家委员会组成人员进行了充实调整，组成了31人的新一届专家委员会，包括了气候变化科学、经济、生态、林业、农业、能源、地质、交通、建筑以及国际关系等领域的院士和高级专家，其中两院院士15名，专家委员任期4年。专家委员会主任由中国工程院原副院长杜祥琬院士担任，中国科学院副院长丁仲礼、国家气候中心原主任丁一汇、清华大学原副校长何建坤担任副主任。专家委员会日常工作由国家发展改革委和中国气象局负责，中国气象局副局长沈晓农担任办公室主任，办公地点设在中国气象局。中国科学院院士、中国林科院研究员唐守正作为林业行业的代表，入选专家委员会成员。

2. **成立国家气候变化协调小组**

1990年，中国政府在当时的国务院环境保护委员会下设立国家气候变化协调小组，由时任国务委员宋健同志担任组长，协调小组办公室设在原国家气象局。该办公室一直工作到1998年。在调整了国家气候变化协调小组后，1998年，在中央国家机关机构改革过程中，设立了国家气候变化对策协调小组，由时任国家发展计划委员会主任曾培炎同志任组长，由国家发展计划委员会牵头，包括国家经贸部、科技部、国家气象局、国家环保总局、外交部、财政部、建设部、交通部、水利部、农业部、国家林业局、中国科学院以及国家海洋局等部门组成。协调小组下设办公室挂靠国家发改委地区经济司，由时任副司长的高广生担任办公室主任。这个办公室当时只有4个人专职负责应对气候变化工作。

2003年10月，成立了新一届国家气候变化对策协调小组，仍由国家发改委牵头。协调小组成员单位包括外交部、财政部、商务部、科技部、农业部、建设部、交通部、水利部、国家林业局、国家环保总局、中国科学院、国家气象局、国家海洋局和中国民航总局等15个单位。主要职责是研究讨论涉及气候变化领域的重大问题，协调各部门关于气候变化的政策和活动，组织对外谈判，对涉及气候变化的一般性跨部门问题进行决策，并由下设的仍然是4个人的办公室负责批准执行气候变化领域的国际合作项目。

3. **成立应对气候变化司**

2007年6月12日，国务院下发通知《国务院关于成立国家应对气候变化及节能减排工作领导小组的通知》（国发〔2007〕18号），成立以时任国务院总理温家宝为组长的国家应对气候变化及节能减排工作领导小组。对外视工作需要可称国家应对气候变化领导小组或国务院节能减排工作领导小组（一个机构、两块牌子），作为国家应对气候变化和节能减排工作的议事协调机构。

领导小组的日常工作由分设的两个小组承担。国家应对气候变化领导小组办公室和国务院节能减排工作领导小组办公室，均设在发改委，并相应充实力量。国家应对气候变化领导小组办公室在现有国家气候变化对策协调小组办公室的基础上完善和加强。国务院节能减排工作领导小组办公室有关综合协调和节能方面的工作由国家发改委为主承担，有关污染减排方面的工作由环保总局为主承担。

领导小组的主要任务是：研究制订国家应对气候变化的重大战略、方针和对策，统一部署应对气候变化工作，研究审议国际合作和谈判对案，协调解决应对气候变化工作中的重大问题；组织贯彻落实国务院有关节能减排工作的方针政策，统一部署节能减排工作，研究审议重大政策建议，协调解决工作中的重大问题。领导小组会议视议题确定参会成员。领导小组下设国家应对气候变化领导小组办公室、国务院节能减排工作领导小组办公室，均设在国家发改委，具体承担领导小组的日常工作，相应充实力量。

马凯兼任国家应对气候变化领导小组办公室主任和国务院节能减排工作领导小组办公室主任，解振华、武大伟、刘燕华、周建、郑国光兼任国家应对气候变化领导小组办公室副主任，解振华、张力军兼任国务院节能减排工作领导小组办公室副主任。(搜狗百科 -baike. sogou. com-2010-3-16)

2008年，国家发改委应对气候变化司成立。有了专门的编制，充实了人员。其主要职责是：

(1)综合研究气候变化问题的国际形势和主要国家动态，分析气候变化对我国经济社会发展的影响，提出总体对策建议。

(2)牵头拟订我国应对气候变化重大战略、规划和重大政策，组织实施有关减缓和适应气候变化的具体措施和行动，组织开展应对气候变化宣传工作，研究提出相关法律法规的立法建议。

(3)组织拟定、更新并实施应对气候变化国家方案，指导和协助部门、行业和地方方案的拟订和实施。

(4)牵头承担国家履行《联合国气候变化框架公约》相关工作，组织编写国家履约信息通报，负责国家温室气体排放清单编制工作。

(5)组织研究提出我国参加气候变化国际谈判的总体政策和方案建议，牵头拟订并组织实施具体谈判对案，会同有关方面牵头组织参加国际谈判和相关国际会议。

(6)负责拟订应对气候变化能力建设规划，协调开展气候变化领域科学研究、系统观测等工作。

(7)拟订应对气候变化对外合作管理办法，组织协调应对气候变化重大对外合作活动，负责开展应对气候变化的相关多、双边合作活动，负责审核对外合作活动中涉及的敏感数据和信息。

(8)负责开展清洁发展机制工作，牵头组织清洁发展机制项目审核，会同有关方面监管中国清洁发展机制基金的活动，组织研究温室气体排放市场交易机制。

(9)承担国家应对气候变化及节能减排工作领导小组有关应对气候变化方面的具体工作，归口管理应对气候变化工作，指导和联系地方的应对气候变化工作。

(10)承办委领导交办的其他事项。

该司设有五个处：综合处，战略研究和规划处，国内政策和履约处，国际政策和谈判处，对外合作处。(http：//qhs. ndrc. gov. cn/jgsz/2015 年 5 月 30 日)

4. 成立国家气候战略中心

国家应对气候变化战略研究和国际合作中心(以下简称国家气候战略中心)是直属于国家发改委的正司级事业单位，编制 40 人，是我国应对气候变化的国家级战略研究机构和国际合作交流窗口。国家气候战略中心于 2012 年 6 月 11 日在京挂牌成立，其职责是：

(1)组织开展中国应对气候变化战略、规划、方案等方面的研究工作；

(2)组织开展中国应对气候变化政策、法规、对案等方面的研究工作；

(3)受国家发展改革委委托，开展国家气候变化对策等业务项目的具体工作；

(4)受国家发展改革委委托，开展应对气候变化领域国际交流与战略对话等具体工作；

(5)受国家发展改革委委托，开展应对气候变化领域国际项目合作等具体工作；

(6)承担国家应对气候变化相关数据和信息管理工作；

(7)开展应对气候变化的宣传、培训与咨询服务；

(8)受国家发展改革委委托，开展清洁发展机制项目管理与碳排放交易市场等具体工作；

(9)承担中国气候战略与国际合作顾问委员会秘书处的具体工作；

(10)承担国家有关部门委托的其他相关业务。

表 3-1　国家应对气候变化机构与组织溯源

日期	机构	职能
1990 年 2 月	国务院专门成立了“国家气候变化协调小组”，设在原国务院环境保护委员会，在国家气象局设立办公室	负责协调、制定与气候变化有关的政策和措施
1998 年	国务院对原气候变化协调小组进行了调整，成立了由原国家发展计划委员会牵头，13 个部门参与的“国家气候变化对策协调小组”	作为部门间议事协调机构，在研究、制定和协调有关气候变化的政策等领域开展工作
2003 年	小组再次调整，由 15 个部门组成，办公室设在国家发改委地区司	成为中国气候变化领域重大活动和对策的领导机构
2006 年 8 月	国务院批准建立中国清洁发展机制基金及其管理中心	利用 CDM 项目中的国家收益，支持和促进国家应对气候变化行动
2007 年 6 月 12 日	成立国家应对气候变化及节能减排工作领导小组	研究制订国家应对气候变化的重大战略、方针和对策，统一部署应对气候变化工作，研究审议国际合作和谈判对案等。
2008 年	国家发改委应对气候变化司成立	承担综合研究气候变化问题的国际形势，牵头拟订我国应对气候变化重大战略、规划和重大政策，牵头承担国家履行联合国气候变化框架公约相关工作等工作
2010 年 7 月 19 日	中国绿色碳汇基金会在民政部注册成立，业务主管单位是国家林业局	是中国第一家以增汇减排、应对气候变化为主要目标的全国性公募基金会。
2012 年 6 月 11 日	国家应对气候变化战略研究和国际合作中心成立	国家应对气候变化战略研究和国际合作中心，是直属于国家发展和改革委员会的正司级事业单位，也是我国应对气候变化的国家级战略研究机构和国际合作交流窗口。

（中国低碳网 气候变化溯源，笔者有补充）

第二节　林业应对气候变化管理机构成立

在国家高度重视应对气候变化工作的背景下，林业应对气候变化管理工作也从研讨培训、知识普及进一步深入，需要成立专门机构。于是，从2003年底开始，国家林业局陆续建立了林业应对气候变化管理机构。至今，成立了5个与林业应对气候变化有关的管理机构（见下表）和5个林业碳汇计量与监测评估中心。

表 3-2　林业碳管理机构列表

成立时间	机构名称
2003 年	国家林业局碳汇管理办公室
2005 年	国家林业局林业生物质能源管理领导小组办公室
2007 年	国家林业局应对气候变化和节能减排领导小组办公室
2008 年	亚太森林恢复与可持续管理网络中心
2010 年	中国绿色碳汇基金会（全国性公募基金会）

1. 成立碳汇管理办公室

经过2002～2003年的研讨会和培训班。我们体会到：全国林业系统需要继续开展应对气候变化知识的“扫盲”工作，更需要学习和了解林业应对气候变化的国际政策、制度和相关新概念、新知识等。需要有专门的机构和人员从事此项工作。当时因对林业应对气候变化的工作知之甚少，拟建立机构的名字，也是在咨询了来自国家气候办、中国林科院、中国科学院和外交部的几位长期从事应对气候变化工作的领导和专家后，才确定为“国家林业局碳汇管理办公室”。2003年12月22日，国家林业局林人发【2003】236号文“关于成立国家林业局碳汇管理办公室的通知”，明确该办公室设在植树造林司，实行一套人马，两块牌子。主要职责是：“在国家气候变化对策协调小组领导下，组织制定林业碳汇的国家规则、管理办法、技术标准和相关政策；负责全国林业碳汇项目的日常管理工作，指导协调全国林业碳汇项目的实施工作；参与《公约》履约相关的技术活动；负责全国林业碳汇项目的统计和分析，开展信息交流组织人员培训”。由时任总工程师的李怒云分管。之后，外交部给国家林业局增加了一个参加《公约》谈判的名额，由造林司派员参加。自此，国家林业局碳汇办开始进入国际气候谈判领域，参加涉林议题谈判并跟踪谈判进程。为进一步推动林业应对气候变化工作的开展，2004 年 3 月 30 日，又成立了国家林业局碳汇管理工作领导小组，成员单位有局办公室、造林司、资源司、保护司、法规司、计资司、人教司、科技司、国际司、退耕办、天保办、宣传办、治沙办、速丰办、经济发展研究中心。办公室主任仍由造林司司长魏殿生担任，李怒云任办公室副主任。

2. 成立林木生物质能源办公室

随着国际社会对应对气候变化事务的热情高涨，使用清洁能源和可再生能源减少碳排放受到了国内外前所未有的重视。2002 年发布了《中华人民共和国可再生能源法》，确定了将可再生能源纳入优先发展领域，而林业生物质能源作为可再生能源的重要组成部分，也列入了国家林业局应对气候变化的优先发展规划。森林是陆地生态系统的主体，是地球上最大的利用太阳能的载体，森林植物把太阳能转化为生物量并储存下来，成为林业生物质能的主要原料。林业生物质材料包括将林木果实所含的油脂转化成生物柴油、将木质纤维或木本果实淀粉转化为燃料乙醇、将采伐与加工剩余物或其他木质纤维做成固体和气体燃料以及利用木质直接燃烧发电等。发展林业生物质能源，不与农争地、不与人争粮，一定程度上能补充能源供给特别是液体燃料的供应，为优化中国富煤缺油少气的能源结构和保障能源安全做贡献，同时可以加速国土绿化进程、促进农民增收、推动新农村建设。重要的是，林木在生长过程中吸收了二氧化碳，而当这些生物量作为能源材料使用时不增加新的碳排放，是减少温室气体排放的重要措施。因此，发展林业生物质能源，不仅是应对气候变化的需要，也是实现调整能源结构、环境友好、增加森林植被、工业反补农业，城乡共同发展的多赢战略举措。

林业碳汇项目实施是增加碳吸收，发展生物质能源是减少碳排放。随着应对气候变化国内外进程的加快，发展林业生物质能源，也纳入了国家应对气候变化的战略规划中。因此，也应该将其纳入林业应对气候变化的规划中，需要重点关注和专人管理。于是，2005 年 8 月 2 日，“国家林业局关于成立国家林业局林业生物质能源领导小组的通知”（林人发【2003】113 号文）下发，正式成立了林业生物质能源管理机构。领导小组组长由副局长祝列克兼任，领导小组成员单位有造林司、资源司、计资司、科技司。下设办公室（简称能源办）在造林司，办公室主任由时任造林司司长魏殿生兼任。领导小组的主要职责是：贯彻落实国家能源战略，研究制定林业生物质能源发展的方针政策；参与制定国家能源发展战略，协助国家能源主管部门组织制定林业生物质能源发展规划和实施计划；审定相关制度、法规、计划；协调局内外相关方面开展林业生物质能源工作；研究解决林木生物质能源工作推进过程重点重大问题；审定林木生物质能源办公室的工作计划等。办公室的主要职责是：协助参与制定国家能源发展战略工作，协助国家能源主管部门组织制定林木生物质能源发展规划和实施计划；指导和协助全国林木生物质能源培育及其转化利用工作；推动林木生物质能源的研究开发工作；负责与国家能源办的联络、信息通报工作，编辑《林木生物质能源工作简报》，承担全国林木生物质能源发展信息统计和分析工作；组织开展林木生物质能源相关的国际国内信息交流和人员培训等；承办国家林局业生物质能源领导小组交办的各项工作。

上述两个办公室成立后，围绕林业应对气候变化，开始了政策研究、标准制定、知识普及等工作。

3. 成立应对气候变化办公室

紧跟国家加强应对气候变化管理机构调整步伐，2007 年 7 月 24 日，国家林业局应对气候变化和节能减排工作领导小组成立(办发字【2007】83 号)。其主要职责是，研究林业行业贯彻落实国务院相关部署的措施，统筹部署林业应对气候变化和节能减排工作，制定林业行业应对气候变化和节能减排工作方案和计划，研究解决林业应对气候变化和节能减排工作中的重大问题，审议有关重要国际合作和谈判议案，审定相关管理制度和办法等。成员单位有：局办公室、造林司、资源司、保护司、防火办、政法司、计资司、科技司、国际司、人教司、服务局、宣传办、行管办、经研中心、湿地办。领导小组办公室设在造林司，负责对口联络国务院应对气候变化和节减能减排工作领导小组办公室(简称气候办)，原国家林业局碳汇管理工作领导小组及其办公室的工作相应并入该领导小组及其办公室。2007 年 12 月，国家林业局调整了气候办领导小组及分工。确定办公室主任由时任造林司司长的魏殿生担任，常务副主任兼联络员由副司长李怒云担任。随着国务院对林业应对气候变化的重视，林业内容越来越多地进入了国家应对气候变化战略和规划中。2014 年及之后该领导小组组成和相关领导又进行了调整，但职能没有变化。

4. 建立亚太森林管理网络中心

(1)机构的建立

为加强我国与亚太地区各经济体以及其他国家、国际组织在森林恢复与保护、应对全球气候变化领域的合作与交流。2007 年 9 月，在澳大利亚举行的亚太经济合作组织第15次领导人非正式会议上，时任国家主席的胡锦涛同志提出了建立“亚太森林恢复与可持续管理网络”的倡议，得到美国和澳大利亚共同响应，与会各方一致支持并写入了会议通过的《亚太经合组织领导人关于气候变化、能源安全和清洁发展的宣言》（下简称《悉尼宣言》）及其行动计划。

2009年4月，经中央机构编制委员会办公室批准，国家林业局亚太森林网络管理中心成立（国家林业局关于成立国家林业局亚太森林网络管理中心的通知 林人发[2009]105号），为国家林业局直属司局级事业单位（归口国际合作司管理）。该中心的主要职责是：在亚太森林恢复与可持续管理网络筹备部际协调小组和国家林业局的具体领导下，负责拟定亚太森林恢复与可持续管理网络运行方案、长远发展战略和网络融资计划并组织实施，承担网络相关工作的国内协调和对外磋商谈判，组织开展网络成员之间对话，承担森林恢复与可持续管理相关国际合作项目管理和组织实施，负责亚太森林恢复与可持续管理网络筹备部际协调小组和国家林业局交办的其他工作。(2009年9月9日，中国绿色时报　记者 刘娜微)

该“网络”具有开放性、互补性两大重要特点。主要从4个方面开展工作：①推动信息共享。通过建立共享数据库，传播森林可持续恢复和经营方面的技术和经验；②促进协调配合，推进试点。主要着眼于对现存技术规范，如森林可持续恢复和经营的标准和指标进行试验示范，以促进在可持续森林恢复和经营中，充分综合市场机制和当地社区，进一步促进政府、私人企业和社区建立有效伙伴合作关系；③提供政策建议。征求专家和利益相关者对可持续森林恢复和经营技术和政策的意见，通过开展对现有森林恢复和经营的评估活动，推进可持续森林恢复和经营工作；④增强能力建设。围绕可持续森林恢复和经营的技术和政策方面，包括对人工林和次生林的经营管理等，举办相关研讨会和培训活动。筛选并推广良好做法，以帮助各成员就可持续森林恢复和经营领域形成全面综合的实施计划（国家林业局，2010）。通过有效地促进森林恢复和开展可持续森林管理，提高亚太地区森林生产力和生态功能，不但有助于增加森林碳汇，减少毁林导致的排放，而且能对缓解全球气候变暖作出贡献。同时，还有助于缓解对天然林资源的压力，促进生物多样性保护，为亚太地区贫困人群创造就业和增加收入的机会。

（2）建立该机构的背景

2007年初，承办2007年第15次亚太经合组织会议（下简称APEC会议）

的澳大利亚政府宣布并发起了“森林与气候全球倡议”，对外宣布将投资2亿澳元用于森林保护（世界林业动态 2008 年第 1 期 白秀萍）。作为当年APEC 会议的东道国，澳大利亚的做法迎合了当时全球应对气候变化日益重视林业措施的国际潮流，也为中国进一步展示林业成就提供了机会。中国作为全球森林面积增加最快、人工林最多的国家，森林植被恢复和可持续的森林经营增加了森林碳汇潜力，为减缓全球气候变暖做出了大贡献。与此同时，中国与国际社会一起，高度关注热带国家的毁林造成的碳排放。研究表明：热带发展中国家毁林的根源主要是贫困。因此，应积极改善发展中国家林区人民的生活状况，加大发达国家对发展中国家的援助力度，促进减少贫困，才能从根本上解决毁林问题。中国愿意与发达国家和发展中国家一起共同推进减少毁林和可持续森林经营国际制度建设与实践；而且中国在森林恢复和林业可持续管理方面的成果和经验，特别是集体林权制度改革、推进参与式林业管理等能够使林区群众通过可持续的森林管理获得收益；中国植被恢复和可持续管理的技术，可对发展中国家特别是一些植被恢复困难的亚太地区开展技术援助。亚太地区森林资源丰富，世界上 10 个森林面积最大的国家中，有 8 个国家处在亚太地区。而这一地区用于生产用途的森林中，有40% ~50% 的森林需要进行可持续经营。对亚太地区的森林进行恢复与可持续管理，不仅有助于减少碳排放、增加碳吸收、缓解全球变暖，而且有利于亚太地区森林工业的发展，减缓依赖森林资源维持生计地区的民众贫困问题。因此，在 APEC 领导人非正式会上，时任国家主席的中国领导人胡锦涛指出：“保护森林，可以在应对气候变化方面发挥重要作用。从 1980 ~2005年，中国在人工造林、森林恢复和管理方面做了大量工作，积累了丰富的经验。中方愿意同亚太地区成员分享这些技术和经验，为此，我建议建立‘亚太森林恢复与可持续管理网络’。胡锦涛同志的建议被纳入了《悉尼宣言》，受到了国际社会的赞赏。媒体称中国的倡议为全球应对气候变化提供了具有实质意义的新思路。

建立亚太森林恢复与可持续管理网络既反映了亚太经济合作组织各经济体对森林可持续管理和森林在应对气候变化中重要作用的高度关注，也反映了亚太地区和全球林业发展的现实需要。作为亚太地区新的林业合作机制，该网络对亚太经合组织成员和非成员及国际组织等有关各方开放。中国政府支持把网络建设成为富有活力的区域林业合作机制，为推动亚太地区和全球森林可持续经营，改善森林生态系统，促进人与自然和谐做出新的贡献。因此，网络初期的项目和工作经费均由中国政府支持。

(3)全球首个政府规范本国企业境外活动指南

为配合 APEC 会议的林业议题。在 APEC 会议召开之前的 2007 年 8 月 2 日，国家林业局与商务部联合发布了《中国企业境外可持续森林培育指南》。这是全球首个政府规范本国企业海外开发行为的指导性文件。人民日报(海外版)以“中国首创海外森林开发新模式”为标题在头版加以报道(2007 年 10 月 9 日)。在国际上引起了极大反响，受到了国际社会一致好评，树立了中国负责任大国形象。继此指南之后，国家林业局与商务部又联合编制发布了《中国企业境外可持续森林经营利用指南》，并翻译成英语、法语、葡萄牙和西班牙语等多国文字，在俄罗斯、非洲等国家开展试点，成效显著。目前正在编制《中国企业境外可持续林产品加工和贸易指南》。

时任国家林业局造林司副司长的李怒云，作为熟悉“亚太森林恢复与可持续管理网络倡议”和编写《中国林业境外可持续森林培育指南》的负责人，赴悉尼参加了 APEC 会议并参与了《悉尼宣言》修改的全过程。

链接 6：亚太森林组织

作为一个区域性的国际机构，亚太网络组织与亚太森林网络管理中心同步筹建。2008 年 9 月，中国、美国、澳大利亚三方在北京达成了指导亚太森林组织前期发展的《框架文件》，组织秘书处投入运行。2011 年 4 月，经国家民政部批准，亚太森林恢复与可持续管理组织(下简称亚太森林组织)正式注册为国际性组织，具有完全的国际法人地位。

亚太森林组织的宗旨是促进亚太区域的森林恢复，提高森林可持续管理水平。围绕这一宗旨，组织致力于实现以下目标：

①为实现 2007 年《悉尼宣言》中确定的“在 2020 年之前达到 APEC 区域内各种类型森林面积增长 2000 万公顷”的目标作出贡献。

② 通过促进区域内退化森林的恢复和植树造林，改善森林生态系统的质量和生产力，增加森林碳储存。

③通过加强森林可持续经营，减少毁林和退化及相关的碳排放。

④协助提高区域内森林的社会经济效益，加强生物多样性保护。

为实现上述目标，自成立以来，亚太森林组织面向成员重点开展试点示范项目、能力建设促进区域政策对话和信息共享等活动。资助并承办了 2011 年 9 月在北京召开的首届 APEC 林业部长级会议，填补了亚太区域林业高级别对话平台空白。亚太区域21个经济体林业部长和高官首次通过APEC平台，共同探讨区域林业可持续发展。原国家主席胡锦涛出席会议并致辞。会议通过了《北京宣言》，就区域林业发展达成了15项重要共识。2013年8月，与秘鲁政府共同主办了第二届APEC林业部长级会议。会议成果文件《库斯科宣言》中充分肯定了亚太森林组织在"区域林业合作进程中发挥了积极与重要的作用"。资助实施了21个试点示范和政策研究项目，总金额1200多万美元。项目遍及亚太地区21个经济体，涵盖森林恢复、森林资源管理、林业与减贫、跨境生态安全、城市林业、林业与气候变化、林业教育等领域。为20个经济体培训了220多名高级林业官员，设立奖学金接收了30多名海外学生来华攻读林业硕士学位。目前已有16名奖学金生获得硕士学位，学成归国。

自成立以来，随着各项工作的推进，亚太森林组织在区域内的吸引力和影响力日益彰显。目前，亚太地区已有26个经济体(17个APEC经济体、9个非APEC经济体)和5个国际组织加入了亚太森林组织，成员总数已达31个。

为支持亚太森林组织的可持续发展，丰富融资渠道，国家民政部于2013年7月批准成立亚太森林恢复与可持续管理组织森林可持续经营专项基金。该基金旨在为亚太森林组织开展的试点示范项目、能力建设、区域政策对话、信息共享等促进和提高亚太地区森林恢复与可持续管理水平的活动筹集资金。

2015年4月8日，亚太森林组织首届董事会成立大会暨第一次会议在北京举行。时任国家林业局局长赵树丛当选为亚太森林组织首届董事会主席。新成立的董事会是亚太森林组织的决策机构，肩负着亚太森林组织未来发展的战略定位、指导组织各机构的规范运行、实现组织发展资金来源的多样化、推动实现亚太森林组织宗旨与目标等重大职责。来自澳大利亚、中国、柬埔寨、马来西亚、菲律宾和联合国粮农组织(FAO)、国际热带木材组织(ITTO)及大自然保护协会(TNC)的12名代表当选为首届董事会董事。会议讨论和审议了有关董事会议事规则、亚太森林组织机构设置、发展战略、成员发展以及行政与财务制度等文件。会议结束时，由中信证券股份有限公司、中国人民保险集团股份有限公司、广东长隆集团有限公司、大自然家居(中国)有限公司、中林信达(北京)科技信息有限责任公司、旺业甸实验林场6家中国企业向亚太森林组织基金捐赠100多万美元。

链接7：林业局发布《中国企业境外可持续森林培育指南》

2007年08月28日 19:59:25　来源:新华网

新华网北京8月28日电(记者 孙侠)由国家林业局、商务部联合编制的《中国企业境外可持续森林培育指南》(以下简称《指南》)28日由国家林业局正式发布，这是世界上第一个专门针对本国企业境外从事森林培育活动的管理和技术规范。

《指南》吸纳了国际倡导的可持续发展的先进理念，重视并积极鼓励和支持我国在境外企业采取"可持续发展的方式""保护生物多样性的方式""促进社区发展的方式"在境外开展森林培育活动。它要求中国企业自觉遵守国际公约，切实从所在国国情出发，规划科学合理的可持续经营方案，并对企业境外人工造林、生态保护、环境管理、社区发展、森林资源管理等都提出了指导性意见。

时任国家林业局局长贾治邦28日在接受记者采访时指出，编制《指南》的目的是为了积极引导中国企业帮助那些森林恢复工作有难度的国家和地区加快森林培育，并通过森林培育活动，进一步改善当地群众的生活。这样对企业所在国的经济社会发展有利，也符合企业的长远发展战略。

据悉，按照《指南》，中国企业在境外从事森林培育活动，要严格执行所在国有关法律法规，依法保护林地，严格保护高价值森林，严禁非法转变林地用途。要根据当地政府和林业主管部门制定的林业发展长远规划，对当地资源状况进行科学调查和评估，特别是要针对当地具有高保护价值和特定文化、生态、宗教背景的森林资源，确定森林培育作业区范围内需要保护的珍稀、受威胁和濒危动植物物种及其栖息地、土壤和水资源等；综合当地经济社会发展主导需求、当地群众生计状况等因素，编制和执行科学可行的森林培育方案。同时要根据当地生态、经济和社会状况，明确森林培育的目的、措施、总体布局、森林防火、病虫害防治、野生动植物及栖息地保护、林产品深加工、林区道路基础设施建设、森林生态系统动态监测等方面的内容。

贾治邦说，现阶段，政府将积极鼓励我国境外企业结合所在国的实际贯彻落实《指南》，并将联合国际组织开展试点示范，通过具体实践不断完善《指南》。今后，《指南》还将被逐步纳入政府对我境外企业森林培育活动的考核、监督和认证范畴，并作为开展这方面管理的重要依据。

贾治邦指出，保护和恢复全球森林植被，是缓解气候变化、维护生态安全不可替代的重要措施。中国历来十分重视森林植被的保护、恢复和培育。据第六次全国森林资源清查，我国森林面积已达到1.75亿公顷，森林覆盖率达到18.21%，活立木总蓄积达到136亿立方米，年均生长量达到5亿立方米。其中，人工林保存面积达到5365万公顷，居世界首位。中国森林资源的持续增长，吸收了大量的二氧化碳，为改善中国乃至全球的生态、减缓气候变暖作出了重大贡献。同时，中国也高度重视并积极推动全球森林资源的保护与培育。中国目前在东南亚积极参与联合国倡导的"禁毒替代种植"，已投入5亿多元人民币，帮助当地种植了4万多公顷林木及农作物，不仅增加和恢复了当地森林植被，还增加了当地群众就业，促进了社区经济发展。

第四章　中国林业碳管理的政策制定

2007年6月3日，国务院发布了《应对气候变化国家方案》(国发〔2007〕17号)(下简称《国家方案》)；2008年发布的《中国应对气候变化的政策与行动》、2009年发布的《中国政府关于哥本哈根气候变化会议的立场》等，均把林业措施作为重要内容纳入其中(见链接8～链接10)。《国家方案》要求各部门、各行各业充分认识应对气候变化的重要性和紧迫性，采取措施，主动迎接挑战；明确实施《国家方案》总体要求；落实控制温室气体排放的政策措施；增强适应气候变化的能力；充分发挥科技进步和技术创新的作用；健全体制机制、加强组织领导。

第一节　发展碳汇林业

1. 概念的提出

2009年，《中共中央国务院关于2009年促进农业稳定发展农民持续增收的若干意见》(下简称中央1号文件)中要求“建设现代林业，发展山区林特产品、生态旅游业和碳汇林业”。何为碳汇林业？通俗的说，碳汇林业就是指以吸收固定二氧化碳，充分发挥森林的碳汇功能，降低大气中二氧化碳浓度，减缓和适应气候变化为主要目的的林业活动。但根据国际林业应对气候变化的相关规定，笔者认为碳汇林业至少应该包括以下5个方面内容：①符合国家经济社会可持续发展要求和应对气候变化的国家战略；②除了积累碳汇外，要提高森林生态系统的稳定性、适应性和整体服务功能，推进生物多样性和生态保护，促进社区发展等森林多种效益；③建立符合国际规则与中国实际的技术支撑体系；④促进公众应对气候变化和保护气候意识提高；⑤借助市场机制和法律手段，推动以碳汇为主的生态服务市场的发育(李怒云，中国发展，2009,)。

2. 国家方案中的林业措施

在国家对林业措施应对气候变化的重视之下，国家林业局根据国务院赋予的林业应对气候变化的管理职能：“拟订林业应对气候变化的政策、措施并组织实施”。认真贯彻落实《国家方案》制定的方针政策和战略部署。积极制定林业行业应对气候变化工作方案和计划、出台林业应对气候变化管理制度和办法、参加林业应对气候变化国际合作项目的执行和国际气候涉林议题谈判等。在国家应对气候变化办公室的指导下，开展了林业应对气候变化的政策研究和管理工作的探索与实践。

链接8：

摘自《中国应对气候变化国家方案》

（二〇〇七年六月四日 发布）

第三部分　中国应对气候变化的指导思想、原则与目标

三、目标

（一）控制温室气体排放。

——通过继续实施植树造林、退耕还林还草、天然林资源保护、农田基本建设等政策措施和重点工程建设，到2010年，努力实现森林覆盖率达到20%，力争实现碳汇数量比2005年增加约0.5亿吨二氧化碳。

（二）增强适应气候变化能力。

——通过加强天然林资源保护和自然保护区的监管，继续开展生态保护重点工程建设，建立重要生态功能区，促进自然生态恢复等措施，到2010年，力争实现90%左右的典型森林生态系统和国家重点野生动植物得到有效保护，自然保护区面积占国土总面积的比重达到16%左右，治理荒漠化土地面积2200万公顷。

第四部分　中国应对气候变化的相关政策和措施

一、减缓温室气体排放的重点领域

（五）林业。

——加强法律法规的制定和实施。加快林业法律法规的制定、修订和清理工作。制定天然林保护条例、林木和林地使用权流转条例等专项法规；加大执法力度，完善执法体制，加强执法检查，扩大社会监督，建立执法动态监督机制。

——改革和完善现有产业政策。继续完善各级政府造林绿化目标管理责任制和部门绿化责任制，进一步探索市场经济条件下全民义务植树的的多种形式，制定相关政策推动义务植树和部门绿化工作的深入发展。通过相关产业政策的调整，推动植树造林工作的进一步发展，增加森林资源和林业碳汇。

——抓好林业重点生态建设工程。继续推进天然林资源保护、退耕还林还草、京津风沙源治理、防护林体系、野生动植物保护及自然保护区建设等林业重点生态建设工程，抓好生物质能源林基地建设，通过有效实施上述重点工程，进一步保护现有森林碳储存，增加陆地碳储存和吸收汇。

二、适应气候变化的重点领域

(二)森林和其他自然生态系统。

——制定和实施与适应气候变化相关的法律法规。加快《中华人民共和国森林法》、《中华人民共和国野生动物保护法》的修订，起草《中华人民共和国自然保护区法》，制定湿地保护条例等，并在有关法律法规中增加和强化与适应气候变化相关的条款，为提高森林和其他自然生态系统适应气候变化能力提供法制化保障。

——强化对现有森林资源和其他自然生态系统的有效保护。对天然林禁伐区实施严格保护，使天然林生态系统由逆向退化向顺向演替转变。实施湿地保护工程，有效减少人为干扰和破坏，遏制湿地面积下滑趋势。扩大自然保护区面积，提高自然保护区质量，建立保护区走廊。加强森林防火，建立完善的森林火灾预测预报、监测、扑救助、林火阻隔及火灾评估体系。积极整合现有林业监测资源，建立健全国家森林资源与生态状况综合监测体系。加强森林病虫害控制，进一步建立健全森林病虫害监测预警、检疫御灾及防灾减灾体系，加强综合防治，扩大生物防治。

——加大技术开发和推广应用力度。研究与开发森林病虫害防治和森林防火技术，研究选育耐寒、耐旱、抗病虫害能力强的树种，提高森林植物在气候适应和迁移过程中的竞争和适应能力。开发和利用生物多样性保护和恢复技术，特别是森林和野生动物类型自然保护区、湿地保护与修复、濒危野生动植物物种保护等相关技术，降低气候变化对生物多样性的影响。加强森林资源和森林生态系统定位观测与生态环境监测技术，包括森林环境、荒漠化、野生动植物、湿地、林火和森林病虫害等监测技术，完善生态环境监测网络和体系，提高预警和应急能力。

链接9：

摘自《中国应对气候变化的政策与行动》

（二〇〇八年十月 发布）

四、减缓气候变化的政策与行动

推动植树造林，增强碳汇能力

自20世纪80年代以来，中国政府通过持续不断地加大投资，平均每年植树造林400万公顷。同时，国家还积极动员适龄公民参加全民义务植树。截至2007年底，全国共有109.8亿人次参加义务植树，植树515.4亿株。近几年，通过集体林权制度改革等措施，调动了广大农民参与植树造林、保护森林的积极性。目前，全国人工林面积达到了0.54亿公顷，蓄积量15.05亿立方米，森林覆盖率由20世纪80年代初期的12%提高到目前的18.21%。2006年中国城市园林绿地面积达到132万公顷，绿化覆盖率为35.1%。据估算，1980~2005年中国造林活动累计净吸收约46.6亿吨二氧化碳，森林管理累计净吸收16.2亿吨二氧化碳，减少毁林排放4.3亿吨二氧化碳，有效增强了温室气体吸收汇的能力。

五、适应气候变化的政策与行动

森林等自然生态系统

多年来，中国通过制定并实施《森林法》、《野生动物保护法》、《水土保持法》、《防沙治沙法》和《退耕还林条例》、《森林防火条例》、《森林病虫害防治条例》等相关法律法规，努力保护森林和其他自然生态系统。国家正在积极制定自然保护区、湿地、天然林保护等相关法律法规，推动全面实施全国生态环境建设和保护规划。

中国将进一步加强林地、林木、野生动植物资源保护管理，继续推进天然林保护、退耕还林还草、野生动植物自然保护区、湿地保护工程，推进森林可持续经营和管理，开展水土保持生态建设。建立健全国家森林资源与生态状况综合监测体系。完善和强化森林火灾、病虫害评估体系和应急预案以及专业队伍建设，实施全国森林防火、病虫害防治中长期规划，提高森林火灾、病虫害的预防和控制能力。改善、恢复和扩大物种种群和栖息地，加强对濒危物种及其赖以生存的生态系统保护。加强生态脆弱区域、生态系统功能的恢复与重建。

链接10：

摘自《中国政府关于哥本哈根气候变化会议的立场》

（二〇〇九年五月二十日 发布）

三、关于进一步加强公约的全面、有效和持续实施

（二）减缓

3. 减少发展中国家毁林排放

（1）在制定技术方法和激励政策等方面同等对待发展中国家减少毁林、森林退化导致的碳排放，以及通过森林保护、森林可持续管理和森林面积变化增加碳汇。

（2）减少发展中国家毁林、森林退化导致的碳排放，以及通过森林保护、森林可持续管理和森林面积变化增加碳汇的行动，是推进发展中国家可持续发展、消除贫困应对气候变化的重要措施部分，不能用来抵消发达国家减排承诺目标，也不能成为引入发展中国家减排义务的手段。

（3）发达国家有义务根据公约相关条款提供充足的资金、技术和能力建设支持，以使发展中国家能够自愿实施减少毁林、森林退化导致的碳排放，以及通过森林保护、森林可持续管理和森林面积变化增加碳汇的行动。

第二节 管理政策研究与制定

1. 研究制定并下发管理文件

为统筹全国林业应对气候变化工作，依托森林生态学的基础研究，国家林业局制定了有关林业碳管理的政策措施。从2006年始至今，下发了若干指导性文件（主要文件见表4-1）。

表4-1 主要林业碳管理指导性文件

编号	文件
1	《国家林业局造林司关于开展清洁发展机制造林项目的指导性意见》造碳函（2006）30号
2	《国家林业局造林司关于加强林业应对气候变化及碳汇管理工作的通知》造碳函【2008】72号
3	《国家林业局办公室关于加强碳汇造林管理工作的通知》（办造字【2009】121号）
4	《国家林业局林业碳汇计量与监测管理暂行办法》（办造字【2010】26号）
5	国家林业局办公室关于贯彻落实《应对气候变化林业行动计划》的通知（办造字〔2010〕56号）

（续）

编号	文件
6	《造林绿化管理司关于开展林业碳汇计量与监测体系建设试点工作的通知》（造气函【2010】62）
7	《国家林业局办公室关于开展碳汇造林试点工作的通知》（办造字【2010】98 号）
8	国家林业局办公室关于印发《碳汇造林技术规定（试行）》和《碳汇造林检查验收办法（试行）》的通知（办造字【2010】84 号）
9	《国家林业局关于林业碳汇计量与监测资格认定的通知》、（办造字【2010】174 号）
10	国家林业局造林绿化管理司（气候办）关于印发《全国林业碳汇计量监测技术指南（试行）》的通知（造气函【2011】8 号）
11	国家林业局办公室关于印发《造林项目碳汇计量与监测指南》的通知（办造字【2011】18 号）
12	国家林业局办公室关于印发《关于坎昆气候大会进一步加强林业应对气候变化工作的意见》的通知（办造字【2011】45 号）
13	国家林业局办公室关于印发《林业应对气候变化"十二五"行动要点》的通知（办造字〔2011〕241 号
14	国家林业局办公室关于印发《2013 年林业应对气候变化政策与行动白皮书》的通知（办造字〔2014〕19 号）
15	林业局关于推进林业碳汇交易工作的指导意见（林造发〔2014〕55 号）
16	国家林业局办公室关于印发《2014 年林业应对气候变化政策与行动白皮书》的通知（办造字〔2015〕134 号）

这些管理文件的下发，对于刚起步的中国林业碳管理，起到了把握方向、政策引导、传播知识、技术指导等作用。如 2010 年发布的《国家林业局林业碳汇计量与监测管理暂行办法》，作为国内首个林业碳汇计量监测机构资格管理的部门规章，成为国家林业局审批碳汇计量监测机构的依据。第一期有 10 个单位获得了国家林业局批准的项目级的碳汇计量监测资质证书（表 4-2），第二批有 15 家单位获得了资格证书（表 4-3）。虽然现在国内碳交易试点的林业碳汇交易项目并不要求一定是有资格的碳汇计量监测机构做项目设计文件（PDD）。但是，国家林业局开展的资格管理，对规范化、科学化开展营造林项目碳汇计量和监测，确保碳汇林达到"可测量、可报告、可核查"（简称"三可"）提供了保障，同时为培养林业碳汇计量监测人才奠定了很好的基础。而且在实践中，还是林业系统的专业机构能够规范、快速并保证质量的完成营造林碳汇计量监测任务。

表 4-2　第一批林业碳汇计量监测机构

序号	单位
1	国家林业局调查规划设计院
2	国家林业局昆明勘察设计院
3	国家林业局林产工业设计院
4	中国林业科学研究院森环森保所
5	中国农业科学院环境与可持续发展研究所
6	北京林业大学
7	南京林业大学
8	浙江农林大学
9	内蒙古农业大学
10	北京林学会

表 4-3　第二批林业碳汇计量监测机构

序号	单位
1	北京林学会
2	山西省林业调查规划院
3	辽宁省林业调查规划院
4	浙江省森林资源监测中心
5	安徽省林业调查规划院
6	湖北省林业科学研究院
7	湖南省林业调查规划设计院
8	广东省林业调查规划院
9	广西林业勘察设计院
10	重庆市林业科学研究院
11	四川省林业调查规划院
12	国家林业局林产工业设计院
13	国家林业局昆明院勘察设计院
14	内蒙古农业大学
15	浙江农林大学

2. 制定林业行动计划

为落实党中央、国务院关于应对气候变化的一系列决策部署，大力推进植树造林，着力加强森林管理，增加森林面积和森林蓄积，积极应对气候变化。2009 年 11 月，国家林业局制定了《应对气候变化林业行动计划》，确立了当前及今后一个时期我国林业应对气候变化工作的指导思想、基本原则、阶段目标，以及重点领域和主要行动(国家林业局，2009)。

指导思想：以科学发展观为指导，按照《应对气候变化国家方案》提出的林业应对气候变化的政策措施，结合林业中长期发展规划，依托林业重点工程，扩大森林面积，提高森林质量，强化森林生态系统、湿地生态系统、荒漠生态系统保护力度。依靠科技进步，转变增长方式，统筹推进林业生态体系、产业体系和生态文化体系建设，不断增强林业碳汇功能，增强我国林业减缓和适应气候变化的能力，为发展现代林业、建设生态文明、推动科学发展作出新贡献。

基本原则：坚持林业发展目标和国家应对气候变化战略相结合，坚持扩大森林面积和提高森林质量相结合，坚持增加碳汇和控制碳排放相结合，坚持政府主导和社会参与相结合，坚持减缓与适应相结合。

阶段目标：到 2020 年，年均造林育林面积 500 万公顷以上，全国森林覆盖率增加到 23%，森林蓄积量达到 140 亿立方米，森林碳汇能力得到进一步提高。到 2050 年，比 2020 年净增森林面积 4700 万公顷，森林覆盖率达到并稳定在 26% 以上，森林碳汇能力保持相对稳定。重点领域和主要行动(见表 4-4)：

2011 年 11 月，国家林业局发布了《林业应对气候变化“十二五”行动要点》(国家林业局，2011)(以下简称《行动要点》)，提出 5 项林业减缓气候变化主要行动、4 项林业适应气候变化主要行动和 6 项加强能力建设主要行动。

主要目标：在“十二五”期间，全国完成造林任务 3000 万公顷、森林抚育经营任务 3500 万公顷，到 2015 年森林覆盖率达 21.66%，森林蓄积量达 143 亿立方米，森林植被总碳储量达到 84 亿吨；新增沙化土地治理面积 1000 万公顷；湿地面积达到 4248 万公顷，自然湿地保护率达到 55%；林业自然保护区面积占国土面积比例稳定在 13%，90% 以上国家重点保护野生动物和 80% 以上极小种群野生植物种类得到有效保护；森林火灾受害率稳定控制在 1‰；林业有害生物成灾率控制在 4.5‰；初步建成全国林业碳汇计量监测体系。

表 4-4　林业应对气候变化重点领域和主要行动

重点领域	主要行动	备注
领域一：植树造林	1：大力推进全民义务植树 2：实施重点工程造林，不断扩大森林面积 3：加快珍贵树种用材林培育	林业减缓气候变化的重点领域和主要行动
领域二：林业生物质能源	4：实施能源林培育和加工利用一体化项目	
领域三：森林可持续经营	5：实施森林经营项目 6：扩大封山育林面积，科学改造人工纯林	
领域四：森林资源保护	7：加强森林资源采伐管理 8：加强林地征占用管理 9：提高林业执法能力 10：提高森林火灾防控能力 11：提高森林病虫属兔危害的防控能力	
领域五：林业产业	12：合理开发和利用生物质材料 13：加强木材高效循环利用	
领域六：湿地恢复、保护和利用	14：开展重要湿地的抢救性保护与恢复 15：开展农牧渔业可持续利用示范	
领域一：森林生态系统	1：提高人工林生态系统的适应性 2：建立典型森林物种自然保护区 3：加大重点物种保护力度 4：提高野生动物疫源疫病监测预警能力	林业适应气候变化的重点领域和主要行动
领域二：荒漠生态系统	5：加强荒漠化地区的植被保护	
领域三：湿地生态系统	6：加强湿地保护的基础工作 7：建立和完善湿地自然保护区网络	

《行动要点》在减缓领域的5项主要行动：一是加快推进造林绿化。继续推进林业重点工程建设，加快构建十大生态安全屏障，大力培育特色经济林、竹林、速生丰产用材林、珍贵树种用材林等。二是全面开展森林抚育经营。建立健全森林抚育经营管理体系，研究建立森林抚育经营管理新机制，完善森林抚育补贴制度。三是加强森林资源管理。构建全国林地"一张图"，

完善林地保护利用制度和政策，严厉打击木材非法采伐及相关贸易等违法犯罪行为。四是强化森林灾害防控。加强森林火灾预防、扑救、保障体系建设和林业有害生物检疫御灾、监测预警、应急防控、服务保障体系建设，依法开展林业执法专项整治行动。五是培育新兴林业产业。加快林业产业结构调整，增加木材及林产品储碳能力，编制实施《林业生物质能源发展规划》，加快能源林示范基地建设。

《行动要点》在适应领域的4项主要行动：一是科学培育健康优质森林。加大林木良种选育和应用力度，加强林木良种基地建设和良种苗木培育，合理选择造林树种，科学配置林种，优化森林结构，加强防护林体系建设。二是加强自然保护区建设和生物多样性保护。优化森林、湿地、荒漠生态系统自然保护区布局，加强野生动物、野生植物类型自然保护区建设，加大重点物种保护力度，加强生态区位重要、生态状况脆弱地区植被保护力度。三是大力保护湿地生态系统。建立和完善湿地保护管理体系，加强泥炭湿地自然保护区建设，加快湿地公园发展，推进国家湿地立法工作，开展湿地可持续利用示范，加强湿地保护管理，增强湿地储碳能力。四是强化荒漠和沙化土地治理。继续实施京津风沙源治理工程，加大岩溶地区石漠化综合治理力度，在西北干旱区和部分半干旱区规划建设国家级沙化土地封禁保护区。

还在加强机构和法制建设、建立碳汇计量监测体系、探索开展试点示范、开展相关科学研究、积极推进国际合作、加强宣传引导等6个方面提出了加强能力建设的主要行动。（全文见后附件）

《应对气候变化林业行动计划》的发布，在国内率先规划了本行业应对气候变化工作，使中国林业碳管理有计划、有保障，为确保林业应对气候变化目标的实现奠定了基础。

第五章　中国林业碳管理技术标准研建及应用

在中国应对气候变化战略部署和林业碳管理工作推进中，林业碳汇标准体系建设是国家林业局开展林业碳管理和发展碳汇林业的重要基础，是充分发挥森林生态系统的增汇减排功能，推动森林生态服务市场化进程的现实需要，更是国外内投资者了解中国林业碳汇交易的迫切需要。因此，要制定与国际接轨并适合中国实际的技术标准体系，以达到森林增汇减排“三可”要求，同时，积极推动中国林业碳管理技术标准的国际化，争取我国在国际气候谈判涉林议题中应有的话语权。

第一节　关于碳汇的几个概念

1. 森林碳汇与林业碳汇

在技术标准的探索和研究的过程中，涉及到了新的理论和新概念。除上述碳汇林业外，笔者根据几年的研究和工作实践解读了森林碳汇、林业碳汇、碳汇造林。依据为《公约》中对“碳汇”定义：从大气中清除二氧化碳的过程、活动或机制。笔者认为相应的森林碳汇是：森林生态系统吸收大气中的二氧化碳并将其固定在植被或土壤中，从而减少大气中二氧化碳浓度的过程、活动或机制，属自然科学范畴(李怒云，《中国林业碳汇》2007 年)；林业碳汇则是：通过造林和更新造林，森林经营管理、森林保护、湿地管理、荒漠化治理和采伐林产品管理等林业经营活动在，稳定和增加碳汇量的过程、活动和机制。

2. 碳汇造林

为规范林业碳汇项目的营造林和便于碳汇计量与监测，2007 年，我们组织专家编制了《碳汇造林技术规定》，其中对碳汇造林给出了定义：碳汇造林是指在确定了基线的土地上，以增加碳汇为主要目的，对造林及其林木(分)生长过程实施碳汇计量和监测而开展的有特殊要求的造林活动。与普通的造林相比，碳汇造林突出森林的碳汇功能，具有碳汇计量与监测等特殊技术要求，强调森林的多重效益(上述三个概念，笔者在两次参加“香山科学会议”均提出来请专家给予修定，但没有专家提出意见，所以经修改后沿用至今）。

第二节　建立林业碳汇标准体系

1. 林业碳汇标准类型

十多年来，国家林业局在林业碳汇技术标准体系建设上，开展了超前的研究和探索。目前研制的标准体系和有关规则主要涵盖3个方面：一是国家层面的如全国林业碳汇计量监测体系；二是项目层面的如营造林碳汇项目方法学；三是审定和碳汇交易层面的如林业碳汇审定核查指南等(见表5-1)。

同时，在国家财政资金的支持下，在国家林业局规划院建立了林业碳汇项目注册平台。在计量监测单位完成碳汇造林项目预估碳汇量报告后，经第三方(指定认证机构)按照《林业碳汇项目审定核查指南》对项目进行审定。审定合格后即可进行注册，确保碳汇营造林项目符合要求，并为林业碳汇进入交易做好准备。

表5-1　中国林业碳汇系列标准和规定列表

<table>
<tr><th colspan="2">类别</th><th>编制或发布单位</th><th>名称</th></tr>
<tr><td colspan="2">全国碳汇计量
监测体系</td><td>国家林业局</td><td>《全国林业碳汇计量监测体系》(已完成)
《全国林业碳汇计量监测指南》(推广应用)</td></tr>
<tr><td rowspan="2">方法学和标准</td><td>造林再造林</td><td>国家林业局(2010)
国家林业局(2010)
国家林业局(2011)
国家林业局(2012)
国家林业局(2014)
国家发改委备案(2013)

其他
中国绿色碳汇基金会
(2010—2015)</td><td>《碳汇造林技术规程(试行)》
《碳汇造林检查验收办法(试行)》
《造林项目碳汇计量与监测指南》(试行)
《竹林项目碳汇计量与监测方法学》(试行)
《碳汇造林技术规程》(LY/T 2252－2014)
《造林碳汇项目方法学》(AR－CM－001－V01)
《竹子造林碳汇项目方法学》(AR－CM－002－V01)
《灌木碳汇造林项目方法学》(修改中)
《城市森林碳汇项目方法学》(修改中)</td></tr>
<tr><td>森林经营</td><td>国家发改委备案(2014)
国家发改委备案(2016)
其他
中国绿色碳汇基金会
(2010—2015)</td><td>《森林经营碳汇项目方法学》(AR－CM－003－V01)
《竹林经营碳汇项目方法学》(AR－CM－005－V01)
《森林经营增汇减排项目方法学》(试行)
《农户森林经营碳汇项目方法学》(试行)</td></tr>
</table>

（续）

类别		编制或发布单位	名称
审核和交易	审核	中国绿色碳汇基金会 北京林业大学	《林业碳汇项目审定与核证指南》（LY/T2409－2015）
	交易	国家发改委（2012） 国家发改委（2014） 华东林权交易所（2011）	《温室气体自愿减排交易管理暂行办法》 《碳排放权交易管理暂行办法》 《林业碳汇交易标准》 《林业碳汇交易规则》 《林业碳汇交易流程》 《林业碳汇交易合同范本》 《林业碳汇交易资金结算办法》 《林业碳汇交易佣金管理办法》 《林业碳汇交易纠纷调解办法》 《林业碳汇交易托管协议书》

值得一提的是，由浙江农林大学、中国绿色碳汇基金会和国际竹藤组织共同研编的《竹林碳汇项目计量与监测方法学》，是中国首个有关竹林碳汇造林的方法学。在2011年11月的“亚太林业周”和2012年的南非德班联合国气候大会（COP17）上征求意见，受到了国际社会的高度关注。该方法学于2012年11月由国家林业局发布试用（见表5-1）。

2. 国家备案林业碳汇项目方法学

在国内外碳市场上，无论是工业减排量还是碳汇减排量都以二氧化碳当量（CO_2e）为碳交易单位。而碳汇减排量作为一种无形产品，如何确定其真实存在？经过审批备案的方法学和相关的审定、核证，就是目前国内外通行确定碳汇量的规定和措施。而方法学就是用于确定项目基准线、论证额外性、计算减排量、制定监测计划等方法的指南。

2011年10月29日，国家发改委办公厅下发了《关于开展碳排放权交易试点工作的通知》，批准北京、天津、上海、重庆4大直辖市，外加湖北、广东、深圳等7省（市）开展碳排放权交易试点。这种试点对国际来说属于自愿市场，对国内就是强制性市场。7个碳市场的交易对象是各省（市）对排放企业发放的碳排放配额（不包括林业碳汇），且仅适用于本省（市）纳入市场的企业强制性减排。首批纳入减排的企业共有2000多家，其中：北京490家、深圳635家、广东184家、上海197家、湖北138家、重庆254家、天津114家。从2013年6月开始到2014年底，7个碳交易试点已经全部启动上线交易。截至2015年5月，已启动交易的试点省（市）累计总成交量约856万吨二氧化碳，总成交额约3.38亿元，交易价格从25元～80元/吨不等，均价为39.49元/吨CO_2e。目前，7个试点市场交易活动频繁，呈现快速发展态势。参照国际碳市场，排控企业在配额之外，允许购买基础配额5%～10%的“中国核证减排量”(China Certified Emission Reduction，下简称CCER)进行碳抵消。林业碳汇项目作为自愿减排量包括在CCER中。2012年6月13日，国家发改委发布了《温室气体自愿减排交易管理暂行办法》发改气候〔2012〕1668号(下简称《暂行办法》)。该《暂行办法》规定，能够进入碳市场交易的CCER，需按国家发改委批准备案的方法学编制项目设计文件并实施项目、由国家发改委批准的第三方认证机构进行审定和核证，然后减排量经国家发改委签发后才能进入市场交易。2012年10月19日，国家发改委还发布了《温室气体自愿减排项目审定与核查指南》(发改气办〔2012〕2862号)。

2013年10月开始，国家林业局组织编制的4个林业碳汇项目方法学既《碳汇造林项目方法学》《竹子造林碳汇项目方法学》和《森林经营碳汇项目方法学》《竹林经营碳汇项目方法学》陆续获得国家发改委CCER项目方法学备案。自此，为林业碳汇项目减排量进入国内碳市场交易打开了通道。(方法学具体内容请看本丛书之五《林业碳汇方法学》)。

链接11　国际碳市场简介

自2005年《京都议定书》正式生效以来，为实现温室气体减排目标，在欧美等发达国家和地区形成了一些强制性或自愿性的碳排放权交易体系，由此形成了内容繁多、交易复杂的国际碳市场。国际碳市场可简单分为两类，一类是管制市场或称为京都市场，其按国际法规定运行如《京都议定书》关于附件1国家碳减排的规定。主要是基于配额的交易和项目级的抵销机制。如欧盟排放贸易体系、清洁发展机制(CDM)项目等；另一类是非京都市场或称自愿市场。该市场有两种类型：一是基于国家内部法律运行，如美国加州碳市场、澳大利亚新南威尔士交易体系等；另一类无立法背景，主要是基于公益目的企业和公众自愿购买，以体现企业社会责任和公众碳减排意识，多为项目级的交易，如在欧洲和巴西开展的基于国际自愿碳标准(VCS)的农林碳汇项目减排量交易和中国绿色碳汇基金会与华东林交所合作开展的林业碳汇托管交易等。(欲了解国内外林业的碳汇进入碳市场交易详情，请看本丛书之十二《国际林业碳汇交易概览》。)

第三节 全国林业碳汇计量监测体系建设

1. 体系建设初步建成并推广应用

随着国际气候谈判的进展，国际社会对林业措施应对气候变化日喻重视。2007年巴厘岛联合国气候大会涉林议题将REDD作为重要内容开展了持久的谈判和讨论。中国在项目层面可以说已经取得了很大成绩。2006年获得联合国清洁发展机制执行理事会批准广西项目“退化土地再造林方法学AR－AM0001”，并成功实施了全球首个CDM林业碳汇项目（见下节）。此时，国家层面的林业碳汇计量和监测提到了议事日程。从2006年底开始，造林司组织国家林业局规划院和有关专家开始了全国林业碳汇计量与监测体系的讨论和研究。

当时的考虑：虽然中国在森林碳汇计量方法和监测方面已经有了一定的科研基础，而且各种计量方法各有优势，但是，需要在总结国内相关计量方法和借鉴国外计量方法的基础上，建立一套具有权威性和统一性的森林碳汇计量体系，同时开展相应的森林碳汇动态变化、特别是人为活动的动态变化的监测工作，为编制国家和地方层面的温室气体清单提供可靠数据，同时满足《京都议定书》中土地利用、土地利用变化和林业（LULUCF）中国谈判需要。为国家应对气候变化谈判提供技术支持。

在国家林业局党组高度重视下，研究工作取得了很好的进展，并在2009年得到了财政部专项资金支持（而且逐年增加）。全国林业碳汇计量监测体系建设工作正式启动。启动以来，体系建设工作稳步扎实推进。2010年形成了体系建设框架，完成了技术准备。2011年，研编了《全国林业碳汇计量监测指南》（试行），并在山西、辽宁、四川、安徽4省先行试点。2012年，试点范围扩大到17个省市。2013年和2014年将所有省份全部纳入体系建设，实现全国覆盖，取得重大进展。一是完成了森林碳汇计量监测基础数据库和参数模型库建设，出台了主要乔木树种的立木生物量模型及碳计量参数，具备了运用调查实测成果科学测算我国森林碳储量和碳汇量的能力，初步建成了全国森林碳汇计量监测体系。二是启动实施省级体系建设试点，编制了《土地利用变化和林业碳监测试点技术方案》，制定了林业应对气候变化相关活动基础数据指标体系，为解决土地利用变化和林业活动引起的碳汇核算奠定了基础。三是编制了《红树林湿地碳监测技术方案》，启动了红树林湿地碳储量调查工作，完成了全国重点省份泥炭沼泽湿地碳库调查准备。四是组织编制了全国林业碳汇计量监测体系建设年度报告和全国林业碳汇计量监测总体方案。五是协调推进陆地生态系统碳监测卫星项目立项，取得了积极进展。

体系建设试点以来，取得了多项成果。

第一，建立组织机制。各试点省、市林业厅(局)相继成立了试点工作领导小组，明确了分管领导和责任处室，确定了省级技术支撑单位，建立了联络员制度、技术培训制度和工作进度报告制度，形成了领导有力、协调配合、运转顺畅的工作机制。依托全国成立的5个林业碳汇计量监测中心，开展了卓有成效的工作。

第二，完善技术体系。组织制定了体系建设的技术框架、工作框架和全国林业碳汇计量监测技术指南。指导试点省科学规范编制试点工作方案和实施方案，编制印发了碳汇调查技术规范、样地布设方案、质量检查办法，以及质量评价手册。统一制作了外业调查和内业测定的数据填报卡片、表格。研究提出了林业生产相关活动基础数据指标体系。这为确保体系建设操作规范、实施有效，并取得预期成果提供了有力的技术保障。

第三，建设数据体系。基于森林资源清查数据、林业规划设计调查数据、森林资源年度变化数据、林业碳汇专项调查数据，建立了具有空间分布信息的试点省森林碳汇基础数据库，为试点省开展碳汇计量监测和相关分析奠定了基础，也为分析全国森林碳汇总体分布和未来潜力提供了支撑。

第四，构建模型体系。按照政府间气候变化专门委员会(IPCC)技术指南和对森林五大碳库全面计量的要求，在分析我国现实林情状况基础上，广泛收集分析整理了国内外文献研究成果，建立了森林碳汇测算模型库。在13个试点省开展了碳汇专项调查，共布设了3063块乔木林样地、205个特灌林样方、60个湿地样方。通过调查，获取了50多项调查因子的10万多条基础数据；对不同类型的灌木、枯落物和土壤分别建立了相应的测算模型。同时，在安徽省开展了湿地碳汇调查，获得2408条数据，建立了一套湿地碳汇数据库；在广东开展的红树林湿地碳汇计量监测试点工作。通过查清广东红树林分布、建立红树林主要树种生物量模型，对于摸清广东红树林碳储量、促进广东低碳发展和推进生态文明建设具有重要意义。还初步梳理了IPCC关于木质林产品储碳的几种主要研究方法，并据此对辽宁省1990～2010年木质林产品储碳情况进行了测算。

第五，开展碳汇测算。依据 IPCC 国家温室气体清单指南，测算了 1994、2005 等年度的中国森林植被年碳汇量。与世界多国科学家的共同研究结果以及发达国家提交的清单相比，测算结果基本反映了我国森林当期的碳汇情况。同时，对 2010 年中国森林植被总碳储量、活立木碳储量进行了测算。

第六，为国家碳汇交易服务。在国家启动 7 省（市）碳交易试点后，该体系帮助试点地区准确算清了本地区林业增汇减排潜力现状，为研究提出可行的林业碳汇纳入本地区碳排放权交易的方案和建议提供了技术支持。为林业碳汇顺利进入全国碳排放权交易奠定了基础。

2. 成立林业碳汇计量监测中心

2010 年 10 月，在国家林业局规划院，成立了国家林业局碳汇计量监测中心。主要职责为：承担全国林业碳汇计量监测的各项技术职责，统筹指导各区域计量监测中心的技术工作。推动我国林业碳汇计量理论、方法与技术体系的建立和完善；组织编制林业碳汇计量监测技术标准；定期为国家提供可靠、权威的碳汇计量与监测数据，为制定林业碳汇及应对气候变化相关的国家政策、部门规章和技术标准等提供可靠依据；提供我国林业碳汇现状空间分布格局、林业碳汇动态变化规律及其驱动机制、林业碳汇潜力预测和评估，为林业碳汇及相关生态服务功能评估提供科学依据。

2010 年 9 月，国家林业局昆明勘察设计院成立了国家林业局西南林业碳汇计量监测中心；2012 年 3 月，在国家林业局中南林业调查规划设计院成立了国家林业局中南林业碳汇计量监测中心；在国家林业局华东林业调查规划设计院成立了国家林业局华东林业碳汇计量监测中心；在国家林业局西北林业调查规划设计院成立了国家林业局西北林业碳汇计量监测中心。2012 年 10 月，广东省林业碳汇计量监测中心在广东省林业调查规划设计院挂牌成立；2012 年 7 月，浙江省林业碳汇计量监测中心在省森林资源监测中心挂牌成立；2013 年 11 月，上海市绿化和市容管理局批准同意上海市园林科学研究所成立上海市林业碳汇计量监测中心。

第四节　国内林业碳汇交易项目简介

1. CDM 林业碳汇项目

通过国家局林业局碳汇办的努力，从 2004 年开始，世界银行决定在广西自治区开发一个CDM的林业碳汇项目。在没有经验可借鉴的情况下，碳汇办组织了项目专家小组，在自治区林业厅和区林业勘察设计院的共同努力下，由中国林科院专家张小全领衔，研发了全球首个CDM林业碳汇项目方法学(AR-AM0001)。2005年11月25日，该方法学得到联合国清洁发展机制执行理事会批准。自此，全球第一个CDM林业碳汇项目得以开始了项目设计(PDD)工作。为了学习和了解项目实施，2005年国家林业局碳汇办先后有2人分别赴华盛顿参加了世界银行的专业培训，对项目顺利实施起到了重要的指导作用。

(1)广西珠江流域再造林项目

在世界银行的支持下，2006年11月，“中国广西珠江流域再造林项目”获得了联合国清洁发展机制执行理事会的批准，成为全球第一个成功注册的CDM再造林项目。项目的实施，使得中国成为首个有能力实施CDM林业碳汇项目的国家。该项目的方法学“退化土地再造林方法学AR-AM0001”是全球首个被批准的CDM林业碳汇项目方法学，为全球开展CDM碳汇项目提供了示范。该项目的实施在国际上产生了积极影响。

“中国广西珠江流域再造林项目”位于珠江流域中上游的广西环江县、苍梧县、隆林县、田林县。项目业主是环江兴环营林有限责任公司。该项目在宜林荒山荒地上规划造林面积4000公顷，现实际造林面积3008.8公顷，造林树种包括杉木、马尾松、枫香、荷木、大叶栎等乡土树种和良种桉等。该项目从2006年4月1日起实施，采用CDM执行理事会批准的退化土地再造林方法学(AR-AM0001)开发。项目计入期30年(2006年4月1日至2036年3月31日)，项目预期可实现温室气体减排量约773842吨二氧化碳当量。2012年该项目通过第一次监测和核查，并于12月27日成功获得签发第一监测期(2006年4月1日~2011年12月31日)碳汇减排量信用额度131964吨。向世界银行生物碳基金出售首期碳信用额度获得收入51.9万美元，基本达到当时谈判4美元/吨的价格。同时，项目的实施为周边自然保护区野生动植物提供了迁徙走廊和栖息地，使得广西的生物多样性保护得到加强；促进了生态脆弱地区植被恢复，减轻水土流失，也改善了周边生态环境。未来30年项目将陆续为当地农户提供约数十万个临时就业机会，创造约40个长期就业岗位，有5000个农户可以从出售碳汇、木质和非木质林产品获得收益。

(2)广西西北部地区退化土地再造林项目

这是广西成功开发的第二个 CDM 再造林项目。该项目位于隆林县、田林县、凌云县。项目业主是广西隆林各族自治区县林业开发有限责任公司。项目在退化土地上规划造林 8671.3 公顷，现实际造林面积 4670.8 公顷。造林树种包括杉木、马尾松、秃杉、桉树、亮叶桦、南酸枣。该项目于 2010 年 9 月 15 日获得清洁发展机制执行理事会批准注册，仍然采用 CDM 执行理事会批准的退化土地造林再造林方法学(AR－AM0001)开发。项目计入期 20 年(2008 年 1 月 1 日～2027 年 12 月 31 日)，预期将产生碳汇减排量约 1746158 吨。2013 年该项目通过第一次监测和核查，并于 7 月 9 日成功获得签发第一监测期(2008 年 1 月 1 日～2012 年 6 月 30 日)碳汇减排量信用额度为 35742 吨 CO_2e。向世界银行生物碳基金和国际复兴开发银行出售碳信用额度获得碳汇收入。

(3)四川西北部退化土地造林再造林项目

四川西北部退化土地造林再造林项目是四川省开发的首个 CDM 再造林碳汇项目。该项目业主是大渡河造林局。项目位于理县、青川、茂县、北川和平武县的 21 个乡镇 28 个村境内的部分退化土地上，营造多功能人工林 2251.8 公顷。树种包括亮叶桦、红桦、麻栎、厚朴、岷江柏、侧柏、杉木、油松、马尾松等乡土树种。项目计入期为 20 年(2007 年 1 月 4 日～2027 年 1 月 3 日)，预计可实现温室气体减排量约 460603 吨。该项目于 2009 年 11 月 16 日获得清洁发展机制执行理事会批准注册。该项目为单边项目，注册后寻找购买方。曾与香港某公司签约按不低于 5 美元/吨出售碳信用，但至今尚未履约。该项目处在岷山生物多样性核心地带，这些区域都有大熊猫活动。如果碳汇减排量能够出售，将在增加农民收入的同时，还能有效的保护大熊猫栖息地。

(4)四川西南部退化土地造林再造林项目。

该项目是四川省开发的第二个 CDM 再造林项目。项目业主仍然是四川省大渡河造林局。该项目在凉山彝族自治州的甘洛、越西、昭觉、美姑、雷波 5 个县实施人工造林 4196.8 公顷。造林树种包括冷杉、云杉、华山松等乡土树种。项目于 2013 年 2 月 5 日获得清洁发展机制执行理事会批准注册。项目计入期为 30 年(2011 年 8 月 1 日～2041 年 7 月 31 日)，计入期内预计将产生温室气体减排量约 1206435 吨，全部出售给瑞士诺华制药公司消除碳足迹。该项目在获得碳汇减排量收入的同时，还将为当地 1.8 万余村民提供创收机会，促进民族地区社会经济发展。该项目在四川省林业厅支持下，由大自然保护协会(TNC)、北京山水自然保护中心提供技术支持。

(5)内蒙古和林格尔盛乐国际生态示范区造林项目

该项目是在内蒙古自治区成功开发的首个CDM碳汇造林项目。在中国绿色碳汇基金会、老牛基金会、大自然保护协会(TNC)、内蒙古林业厅的共同支持下，由内蒙古和盛生态育林有限公司作为项目业主实施生态修复和保护项目。2011年7月在内蒙古和林格尔县规划造林面积2191.21公顷。造林树种以油松、樟子松为主，并合理混交山杏、沙棘。通过精心抚育养护，建成以积累碳汇为主要目标的高标准生态保护林。2013年9月6日被清洁发展机制执行理事会批准注册为CDM林业碳汇项目。项目计入期30年(2011年7月20日~2041年7月19日)，预计可实现温室气体减排量201759吨。迪士尼公司(The Walt Disney Company)购买了该项目的碳汇减排量。该项目2013年荣获民政部第八届“中华慈善奖”，并且获得了CCB项目(气候、社区和生物多样性标准)金牌认证。

该项目共涉及4个乡、镇、开发区的13个行政村，有2690户农户1万多人受益，其中5.3%为少数民族。项目在计入期内将创造114.1万个工日的临时就业机会和18个长期森林管护工作岗位。项目实施将产生多重效益：(1)通过造林植被恢复从大气中吸收二氧化碳、减缓气候变化；(2)通过植被恢复，增强当地森林和草原生态系统的稳定性，构建两个生物多样性保护优先区之间的廊道，同时增强生物多样性保护及其对气候变化的适应；(3)增强退化土地的水土保持能力，有效涵养水源，保持水土，防风固沙，缓解干旱、大风等极端自然灾害带来的影响，改善当地生态环境。

2. 中国碳市场林业碳汇项目

自中国启动碳市场试点后，国家林业主管部门积极推动林业碳汇进入市场交易。2015年5月，成功实现了首个CCER林业碳汇项目交易，这就是广东长隆碳汇造林项目。

广东长隆碳汇造林项目是在广东省林业厅支持下，由中国绿色碳汇基金会全面提供技术服务与广东省林业调查规划院合作，根据国家发改委备案的方法学AR-CM-001-V01《碳汇造林项目方法学(V01)》开发的全国第一个可进入国内碳市场交易的中国林业温室气体自愿减排项目。项目业主是广东翠峰园林绿化有限公司。在中国绿色碳汇基金会广东碳汇基金的支持下，该项目于2011年在广东省欠发达地区梅州市的五华县、兴宁市和河源市的紫金县与东源县的宜林荒山地区，实施碳汇造林866.7公顷。采用荷木、枫香、山杜英、火力楠、红锥、格木、黎蒴等9个阔叶乡土树种营造混交林。2014年3月30日，该项目通过了国家发改委备案的自愿减排交易项目审定与核证机构：中环联合(北京)认证中心有限公司(CEC)的独立审定。2014年6月27日，该项目通过国家发改委组织的温室气体自愿减排项目备案审核会，7月21日获得国家发改委的项目备案批复。项目计入期20年(2011年1月1日～2030年12月31日)内预计可产生减排量为34.7万吨二氧化碳当量，年均减排量1.7万吨二氧化碳当量。

2015年4月第一监测与核查期(2011年1月1日～2014年12月31日)的监测报告，通过了中环联合(北京)认证中心有限公司(CEC)的独立核证。4月29日，该项目通过国家发改委组织的温室气体自愿减排项目减排量备案审核会。5月25日，项目第一核查期产生的减排量获得国家发展改革委备案签发。该项目的所有减排量，包括首期签发的中国核证减排量(CCER)5208吨，由广东省碳排放权交易试点的控排企业广东省粤电集团有限公司以每吨20元的单价签约购买，用于履行减排义务。

该项目的重要意义在于：(1)通过造林活动吸收、固定二氧化碳，产生可用于我国控排企业抵排履约的CCER，为我国开发林业CCER项目提供了实践经验和示范案例；(2)增加项目区森林面积，涵养水源，保持水土，净化水质，改善生态环境，保护生物多样性，为减缓全球气候变暖和建设生态文明及美丽中国做出了贡献；(3)项目的实施有利于增加当地农民就业增收，提高当地居民应对气候变化意识和能力。同时增加科研、教学和生态旅游等社会效益，有利于促进当地经济社会可持续发展(该项目详细内容见本丛书之六《中国林业温室气体自愿减排项目案例》)。

3. 国际自愿碳标准(VCS)项目

自从《京都议定书》生效，在国际CDM碳市场，其项目有两个显著特点：一是来自中国的项目占到了60%左右，有一个时期甚至达到80%以上；二是全球的CDM项目中，林业碳汇项目所占比例很小。全球的CDM项目大部分是工业减少排放源量的项目。截止2015年10月批准的8037个项目中，只有58个是林业碳汇项目，其中5个在中国，仅占中国注册CDM项目的0.5%。但随着气候谈判对林业措施的高度关注，林业碳汇自愿交易增幅加快。在国际碳市场价格低迷的情况下，林业碳汇因其多重效益备受欢迎。国际自愿碳标准(VCS)林业碳汇项目减排量价格在3～5美元/吨(二氧化碳当量，下简称吨)。交易量从2006年的200多万吨，增加到2013年的1.67亿吨，累计交易额达 10.51 亿美元(森林趋势—PES market)。[4] Ecosystem Marketplace. Turning over a New Leaf: State of the Forest Carbon Markets

第五节　超前研究 CDM 项目优先区域

为了了解和掌握中国现有的 4000 多万公顷的宜林荒山荒地中，能够实施 CDM 碳汇项目的合格土地面积和区域。2004 年底，国家林业局碳汇办组织专家开展了“中国清洁发展机制造林再造林优先区域选择与评价”课题研究，得到了国家林业局科技司的大力支持，将“中国清洁发展机制造林再造林优先区域选择与评价”列为重点课题并给予经费资助。立项后，在国家林业局规划院、大自然保护协会(TNC)、保护国际(CI)的共同参与下，由李怒云主持并在中国农业科学院林而达教授、李玉娥教授和北京师范大学齐烨教授的指导下，“中国清洁发展机制造林再造林优先区域选择与评价”研究项目于 2006 年顺利完成。

该研究依托全国森林资源清查数据，对全国展开了与项目有关的补充调查。在获得大量数据后，以县为单位，建立了 CDM 造林再造林碳汇项目优先发展区域选择与评价的地理空间数据库，并经过数据的标准化处理，确立了生物多样性、林木生长率、造林成本、人均年收入等四项指标。在此基础上，运用综合评价方法，最后得出在《议定书》第一个承诺期内，我国适合开展 CDM 造林、再造林碳汇项目的优先发展区域是我国中南亚热带常绿阔叶林带，南亚热带、热带季雨林、雨林带，青藏高山针叶林带及暖温带落叶阔叶林带区域。可实施项目地点集中在我国云南南部及西北部、四川省西北部及南部、重庆南部、贵州北部、广西西北部、海南南部等。优先区域总面积约 67 万公顷。次优先发展区域主要分布在西南地区、华北和华中地区，主要包括云南大部、四川西南部、重庆东南部、贵州、广西北部、内蒙东北部及中南部、河北北部及西南部、山西、河南等。这些地区属于中南亚热带常绿阔叶林带、南亚热带、热带雨林、青藏高山针叶林区和暖温带落叶阔叶林带分布区，总面积约 63 万公顷，二者之和共有 130 万公顷。但从全国林业生产力布局和六大工程规划角度考虑，特别是从我国国土生态安全以及促进西部地区生态建设的需要，应积极引导附件 1 国家企业购买西部生态脆弱地区的碳汇项目减排量。

研究结果初步摸清了中国可实施 CDM 造林再造林碳汇项目的本底资源

情况，了解了中国 CDM 碳汇项目优先发展区域的潜力，有助于为碳汇项目选点提供科学指导，为碳汇国际买家参与项目提供多种选择，并在一定程度上降低了今后开展 CDM 碳汇项目的交易成本。对拓展和促进 CDM 碳汇项目奠定了基础（详情见本丛书之一《中国林业碳汇》修订版）。虽然后来 CDM 碳汇项目很少，但是通过研究，我们得到了学习机会。深层次地了解了 CDM 碳汇项目的多重效益，为我们后来编制碳汇项目方法学和实施碳汇项目提供了思路和可借鉴的经验。该项目是国际上不多见的超前研究本国 CDM 林业碳汇项目优先区域的课题。2009 年该项目成果获中国林学会梁希科技奖二等奖。

第六章　中国绿色碳汇基金会的建立与运行

第一节　全球林业碳汇交易项目

1. 全球的 CDM 碳汇项目

虽然中国成功实施了全球首个 CDM 碳汇项目，开创了“京都规则”碳汇造林项目之先河。但由于森林固有的生态学特性即受自然和人为因素影响较大，生物量计量和监测复杂，使得林业碳汇具有不确定性，不稳定性以及《京都议定书》规则的复杂要求等，导致全球 CDM 林业碳汇项目少之又少。据联合国清洁发展机制理事会(下简称 EB)统计，截止到 2015 年 10 月，全球在 EB 注册的 CDM 项目共有 8037 个，大部分 CDM 项目集中于工业特别是能源行业。造林再造林项目仅有 58 个(见表 6-1，概况见表 6-2)，约占项目总数的 0.7%。而林业碳汇项目的核证减排量约为 433 万吨，只占所有 CDM 项目签发量 18 亿吨的 0.2%。国内实施的 CDM 项目也存在类似情况。工业项目远远大于林业碳汇项目，在中国批准的 3459 个项目中，得到 EB 注册的林业碳汇 CDM 项目只有 5 个，远低于 CDM 能源、制造、废物处理和易散型排放等工业性减排项目。

表 6-1　全球 CDM 林业碳汇项目总数

国家	预估减排量(tCO_2e/year)	项目个数
印 度	371647	11
巴 西	244084	3
摩尔多瓦	218298	2
哥伦比亚	486306	7
中 国	183072	5
智 利	81311	2
阿根廷	66038	1
刚果民主共和国	54511	1

（续）

国家	预估减排量（tCO_2e/year）	项目个数
乌干达	62230	7
秘　鲁	48689	1
埃塞俄比亚	29343	1
阿尔巴尼亚	22964	1
乌拉圭	21957	1
肯尼亚	139785	5
尼加拉瓜	7915	1
玻利维亚	4341	1
越 南	2665	1
巴拉圭	1523	1
塞内加尔	2704	1
哥斯达黎加	8803	1
韩　国	621	1
尼日尔	24957	1
莫桑比克	23585	1
老挝	36916	1
合计	2151802	58

表 6-2　全球注册的 CDM 林业碳汇项目概况（截止 2014 年 12 月）

注册日期	项目名称	项目所在国	参与国	预估减排量（tCO_2e/year）
2006 年 11 月 10 日	广西珠江流域治理再造林项目	中国	加拿大、卢森堡、意大利、法国、日本、西班牙	25795
2009 年 1 月 30 日	摩尔多瓦土地保护项目	摩尔多瓦共和国	加拿大、荷兰、意大利、芬兰、卢森堡、法国、瑞典、英国、日本、挪威、西班牙	179242
2009 年 3 月 23 日	哈里亚纳邦希尔萨私有土地移动沙丘小规模 CDM 造林试点项目	印度		11596

（续）

注册日期	项目名称	项目所在国	参与国	预估减排量（$tCO_2e/year$）
2009年4月28日	Cao Phong 再造林项目	越南		2665
2009年6月5日	印度安得拉南方邦严重退化土地再造林项目	印度		57792
2009年6月11日	玻利维亚热带地区小农再造林碳汇项目	玻利维亚	比利时	4341
2009年8月21日	乌干达尼罗盆地三号再造林项目	乌干达	加拿大、意大利、卢森堡、法国、西班牙	5564
2009年9月6日	巴拉圭低收入社区耕地及草地再造林项目	巴拉圭	日本	1523
2009年11月16日	中国四川西北部退化土地造林再造林项目	中国		23030
2009年11月16日	秘鲁皮乌拉省干燥林可持续生产及碳汇再造林项目	秘鲁		48689
2009年12月7日	埃塞俄比亚 Humbo 区域辅助天然更新项目	埃塞俄比亚	加拿大、意大利、卢森堡、法国、日本、西班牙	29343
2010年1月2日	阿尔巴尼亚辅助退化土地天然更新项目	阿尔巴尼亚	加拿大、意大利、卢森堡、法国、日本、西班牙	22964
2010年1月15日	印度泰米尔纳德邦国际小规模树木种植计划	印度	英国	3594
2010年4月16日	Chichina 河盆地林业项目	哥伦比亚		37783
2010年5月27日	智利 Nerquihue 小规模 CDM 造林项目	智利	英国	9292
2010年7月21日	巴西工业用途可再生木材供给再造林项目	巴西	荷兰、意大利、芬兰、卢森堡、法国、瑞典、爱尔兰、瑞士、日本、挪威、西班牙	75783
2010年9月15日	广西西北退化土地再造林项目	中国	瑞士、爱尔兰、西班牙	87308
2010年12月3日	浦项钢铁乌拉圭过度放牧退化土地造林项目	乌拉圭		21957

（续）

注册日期	项目名称	项目所在国	参与国	预估减排量 ($tCO_2e/year$)
2011 年 1 月 7 日	AES Tiete 巴西圣保罗州造林再造林项目	巴西	加拿大、意大利、卢森堡、法国、日本、西班牙	157635
2011 年 2 月 11 日	阿根廷圣多明哥牧场再造林项目	阿根廷	瑞士	66038
2011 年 2 月 17 日	Argos 商业用途再造林二氧化碳补偿项目	哥伦比亚	英国	36930
2011 年 2 月 18 日	民主刚果共和国 Ibi Batéké 退化热带草原薪柴造林项目	民主刚果共和国	西班牙、法国	54511
2011 年 2 月 28 日	使用农林间作环境友好技术固碳以提高农户生计项目	印度	加拿大、意大利、卢森堡、法国、日本、西班牙	4896
2011 年 3 月 4 日	印度喜马偕尔邦改进生计和水域再造林项目	印度	瑞士、爱尔兰、西班牙	41400
2011 年 4 月 4 日	Kachung 退化土地造林项目	乌干达	瑞典	24702
2011 年 5 月 7 日	南尼加拉瓜 CDM 再造林项目	尼加拉瓜	加拿大、意大利、卢森堡、法国、日本、西班牙	7915
2011 年 5 月 26 日	哥伦比亚加勒比稀树草原生态战略区林业项目	哥伦比亚	西班牙	66652
2011 年 5 月 27 日	Bagepalli CDM 再造林计划	印度		92103
2011 年 6 月 7 日	Magdalena Bajo Seco 地区过度放牧区再造林商业项目	哥伦比亚	爱尔兰、西班牙	32965
2011 年 6 月 11 日	肯尼亚 Aberdare 区域小规模造林再造林项目	肯尼亚	加拿大、意大利、卢森堡、法国、日本、西班牙	8542
2011 年 6 月 20 日	乌干达尼罗河盆地第 5 再造林项目	乌干达	日本、意大利、卢森堡、法国	5925
2011 年 8 月 1 日	印度 MTPL 退化土地再造林	印度		146998
2011 年 8 月 23 日	乌干达尼罗河盆地第 1 号再造林项目	乌干达	日本、意大利、西班牙、卢森堡、法国	5881

（续）

注册日期	项目名称	项目所在国	参与国	预估减排量（tCO_2 e/year）
2011年8月23日	乌干达尼罗河盆地第2号再造林项目	乌干达	日本、意大利、西班牙、卢森堡、法国	4861
2011年8月29日	乌干达尼罗河盆地第4号再造林项目	乌干达	日本、意大利、西班牙、卢森堡、法国	3969
2011年10月5日	肯尼亚 Aberdare 区域小规模造林再造林项目	肯尼亚	加拿大、意大利、卢森堡、法国、日本、西班牙	8809
2012年1月3日	证券化及碳汇项目	智利	瑞士、爱尔兰、西班牙	72019
2012年3月6日	肯尼亚 Aberdare 区域小规模造林再造林项目	肯尼亚	加拿大	7427
2012年3月21日	海洋群落红树林恢复项目	塞内加尔	法国	2704
2012年6月26日	哥伦比亚加勒比稀树草原退化土地再造林项目	哥伦比亚	加拿大	51195
2012年9月12日	巴西亚马逊退化热带土地再造林项目	巴西		10666
2012年10月3日	哥斯达黎加 Brunca 地区中小农场碳汇项目	哥斯达黎加	加拿大、意大利、卢森堡、法国、日本、西班牙	8803
2015年6月18日	波里坎塞省橡胶农林间作系统可持续发展及减贫再造林项目	老挝		36916
2015年8月3日	印度北方邦阿拉哈巴德地区退化土地小规模再造林项目	印度		3794
2015年10月14日	印度北方邦奇特拉库特县退化土地小规模再造林项目	印度		3743
2012年11月15日	摩尔多瓦社区林业发展项目	摩尔多瓦共和国	爱尔兰、西班牙	39056
2012年11月19日	Orissa 区农林项目	印度		1130
2012年12月26日	韩国废弃奶场草地再造林项目	韩国		621

（续）

注册日期	项目名称	项目所在国	参与国	预估减排量（tCO_2e/year）
2012 年 12 月 29 日	San Nicolas CDM 再造林项目	哥伦比亚		4672
2013 年 1 月 17 日	中国内蒙古和林格尔生态退化地区造林项目	中国		6725
2013 年 1 月 30 日	德里南部退化荒原复原再造林项目	印度		12138
2013 年 1 月 31 日	Namwasa 重要森林保护再造林项目	乌干达	英国	11328
2013 年 2 月 5 日	中国四川西南退化土地造林再造林项目	中国	瑞士	40214
2013 年 3 月 1 日	哥伦比亚东部平原森林恢复 CDM 项目	哥伦比亚		256109
2013 年 7 月 31 日	尼日尔 Acacia Senegal 种植项目	尼日尔	西班牙	24957
2014 年 1 月 14 日	Niassa 再造林项目	莫桑比克		23585
2014 年 2 月 3 日	肯尼亚 MAU 森林综合区退化土地恢复再造林项目	肯尼亚		96436
2014 年 2 月 3 日	肯尼亚 Aberdare 森林国家公园退化土地再造林项目	肯尼亚		18571

* EB 清洁发展机制执行理事会（清洁发展机制理事会官方网站统计整理）

而在 2006 年，全球只成功开发注册了中国这一个 CDM 林业碳汇项目。虽然在国家林业局碳汇办组织所完成的 CDM 项目优先区域选择与评价中得出结论：中国至少有 67 万公顷林业用地符合开发 CDM 造林再造林项目的优先条件，但是，少有附件 1 国家或这些国家的企业来购买林业碳汇的 CER。在当时中国还不具备建立碳交易市场的背景下，也没有实施林业碳汇项目的条件。国家对六大林业重点工程造林项目有种苗补助费，这些林木生长都会吸收二氧化碳，但是，仅仅种苗补助费不足以完成造林项目的 PDD、审定、核证等。而如果全部为国家投资，项目就不具备额外性，其减排量不能进入碳交易市场，而且当时中国没有强制性要求企业减排，那么，真正的碳汇交易是难以推进的。

2. 全球碳基金简介

按照《京都议定书》的规定，附件1国家在2008~2012年第一个承诺期，必须将其温室气体排放在1990年的基础上平均减少5.2%。估算下来要减少50亿吨二氧化碳排放。其中至少25亿吨的二氧化碳减排目标必须来自于排放权交易，其中蕴含着巨大的商业机会。在此背景下，不少发达国家通过建立各种碳基金来支持节能减排项目的开展。发达国家强调CDM项目合作应该完全基于市场机制，但由于CDM的项目运作过程和项目所产生的交易产品——“经核证的减排量”(CERs)与现有的国际贸易规则有很大的不同，完全基于市场机制和成本竞争将不利于保障发展中国家参与方的利益，因此发展中国家的政府有必要采用经济手段对本国境内实施的CDM项目进行一定的控制和干预。从实施效果来看，在已建立碳基金的发达国家，碳基金对这些国家实现《京都议定书》的目标都产生了不同程度的促进作用，对发展中国家有一定的借鉴意义。

碳基金的融资方式主要有以下几种：①全部由政府出资。这种方式主要是政府管理的碳基金。如芬兰、奥地利碳基金等。②由政府和企业按比例共同出资。这是最常用的一种方式。世界银行参与建立的碳基金都采用这种方式。另外德国复兴银行(KFW)和日本碳基金也采用这个方式。这种方式比较灵活，筹资速度快，筹资量大。可以由政府先认购碳基金一定数目的份额，其余份额由相关企业自由认购。③由政府通过征税的方式出资。英国就采用这样的方式。这种方式好处是收入稳定，而且通过征收能源使用税也可以通过价格杠杆限制对能源的过分使用，促进节能减排。④企业自行募集的方式，主要为企业出资的碳基金所采用。可见碳基金的发起人和管理人主要包括商业银行、政府机构、私人金融机构或者其他类私人机构。据说，全球有100多支碳基金，笔者在下表例出了部分碳基金(见表6-3)。

大部分碳基金都只愿意支持包括清洁能源在内的工业减排项目，不接受林业碳汇项目。当时(2006年)只有世界银行生物碳基金接受林业碳汇项目。后来在2008年成立了专门支持林业项目的森林碳伙伴基金民(Forest Carbon Partnership Facility，FCPF)，由世界银行代管。

表 6-3　全球主要碳基金一览表

序 号	基金发起方	基金名称	基金规模
1	世界银行	原型碳基金	18000 万美元
2	世界银行	社区发展碳基金	12860 万美元
3	世界银行	生物碳基金	5380 万美元
4	世界银行和国际基金组织	荷兰清洁发展机制碳基金	4400 万美元
5	世界银行和国际基金组织	荷兰欧洲碳基金	18000 万美元
6	世界银行和意大利政府	意大利碳基金	8000 万美元
7	丹麦政府和私人部门	丹麦碳基金	1.2 亿欧元
8	西班牙政府	西班牙碳基金	17000 万欧元
9	芬兰政府	芬兰碳基金	1000 万欧元
10	加拿大政府	生物碳基金	5000 万美元
11	德国复兴银行	德国碳基金	7000 万欧元
12	日本政府	温室气体减排基金	14000 万美元
13	英国政府	英国碳基金	6600 万英镑/每年
14	企业和政府	欧洲碳基金	20000 万欧元
15	世界银行代管	森林碳伙伴基金(2008 年设立)	筹资 2 ~3 亿美元
…	……	……	

3. **森林碳伙伴基金简介**

为帮助发展中国家“减少毁林和森林退化造成的碳排放以及加强森林经营和增加森林面积增加碳汇”(下简称 REDD +)。2007 年，在印度尼西亚巴厘岛召开的《公约》第 13 次缔约方大会(COP13)期间，参会国家和组织酝酿建立一个专门的基金支持开展 REDD + 试点活动。在 11 个发达国家和国际组织同意捐赠资金的情况下，2008 年 6 月“森林碳伙伴基金”(下简称 FCPF)正式成立开始运行，并成为全球性的伙伴关系。该基金试图通过在国家层面上示范实施 REED + 政策机制，从而摸索经验、探索路子，以期对《公约》框架下的 REDD + 议题谈判提供政策和技术支持。

(1)森林碳伙伴基金的组织构架

森林碳伙伴基金由所有参与 FCPF 的国家和组织共同组成委员会(PA)，每年召开一次会议，主要负责推选组建执行理事会(PC)，并对执行理事会的决议进行审查，具有否决权。执行理事会由 14 个参与 REDD + 项目的国家，14 个资金捐赠方以及分别代表土著居民、民间团体、国际组织、联合国 REDD 计划(UN - REDD)、《公约》秘书处和私人部门的 6 个观察员构成。

执行理事会是 FCPF 的主要决策机构，每年召开 3 次会议，负责政策制定、资金分配、预算批准、审查国家递交的各项材料包括项目计划书等。世界银行受托管理森林碳伙伴基金，并提供秘书处服务和技术支持。此外，还设有专门的技术咨询小组，负责对参与国提交的项目计划书等材料进行技术审查。

（2）森林碳伙伴基金的主要内容及运行模式

森林碳伙伴基金包含两个专项基金，一个是“准备就绪基金”（Readiness Fund），计划筹集资金 1.85 亿美元，主要用于 2008 ~ 2012 年的项目前期准备和能力建设，包括建立项目运行框架和监管体系；另一个是“碳基金”（Carbon Fund），计划筹集 2 亿美元，主要用于 2011 ~ 2015 年间，推动前期准备充分的国家特别是第一批参加 FCPF 项目的国家，通过碳基金向发达国家“出售”碳信用指标。准备就绪基金和碳基金分别以拨款和购买核证温室气体减排量的形式向参与 REDD + 项目的国家提供资金支持。二者在资助活动、申请材料和审查程序上有所区别。

申请准备就绪基金的国家，首先需要准备和提交“准备就绪计划要点说明（R－PIN）”，阐明本国与 REDD + 项目实施有关的背景情况，包括森林资源状况、毁林与退化情况、林业部门的排放情况、毁林与退化的主要原因、相关的法律框架及负责机构、当前实施的战略与计划、减少林业部门排放的计划、以及希望 FCPF 提供哪些支持以达到准备就绪状态等。世界银行基金管理秘书处和技术咨询小组对申请国提交的“准备就绪计划要点说明”进行程序和技术上的审核并提交执行理事会审批，获得执行理事会批准以后申请国才正式成为 FCPF 的 REDD + 参与国，与 FCPF 签订参与者协议，并可向 FCPF 申请 20 万美元的工作经费（也可以获得其他资金来源），以完成“准备就绪计划项目建议书（R－PP）”。符合 FCPF 条件的 REDD + 国家须制订实施 REDD + 的国家战略并最终提交“准备就绪综合报告（R－Package）”。国家战略要体现减少温室气体排放的目标、生物多样性保护及改善依赖森林资源的民众生计、国家优先发展领域和制约条件，以及尽可能完善的测量、监测和核证温室气体减排量的方法。

准备就绪综合报告主要包括 4 部分内容：一是确定准备就绪管理的机构与制度安排；二是准备 REDD + 国家战略；三是设定国家森林排放参考水平；四是设计森林监测系统与保障措施。当上述程序履行完整并合格后，申请国可获得 360 万或 380 万美元以正式实施项目建议书中提议的各项活动以达到准备就绪水平，从而能够正式开展 REDD + 相关的活动。

关于碳基金机制。世界银行将在 REDD + 项目国中选择 5 个符合条件的国家实施碳基金项目。准备就绪阶段合格的国家在自愿的基础上可以向 FCPF 申请参加碳基金机制，以向碳基金出售经核证的减排量。世界银行基金管理秘书处和技术咨询小组对申请国的申请计划进行程序和技术上的审核，并提交碳基金执行理事会批准。一旦减排计划申请得到批准，世界银行将起草减排计划支付协议(ERPA)，经过 REDD + 项目国和碳基金参与方同意后，由 REDD + 项目国和世界银行共同签署该减排计划支付协议，由此，减排计划即进入实施阶段。REDD + 项目国需要对减排计划执行结果进行报告，当可核证的减排量产生并经过独立核证后，碳基金就将资金拨付给 REDD + 项目国(卖方)，并将经核证的减排量转交给碳基金参与方(买方)。详细的碳基金运行机制见图 6-1(PCFC，2012a)。

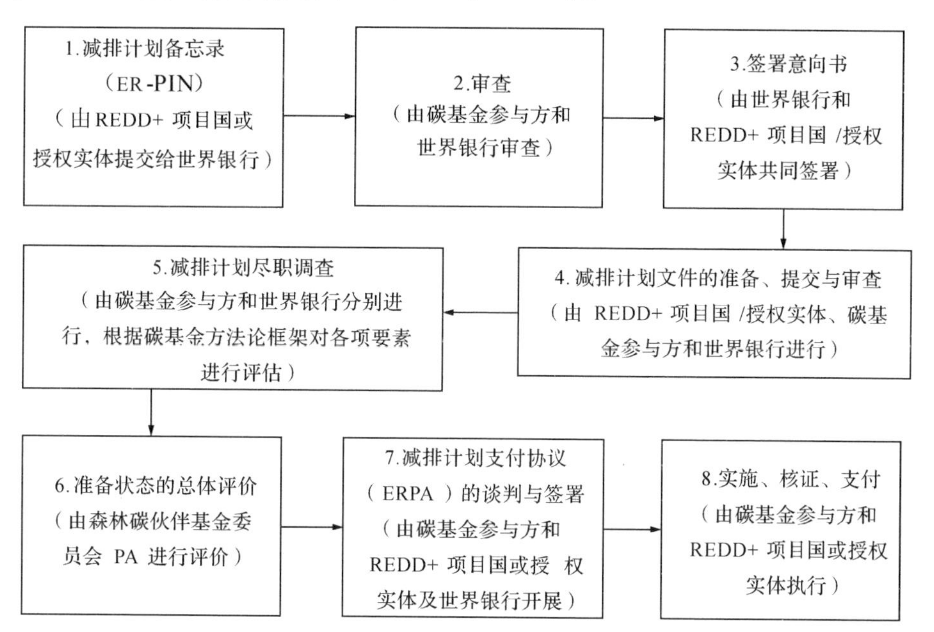

图 6-1　森林碳伙伴基金的碳基金运行机制图

在森林碳伙伴基金的碳基金中，较关键的因素是碳价的确定机制。碳价必须公平和灵活并尽可能简单，且保护参与(买卖)双方不受极端价格波动的影响。减排计划支付协议(ERPA)中的碳价通常由固定碳价和浮动碳价两部分构成，并且是由碳基金参与方(买方)和减排计划执行实体(卖方)基于各自的支付意愿和接受意愿谈判确定的。碳价的谈判过程要求有市场调查、交易基准以及其他相关信息的支撑，同时也要考虑非碳效益，如对保护生物多样改善环境的贡献等，尽管非碳效益在碳价中没有量化的体现（FCPF，2012b）。

（3）森林碳伙伴基金实施进展

森林碳伙伴基金在过去的5年里取得了长足的发展。截至2012年12月，准备就绪基金已经筹资2.59亿美元（FCPF，2013），主要来自挪威、荷兰、日本等13个发达国家；碳基金收到捐款3.91亿美元，主要来自欧洲委员会、德国、挪威和美国大自然保护协会（TNC）等国家和组织。目前，FCPF选择了37个热带和亚热带国家作为其参与国，包括14个非洲国家和15个拉美国家及8个亚洲及太平洋地区国家，其中36个国家与FCPF签署了参与协议，20个国家获得了2万美元的资助以完成其准备就绪项目建议书；23个国家向执行理事会递交了准备就绪项目建议书；9个国家获得了340～360万美元的资助执行其准备就绪活动。此外，还有包括伯利兹、不丹、科特迪瓦、牙买加、尼日利亚、巴基斯坦、菲律宾、斯里兰卡、多哥等在内的14个国家表达了希望加入FCPF的意愿。

在准备就绪基金的支持下，REDD+参与国在准备就绪方面取得了可喜进展，包括制定必要的政策与制度，特别是研究和制定REDD+国家战略；开发国家森林参考排放水平；设计测量、报告与核查（MRV）“三可”体系；设立REDD+国家管理体系，包括保障措施等（Williams et al.，2011）。

一直以来，FCPF的工作重点是REDD+的准备项目方面，到2011年5月，碳基金也正式开始运作。2013年3月和2013年6月，哥斯达黎加和刚果民主共和国分别向碳基金递交了减排计划备忘录（ER-PIN），申请参加碳基金活动。未来一段时间，FCPF将重点关注准备基金与碳基金之间的过渡，特别是要在对次国家层面减排项目的参考排放水平和MRV体系等关键问题上做出努力。

此外，FCPF积极发展与各个国际机构在REDD+领域的合作，尤其是与联合国“减少毁林和退化林地造成的碳排放”计划（下简称UN-REDD计划，详细介绍见链接）的合作（见图6-2）。FCPF和UN-REDD有很多共同点，都是将REDD+视作减缓气候变化的有效措施，并致力于帮助发展中国家减少毁林和森林退化碳排放的多边行动。与此同时，FCPF和UN-REDD积极探索一些实用的办法来促进相互之间的合作。从联合任务与筹划会议到协调程序与开发执行REDD+活动的共同平台等，努力为《公约》等应对气候变化的国际制度建设、REDD＋国家能力建设等提供实践经验和技术支持。

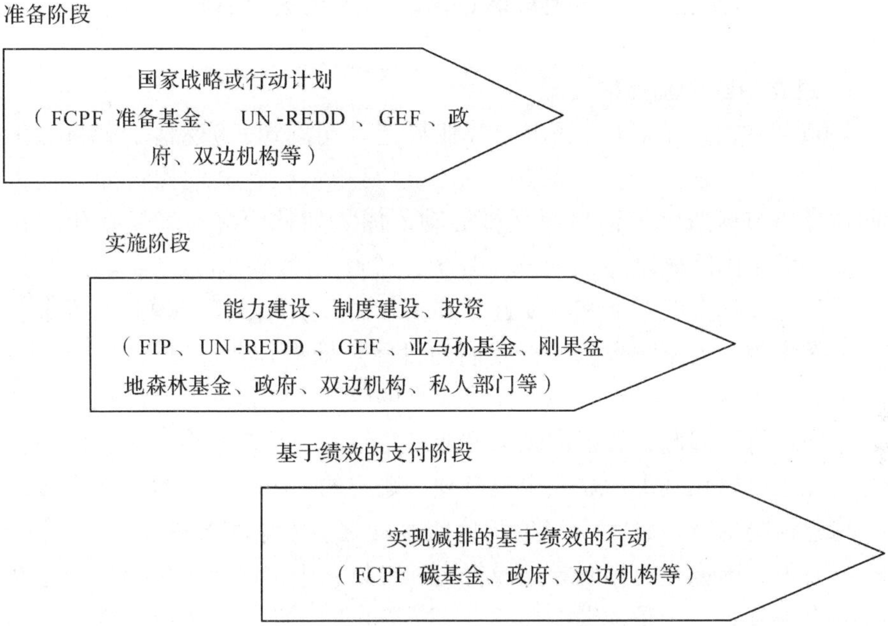

准备阶段

国家战略或行动计划
（FCPF 准备基金、 UN-REDD 、GEF、政府、双边机构等）

实施阶段

能力建设、制度建设、投资
（FIP、UN-REDD 、GEF 、亚马孙基金、刚果盆地森林基金、政府、双边机构、私人部门等）

基于绩效的支付阶段

实现减排的基于绩效的行动
（FCPF 碳基金、政府、双边机构等）

图6-2 各机构或行动在REDD＋不同阶段的潜在合作

（4）FCPF 和 UN－REDD 等在 REDD＋不同阶段的合作

尽管森林碳伙伴基金专注林业项目，但是，从全球来看，为林业碳汇项目设立的碳基金还是少之又少。

通过对国际碳市场和国际碳基金的了解和研究，当时(2006 年)我们意识到，根据“共同但有区别责任”原则，中国作为发展中国家，不承担《京都议定书》规定的减排义务。通过市场的手段解决碳减排问题还有待时日，那么基于市场交易的碳基金也难于建立。但是，促进中国企业未雨绸缪，积极参与减少温室气体排放的自愿行动，是中国应对气候变化的战略部署，也是企业社会责任的具体体现。作为林业碳管理人员，我们考虑的是如何把中国快速造林增加的林业碳汇用于企业自愿减排。帮助企业寻找低成本减排的有效途径。因此，借鉴国际碳基金的经验，需要为企业和公众搭建一个实践低碳生产和低碳生活的平台，这个平台就是建立一个公益性的碳基金。

第二节 中国绿色碳汇基金会的建立

1. 建立中国碳基金的设想

2006年4月，笔者(时任国家林业局造林司副司长)邀请了大自然保护协会(TNC)项目官员张爽，保护国际(CI)吕植教授，共同探讨如何促进企业通过参与植树造林增汇自愿减排活动，加入到林业应对气候变化工作中来；如何借鉴国际碳基金的模式，建立一个中国的碳(汇)基金。当时讨论研究了建立碳基金的意义和必要性，碳基金资金来源、运作模式、资金管理和项目类型等。大家一致认为，我们的目标是推进林业应对气候变化工作，具体是募集资金开展碳汇造林，需要成立的碳基金应该具有公募性质，才能够在中国运行。因此，经咨询国家林业局主管的公募基金会——中国绿化基金会得知，可以在其下设立一个没有独立账户的专项基金。根据林业碳汇来自于绿色植物的特点，大家一致赞成将其命名为“绿色碳基金”。当这个设想上报后得到国家林业局领导积极肯定和支持，中国绿化基金会也同意在其下设立专项基金。于是，碳汇办联合TNC和CI开始了中国首个碳基金——中国绿色碳基金的前期筹备工作。当时一切从零开始，没有可借鉴的经验、没有资金、没有人手。TNC和CI提供了前期的工作经费，后来加拿大嘉汉林业(中国)投有限资公司也加入了筹备工作，同时碳汇办开始了寻找捐资对象的工作。

当时，作为应对气候变化的重要措施，国内外对发展林业生物质能源给予了高度的关注。国家林业局在2005年成立能源办后，积极推进林业生物质能源发展。一是编制了林木生物质能源的发展规划，确定了发展油料能源林和木质能源林的战略重点。将小桐子(麻风树)、黄连木、光皮树、文冠果作为油料能源林先期重点开发树种；二是积极促进国家出台了支持油料能源林发展的优惠政策。2007年9月，由财政部、国家发改委、国家税务总局、农业部、林业局联合发布的《生物能源和生物化工原料基地补助资金管理暂行办法》，对生物能源和生物化工定点和示范提供农业作物与林业原料的基地提供补助，其补助标准分别为林业原料基地补助为200元/亩，农业原料基地补助标准原则上核定为180元/亩；三是决定在重点地区建立良种繁育和油料能源林造林示范基地。2007年始，能源办积极开展工作促进在云南、四川、湖南、安徽、河北、内蒙古、陕西等省(区)种植小桐子、光皮树、黄连木、文冠果，建立油料能源林基地。但是，国家对林业的补助仅仅是生态公益林的种苗补助费，对能源林基地建设尚未有资金支持。

2. 设立中国绿色碳基金

在中国绿色碳基金筹备的过程中，有两个重要的人物促成了绿色碳基金的成立，即时任国家能源办主任马富才和中国石油勘探与生产分公司总经理刘宝和。为调查了解小桐子作为生物柴油发展的可行性，李怒云陪同马主任到四川攀枝花小桐子造林现场实地查看，加深了马主任对木本生物柴油的印象。在他的推荐下，李怒云拜访了刘宝和并介绍了林业生物质能源情况，同时提出合作开展油料能源林培育的建议。刘宝和对发展林业生物柴油十分重视。在他的协调和中国石油天然气集团公司(下简称中国石油)的支持以及国家林业局领导的重视下，2007 年中国石油与国家林业局签署了“关于合作发展林业生物质能源框架协议”。双方确定在能源林基地建设与生物柴油开发方面开展合作。在此协议基础上于同年 7 月签署了“共同发起建立中国绿色碳基金合作协议书”。由中石油捐赠 3 亿元人民币建立中国绿色碳基金，暂时作为一个专项设在中国绿化基金会下。协议签署后，首期捐款 2.2 亿元马上到位了，其中 2 亿元用以碳汇造林方式开展油料能源林建设，0.2 亿元专门用于营造碳汇林。剩余款项 0.8 亿元分 5 年捐赠到位，每年 0.2 亿元。而项目由造林司碳汇办和能源办具体组织实施。

3. 获批中国绿色碳汇基金会

在中国绿色碳基金项目启动的同时，时任局长贾治邦要求顺应时代潮流，积极向民政部和国务院申报建立一个专门支持应对气候变化工作的全国性公募基金会，即将中国绿色碳基金由专项基金变成一个与国际接轨、为林业应对气候变化服务的全国性公募基金会。在国家林业局和国务院领导的重视和支持下，经过两年半的艰苦努力，2010 年 7 月，经国务院批准、民政部注册，全国首家以应对气候变化、积累碳汇为主要目标的全国性公募基金会——中国绿色碳汇基金会(下简称碳汇基金会)成立了。该基金会仍由中国石油天然气集团公司为主发起，国家林业局为业务主管单位，对外为非官方的公益机构。其宗旨是：推进以应对气候变化为目的的植树造林、森林经营、减少毁林和其他相关的增汇减排活动，开展科学研究，普及有关知识，提高公众应对气候变化的意识和能力，支持和完善中国森林生态效益补偿机制等(见链接 12)。截至 2015 年底，碳汇基金会已获社会各界捐资 5 亿多元人民币，加上中国绿色碳基金先前安排的碳汇造林面积，先后在全国 20 多

链接 12:

中国绿色碳汇基金会今天成立

2010 年 08 月 31 日 19:08　来源:人民网

人民网北京 8 月 31 日电　(记者严冰)我国首家以应对气候变化、增加森林碳汇、帮助企业志愿减排为主题的全国性公募基金会——中国绿色碳汇基金会 8 月 31 日在京成立。全国政协副主席白立忱出席成立大会。

白立忱在讲话中指出，在全球提倡低碳经济、低碳发展的今天，通过植树造林吸收二氧化碳、保护森林减少碳排放，是国际社会公认的有效措施。应积极采取各种方式鼓励全社会通过植树造林活动，“参与碳补偿，消除碳足迹”。应积极倡导低碳绿色生活方式和消费模式，在更广的范围内推广低碳理念，引导社会公众从身边的细节做起，从改变自己的“高碳生活”开始，为共同推进低碳经济的发展作出贡献。

成立中国绿色碳汇基金会，旨在致力于推动以应对气候变化为目的的植树造林、森林经营、减少毁林和其他相关的增汇减排活动，为企业和公众搭建了通过林业措施吸收二氧化碳、抵消温室气体排放、实践低碳生产和低碳生活、展示捐资方社会责任形象的专业性平台。

国家林业局局长贾治邦表示，中国绿色碳汇基金会的成立，标志着我国碳汇林业发展迈出了开创性的步伐。这是在强化国家组织植树造林、固碳减排行为的同时，进一步引导企业和个人参与积累碳汇、减少碳排放为主的植树造林和其他公益活动，推进民间增汇减排实践的重要举措。

为严格管理资金使用，规范运作项目，做到公开透明、操作有序，该基金会将对所有项目实行合同制管理，全过程监控，并接受各方监督和相关部门审计，确保资金监管到位、捐款利用高效、项目实施规范、生态及社会效益显著。对于企业和个人捐资开展碳汇造林、森林经营等活动，将对其林木所吸收的二氧化碳记入企业和个人碳汇账户，在网上公示，为企业和个人提供高质量的服务。

据了解，该基金会由中石油和嘉汉林业等企业倡议建立，前身是 2007 年成立的“中国绿色碳基金”。3 年多来，该基金先后得到中石油、国电集团等数十家企业的捐款 3 亿多元人民币，在全国十多个省区营造了 100 多万亩碳汇林。

(责任编辑：崔东)

个省（区）实施和管理碳汇林 8 万多公顷。这是全国首个（目前也是唯一一个）以应对气候变化为主要目标的全国性公募基金会。第一届理事会成员有外交部、国家发改委、财政部、科技部、环保部、农业部以及国家林业局主管气候变化的官员和专业人员，有发起方捐资企业和非政府组织机构代表（见理事会 2 个名单）。

中国绿色碳汇基金会第一届理事会成员、监事名单 1（2010—2012 年）

	姓名	性别	工作单位及职务	基金会职务
1	刘于鹤	男	原林业部副部长、中国老科协副会长	理事长（法人）
2	李育材	男	原国家林业局副局长	常务副理事长
3	王宜林	男	中国石油天然气集团公司副总经理	副理事长
4	吕日周	男	山西省改革创新研究会会长	副理事长
5	陈德源	男	嘉汉林业（中国）投资有限公司董事长	副理事长
6	李怒云	女	国家林业局气候办副主任	秘书长
7	王祝雄	男	国家林业局造林司司长	理事
8	高红电	男	国家林业局人事司巡视员	理事
9	单增庆	男	大兴安岭林管局局长	理事
10	柏广新	男	中国吉林森林工业集团有限责任公司董事长	理事
11	苏　伟	男	国家发展改革委应对气候变化司司长	理事
12	易先良	男	外交部条法司参赞（副局级）	理事
13	王衍亮	男	农业部科技教育司巡视员	理事
14	侯代军	男	环境保护部自然生态司副巡视员	理事
15	陈　欢	男	财政部中国清洁发展机制基金管理中心副主任	理事
16	孙成永	男	科技部社会发展司参赞（副局级）	理事
17	董瑞龙	男	北京市园林绿化局局长	理事
18	马新华	男	中国石油勘探与生产分公司副总经理	理事
19	吕　植	女	北京山水生态伙伴自然保护中心主任	理事
监事				
1	姚昌恬	男	国家林业局原总工程师	监事
2	周爱国	男	中国石油天然气集团公司安全环保部副主任	监事

中国绿色碳汇基金会第一届理事会成员、监事名单2(2012—2015年)

理事				
姓名	性别	出生年月	工作单位及职务	基金会职务
1	刘于鹤	男	原林业部副部长、中国绿色碳汇基金会理事长	理事长(法人)
2	李育材	男	国家林业局原副局长	常务副理事长
3	沈殿成	男	中国石油天然气集团公司副总经理	副理事长
4	吕日周	男	山西省改革创新研究会会长	副理事长
5	赵伟茂	男	嘉汉林业(中国)投资有限公司高级副总裁	副理事长
6	刘景明	男	东营三明林业发展股份有限公司董事长	副理事长
7	耿怀英	男	山西省林学会理事长	副理事长
8	宋云山	男	内蒙古乾泰实业集团有限公司董事长	副理事长
9	李怒云	女	中国绿色碳汇基金会	副理事长兼秘书长
10	王祝雄	男	国家林业局造林司司长	理事
11	高红电	男	国家林业局直属机关党委常务副书记	理事
12	单增庆	男	大兴安岭林管局局长	理事
13	柏广新	男	中国吉林森林工业集团有限责任公司董事长	理事
14	苏　伟	男	国家发展改革委应对气候变化司司长	理事
15	高　风	男	外交部条法司 气候变化谈判特别代表	理事
16	王衍亮	男	农业部科技教育司巡视员	理事
17	侯代军	男	环境保护部自然生态司副巡视员	理事
18	陈　欢	男	财政部中国清洁发展机制基金管理中心主任	理事
19	孙成永	男	科技部社会发展司参赞(副局级)	理事
20	戴　鑑	男	中国石油炼油与化工分公司副总经理	理事
21	吕　植	女	北京山水生态伙伴自然保护中心主任	理事
22	陈建伟	男	国家林业局保护司原巡视员	理事
监事				
1	封加平	男	国家林业局总工程师	监事
2	周爱国	男	中国石油天然气集团公司安全环保部副主任	监事

4. 碳汇基金会的运行模式

碳汇基金会的建立为企业和公众搭建了一个通过林业措施“储存碳信用额、履行社会责任、提高农民收入、改善生态环境”四位一体的公益平台。依据国务院《基金会管理条例》《中华人民共和国公益事业捐赠法》，中国绿色碳汇基金会制定了《中国绿色碳汇基金会章程》《中国绿色碳汇基金会基金管理办法》、《中国绿色碳汇基金会项目管理办法》《中国绿色碳汇基金会财务管理办法》《中国绿色碳汇基金会专项基金管理办法》《中国绿色碳汇基金会科研项目管理办法》《中国绿色碳汇基金会零碳创意馆建设指南》《中国绿色碳汇基金会志愿者暂行管理办法》《中国绿色碳汇基金会志愿者工作站管理办法》《中国绿色碳汇基金秘书处管理规章制度》、《中国绿色碳汇基金会理事、副理事长增补及调整暂行办法》等规章制度，严格规范进行管理。企业捐资到碳汇基金会，造林项目均进行碳汇量计量和注册，所有项目均实行合同制管理，全过程监控，并接受各方监督和相关部门审计，确保资金监管到位、项目运行通畅、生态及社会效益显著。所造林木归农民所有或为公益林，起到工业反哺农业，城市反哺农村的作用。农户通过参加造林获得了就业机会并增加了收入，而捐资企业获得通过规范计量的碳汇(信用指标)，记于企业的社会责任账户。此外，许多个人也积极参与造林增汇减缓气候变暖的行动，纷纷捐资到中国绿色碳汇基金会造林，“购买碳汇”，以抵消自己日常生活排放的二氧化碳，“参与碳补偿，消除碳足迹”。同样，所有个人捐资立即公布于中国绿色碳汇基金会网站，造林也都进行碳汇计量，并立即打印出“购买凭证”，清楚展示造林树种和获得的碳汇量并登记在各人的“碳信用”账户。

5. 利用林业碳汇开展碳中和

利用碳汇基金会这个平台，积极推动应对气候变化国内外政策的宣传和碳汇科学知识的普及，促进全社会积极参与减缓气候变化的行动。这也是应对气候变化国内外政策和制度的要求。近年来，根据现有的科技手段和技术要求，碳汇基金会开展了一系列“碳中和”项目。组织实施了“联合国气候变化天津会议碳中和林”、“国务院参事碳汇林”、“生态文明贵阳国际论坛2014 年年会 碳中和林”以及连续六届中国企业家俱乐部“中国绿公司年会”碳中和林等不同主题的碳中和林项目。截止 2016 年 5 月，碳汇基金会已经实施碳中和林项目 39 个。其中较有影响的是：

①2010 联合国气候变化天津会议碳中和项目

2010 年 10 月，由中国政府首次承办的联合国气候变化会议在中国天津召开。会议决定，所产生的碳排放由中国绿色碳汇基金会出资造林予以抵消，把天津会议办成“碳中和”的国际会议。经清华大学能源经济环境研究所测算，联合国气候变化天津会议的碳排放共计约 1. 2 万吨二氧化碳当量。

中国绿色碳汇基金会根据国家林业局批准的有资质的碳汇计量单位：国家林业局林产工业规划设计院出具的碳汇计量结果，出资人民币375万元，在山西省襄垣、昔阳、平顺等县营造333.33公顷碳汇林，未来10年可将本次会议造成的碳排放全部吸收。造林资金来自国电集团和山西潞安环保能源开发股份有限公司向中国绿色碳汇基金会提供的捐赠。预计项目区农民可以从该项目中获得260万元的劳务收入和相当于700多万元的林副产品和木材收益。2010年12月28日，完成了造林项目的栽植任务并举行了揭牌仪式 。

②2014亚太经合组织(APEC)会议周碳中和项目

2014年11月3日上午，亚太经合组织(APEC)会议周碳中和林植树启动仪式在北京市怀柔区雁栖镇举行。启动仪式由外交部、国家林业局、北京市人民政府主办。来自国内相关部门、联合国粮农组织、联合国环境规划署和捐资企业的代表共100余人参加启动仪式和植树活动。经北京凯来美气候技术咨询有限公司计量、中国绿色碳汇基金会审核，该会议周碳排放共计6371吨二氧化碳当量。中国绿色碳汇基金会和北京市林业部门组织了中国中信集团有限公司、春秋航空股份有限公司捐资650万元，在北京市怀柔区和河北省康保县营造84.93公顷碳汇林，其中北京造林44.93公顷，河北造林40公顷，主要造林树种为油松、白皮松、樟子松、侧柏、黄栌、五角枫、榆树等，在未来20年可将本次会议造成的碳排放全部吸收。

③2011~2016中国绿公司年会碳中和项目

2011年4月21日~22日，中国企业家俱乐部的中国绿公司年会在青岛召开。会议主办方决定通过植树造林吸收二氧化碳的方式，把本届年会办成绿色、低碳的环境友好型“碳中和”会议。经北京凯来美气候技术咨询有限公司计量，本次会议近800位参会代表往返交通、住宿、餐饮、设备应用等共计排放温室气体65.5吨二氧化碳当量。由老牛基金会捐款、中国绿色碳汇基金会组织在内蒙古和林格尔县生态脆弱地区营造3.53公顷碳汇林(造林树种为樟子松)，未来5年可将本次会议的碳排放全部吸收，实现会议“碳中和”目标。该碳汇林的成功实施，使2011中国绿公司年会成为自年会创办以来的首个“碳中和”会议。随后的2012、2013、2014、2015、2016中国企业家俱乐部的绿公司年会，都由作为协作单位的中国绿色碳汇基金会利用老牛基金会的捐款，在内蒙古和林格尔营造碳中和林。截止2016年5月，老牛基金会为该会议碳中和林捐款共122.2万元。到2015年底，中国绿色碳汇基金会与内蒙古和林格尔县林业局合作已在该县营造“中国绿公司年会碳中和林”5片，栽植适合当地生长的优良树种樟子松等乔木26444株，共18.9公顷，造林成活率和保存率都超过98%，林木生长健康，长势喜人。该项目除了实现每次年会“碳中和”目标外，还有利于增加生态脆弱地区森林植被保护、改善生态环境、减缓和适应气候变化，同时也对减少京津地区风沙危害、促进生物多样性保护、增加农牧民收入和维护生态安全等做出了贡献。该公益项目在推动绿色低碳发展，倡导社会各界践行低碳办会、低碳生产、低碳办公和低碳生活，积极参与建设生态文明和美丽中国等方面，发挥了重要的引领示范作用。

④2010国际竹藤组织碳中和项目

国际竹藤组织（INBAR）在机构内部建立了碳补偿基金。该基金按照中国绿色碳汇基金会的计量标准，从其职员的每次旅行中提取相应比例的费用，捐赠到中国绿色碳汇基金会，通过造林吸收的二氧化碳，用以补偿该机构当年公务出行等活动造成的碳排放。经测算，国际竹藤组织2010年公务出行造成温室气体排放61吨二氧化碳当量。国际竹藤组织向中国绿色碳汇基金会捐款1.1万元用于实施浙江临安0.5公顷新造竹林碳汇项目，以抵消2010年该组织公务飞行所排放的61吨二氧化碳当量的温室气体。本项目由浙江农林大学负责组织实施，受益方为当地社区农户，全部造林工程于2012年10月底完工，实现了该组织2010年度公务出行的碳中和目标。

⑤2011“绿色唱响·零碳音乐季”碳中和项目

2011年7月～12月，在北京中山音乐堂举办约130余场演出所产生的碳排放，由中国绿色碳汇基金会出资造林予以全部吸收。这是继上一年元旦以来，本市第二次举办零碳音乐季活动。经专业部门测算，整个音乐季期间大约产生900吨二氧化碳当量。通过在北京延庆八达岭和沈家营两地营造林业碳汇综合示范林抵消所产生的碳排放，实现音乐季“零排放”的目标。弘扬生态文明，倡导公众消除碳足迹，参与碳补偿，为建设人文北京、科技北京、绿色北京和低碳城市作出了努力（其他碳中和项目可登陆www.thjj.org查询）。

⑥首个“碳中和婚礼”项目

2014年10月1日，在举国欢庆伟大祖国65华诞之际，在中国绿色碳汇基金会的协助下山东省潍坊市一对新人刘超和徐铭谦以一种独具匠心的方式举办了他们的婚礼——全国首个“碳中和婚礼”。

刘超和徐铭谦的“碳中和婚礼”共一天，参加婚礼宾客约340人。据专业机构出具的“刘超与徐铭谦婚礼碳足迹及碳中和报告书”显示，本次婚礼共排放6吨二氧化碳当量，这对新人向中国绿色碳汇基金会捐资6000元，并提出在新娘家乡云南省大理市南涧县造林，来抵消本次婚礼的全部碳排放。经测算，这笔捐款可在大理南涧县种植10亩云南松(当地乡土树种)，平均每年可吸收14吨二氧化碳。因此只需一年，这片树林即可全部吸收举办本次婚礼产生的6吨二氧化碳排放量，实现碳中和的目标。

两位新人很有创意。他们不仅追求婚礼碳中和，而且在发给亲友的喜糖盒子里放入了寓意幸福的三叶草种子。他们希望亲友在吃喜糖沾到喜气的同时，播种三叶草，象征播种绿色并孕育新的希望，把碳中和婚礼理念传播给更多的人。这个碳中和婚礼摒弃了传统婚礼的形式主义，更加注重婚礼内涵，同时注入绿色低碳理念，并以实际行动消除了婚礼碳足迹，使得婚礼别具一格、与众不同。两位新人在收获幸福的同时传播了绿色低碳概念，希望本次碳中和婚礼像松树和三叶草种子一样在普罗大地上生根发芽，让这种绿色行动继续延续，使之成为人们崇尚的一种时尚生活方式。

6. 创办“绿化祖国、低碳植树节”

开展全民义务植树运动是绿化祖国、保护自然、改善生态环境的一项重大战略举措。34年前，由邓小平同志积极倡导，经五届全国人大四次会议作出的《关于开展全民义务植树运动的决议》中规定“凡是条件具备的地方，年满十一岁的中华人民共和国公民，除老弱病残者外，因地制宜，每人每年义务植树三至五棵，或者完成相应劳动量的育苗、管护和其他绿化任务”。1982年2月，国务院颁布了《关于开展全民义务植树运动的实施办法》。30多年来，党中央、国务院以及地方各级领导同志身体力行，模范履行公民植树义务，全国各族人民积极响应、广泛参与，义务植树活动取得了巨大成就。截至2014年底，全国共有149亿人次参加义务植树688亿株。折合造林面积约4600多万公顷。全国建成区绿化覆盖率、绿地率分别达39.7%和35.8%。全民义务植树运动，加快了国土绿化，改善了生态环境，促进了生态文明，也增加了森林碳储量，为应对气候变化发挥了积极作用。

2014年4月4日，习近平总书记在参加首都义务植树时强调：“每一个公民都要自觉履行法定植树义务，各级领导干部更要身体力行，充分发挥全民绿化的制度优势，因地制宜，科学种植，加大人工造林力度，扩大森林面积，提高森林质量，增强生态功能，保护好每一寸绿色。”

随着国家造林事业的发展和全民义务植树活动的不断深入，大中城市城区绿化和近郊宜林荒山荒地造林已基本完成。像北京、上海、广州、深圳等大中城市，人口密集地区，已经很难找到可供开展义务植树的宜林地块。而需要恢复森林植被的宜林荒山荒地大多地处偏远山区，且立地条件差，水资源短缺，适生树种少，造林难度大，专业化要求高。非专业的城乡公民亲自前往种树不仅成本高、碳排放多而且效果差。诸多原因，导致近年来各地难于组织大规模的义务植树活动。因此，迫切需要创新全民义务植树的尽责方式。

全国绿化委员会副主任、国家林业局局长贾治邦在2010年两会期间接受新华社记者专访时就如何提高公民义务植树的尽责率问题提出，一要广泛动员，让更多的适龄公民直接参与义务植树；二要搭建平台，让更多的适龄公民以间接方式履行植树义务；三要开辟渠道，让更多的适龄公民以捐款或购买碳汇的方式履行植树义务。

作为率先创新义务植树形式的北京市，在2009年11月20日北京市人大通过的《北京市绿化条例》中规定可通过购买碳汇履行义务植树。《首都义务植物登记考核管理办法》中有18种方式履行义务植树，其中捐资造林“购买碳汇”是方式之一。北京市推行向中国绿色碳汇基金会北京碳汇基金捐资60元“购买碳汇”，相当于种3棵树。实践表明，这种方式简单易行，信息透明。既有助于公民切实履行植树义务，又有助于培养公民的责任意识和生态文明意识，补偿公民的部分碳排放，促进公民实践低碳生活与履行植树义务的有效结合；既是全民参与减缓和适应气候变化的具体行动，也是新时期全民义务植树尽责方式的一种创新。

从2011年起，每年的3月11日，中国绿色碳汇基金会联合全国多个城市和机构，共同举行“绿化祖国、低碳行动“植树节启动仪式。引导公民“足不出户、低碳植树、履行义务、抵消碳迹”。为方便广大群众“购买碳汇”履行义务植树。碳汇基金会在全国70多个市(县)部署了全民义务植树碳汇造林基地。公民可以按照自己的意愿选择造林地点和植树株数，通过网上和微信捐款、银行转账、邮局汇款等多种方式向中国绿色碳汇基金会捐款“购买碳汇”。捐资成功后，捐资者姓名、造林地点、植树株数以及获得的碳汇量等信息将在中国绿色碳汇基金会官方网站(www. thjj. org)上公示，公民即可从该网站下载或打印“中国绿色碳汇基金会全民义务植树项目碳汇购买凭证”。2011年，浙江温州市委、政府领导在会议室通过网络捐款“购买碳汇”完成了义务植树。免去林业部门每年寻找领导植树地点的困难和准备造林工具的成本。这种方式，既提高了义务植树尽责率，又保证了造林质量。碳汇基金会员工就是通过这种方式义务植树，每年的尽责率都达到了100%。

为进一步普及林业碳汇知识，引导公众通过造林种树践行低碳生活。碳汇基金会设计发行了全球首套碳汇公益礼品卡。这套卡包括：春节贺卡、圣诞节卡、教师节贺卡、情人节卡等。还可以按照公众的需要设置丰富多彩的碳汇纪念卡，如成人卡、金婚纪念卡等。

链接13（情人节贺卡和生日卡）

近年来，笔者编著出版了《造林绿化与气候变化》《中国林业碳汇》《林业碳汇计量》《可持续森林培育的管理与实践》等林业碳汇专业书籍。碳汇基金会与北京第二外国语附属中学合作编写了《林业碳汇与气候变化》《中国野生动物保护》《中国荒漠化防治》和《中国湿地》四本中英文双语校本教材。该校在初三和高一年级安排专门学时进行授课，开阔了中学生眼界。为培养具有国际视野和生态保护意识的年青一代奠定了基础。此外，还组织举办了十几期专门的林业碳汇技术培训班等。培养碳汇专业技术人才做出了积极贡献。

第三节 加强宣传 普及碳汇知识

应对气候变化是当今的热门话题，林业碳汇却是一个生僻的概念，过于专业和难以理解。因此，普及林业碳汇知识，宣传林业在应对气候变化中的功能和作用，既是国家林业局应对气候变化工作领导小组赋予绿色碳汇基金会的重要职能，也是作为全国性公募基金会的常态工作之一。自成立以来，碳汇基金会组织策划了内容丰富、形式多样的宣传与科普活动。对贯彻落实国家应对气候变化政策和措施起到了积极的推动作用。

1. 创办中国绿色碳汇节

(1)首届绿色碳汇节。2014 年 6 月 5 日 ~6 月 25 日，由中国绿色碳汇基金会、国家大剧院和北京竹乐团三家单位共同策划并主办，由“中国竹子之乡”浙江省安吉县和临安市人民政府、福建省永安市人民政府、四川省长宁县人民政府共同承办了为期 20 天的“首届中国绿色碳汇节·绿韵—竹乐器暨竹文化艺术展”公益展演活动。这是中国绿色碳汇公益宣传展演活动首次进入高雅艺术殿堂。

这次活动之所以以竹子为核心，正如国家林业局副局长张永利在开幕式上指出的：“竹子作为森林资源和森林生态系统的重要组成部分，在维护生态平衡、防止水土流失、涵养水源等方面发挥着重要作用。在生物能源供给、生物多样性保护、退化土地修复等方面的潜力日益显现。中国在竹子种类、种植面积、竹产品加工、出口贸易等均居世界首位，是享誉全球的“竹子王国”。由此衍生的竹文化特别是竹乐器，更是承载着博大精深的中国传统文化，成为中华民族艺术瑰宝的重要组成部分，需要我们大力弘扬和积极传承”。

首届中国绿色碳汇节·绿韵——竹乐器暨竹文化艺术展”活动将世界各

地的竹乐器以及中国“竹子之乡”的竹工艺品汇聚在国家大剧院，以实物、照片、视频等展示方式，生动形象地呈现在观众面前，为研究和弘扬竹产业、竹文化搭建了很好的绿色发展平台。

开幕式当天，在国家大剧院举办了由北京良宵竹乐团全部用竹乐器演奏的“翠竹清风 天籁之音——世界环境日主题音乐会”。6 月 10 日的“全国低碳日”在国家大剧院又举行了第二场竹乐团演出的音乐会。由团长王巍现场讲解竹乐艺术并与观众互助。两场竹乐演出受到观众的空前欢迎，使参加者享受到来自然生长的竹子发出的天籁之音。

此外，为促进公众进一步了解竹子、竹乐，了解绿色碳汇以及林业在应对气候变化、保护环境中的特殊功能和作用，倡导并鼓励企业和公众积极参与、投身绿色碳汇社会公益活动。演展期间还举行了四个“竹子之乡”主题活动日。举办了绿色碳汇知识、竹林书画艺术、竹乐赏析、低碳环保讲座，还有我国著名竹编大师现场制作表演。这些公益宣传教育讲座，在向观众普及中国竹乐文化知识的同时，形象地宣传了林业碳汇在应对气候变化中的特殊地位和重要作用。

环境保护部宣传教育中心、国家林业局宣传办公室、北京林业大学、国家节能中心和国家应对气候变化战略研究和国际合作中心等单位对本次活动给予了大力支持。各方嘉宾代表出席了开幕式并参观公益展演，一同聆听竹乐器演奏的世界环境日主题音乐会。

首届“中国绿色碳汇节 · 绿韵——竹乐器暨竹文化艺术展”，被联合国环境规划署驻华代表处列为当年世界环境日系列重大活动之一。

链接 14

一竹通天下——北京国家大剧院竹乐器竹文化展示巡礼

媒体:《天目竹韵》编委会　作者：杨菊三

中国绿色碳汇基金会 2014/8/26 15:22:55

国家大剧院的壳体穹顶，近观和远眺，都像是一颗别具风味的明珠。

6 月 5 日开始的 20 天中，颇有创意的首届中国绿色碳汇节 · 绿韵——竹乐器暨竹文化艺术展正在这里举行。展厅里，数千件顶尖的竹具、竹品、竹编、竹摆件、竹乐器济济一堂，营造出一种浓厚的竹文化氛围。前来参观的人接踵而至，有的驻足细看，有的究根问底，还有的在啧啧称奇中用相机或手机将展品摄进镜头。

是呀，作为森林生态系统的第二大资源，竹子真是上通古幽，下接地气，与人们的生活息息相关，与周围的环境节节相连。

竹根通灵性

天下的竹子以中国为最，而中国的竹子则大多分布于长江流域和岭南地区。这次作为承办单位的浙江安吉、临安，福建永安，四川长宁，都携来了自己不俗的作品，让人饱眼福，长见识。

展厅里，人头攒动，前来参观的人一拨又一拨。原林业部副部长、中国绿色碳汇基金会理事长刘于鹤，国家林业局副局长张永利，也杂在人群中，饶有兴趣地品味着这些竹中珍宝。当他俩来到一个陈列柜前时，被一只只小巧小玲珑的竹工艺品吸引住了。这是临安竹文化研究会选送的竹雕精髓，为国家级大师钱高潮用竹根所雕刻的人物、动物、植物系列作品。你看那老寿星和弥勒佛，一个天庭饱满，慈眉善目，一个笑容可掬，憨态撩人，都是我们这个时代所追踪的，而今钱大师把它们带到了大伙的面前。鼻烟壶和提梁卣，只能算是上个世纪的遗存，别厌它小，但在选料中，却是动用了上百个毛竹蔀头才得这一尤物的，并且根据竹根的自然纹路，饰以花鸟鱼虫，从古色古香中求得个中的完美。还有掀着罗裙的荷叶，挑着花类的玉兰，弯着犄角的大牯牛……一件件栩栩如生的精典之作，以乎情，动乎心，无不让人的眼睛一亮。钱大师没有选择整个竹根来雕琢，因为这种大路货式的“谋篇构图”，古来有之，太普通，太老旧，他要改革，要创新，在人无我有，人有我优中寻找个性，从另一条“华容道”走出自己的辉煌。故而，他充分利用“自然法”，在艺术的构建中，巧用竹的纹路，须的圆点，还有竹节、竹隔的间距，竹势、竹态的走向，潜心注入大山的灵气，融进乡土的风情，让生命的元素不断地拓展、光大，终使一件件充满灵性野趣的艺术品脱颖而出。

丢弃在山是草，精雕细刻变宝。在旁的领导和专家都说，竹子的深度加工，看来大有文章可做，我们要的就是这种效果。

此刻，守在一旁的钱高潮大师打开了话匣：这些小不点儿看起来不起眼，却是毛竹综合利用的产物。它取自毛竹的蔀头最底端，以前毛竹在砍伐以后，它也随之被废弃了。但大师毕竟是大师，他在这里找到了灵感和商机，由此，二十多年之前，他在雕刻鸡血石的同时，又把目光瞄向了竹根，并在雕琢中注入了自己的理念、创意和审美情趣，小中显大，让原本毫无值钱可言的废脚下料成为高雅的艺术精品。

竹皮创新业

在展厅过道边的一根方柱旁，杭州森瑞竹业有限公司董事长赵正治的一揽子竹皮产品也受到了人们的刮目相看。展摊上，大的有厨柜、拉杆箱、电脑包、文件夹，小的有水杯、鼠标、闹钟和笔记本外壳，而竹画竹对联和“竹书”《孙子兵法》更是受到了一批大学生志愿者的热捧，就是老赵戴着的那副近视眼镜框架和不时分发的名片，也是竹的奉献。在他的眼中，竹不是单纯的消费品，而是有内涵有意蕴的可塑之物，经过高温高压的胶合再加上技术处理以后，就成了竹皮，成了一块可以随意剪裁的“布料”，故而，可以薄如纸，厚如糕，可以随心所欲地转弯，可以无所不能地代木，并且不裂，不翘，耐磨，耐腐蚀，是真正的环保产品、绿色产品。

中国绿色碳汇基金会秘书长李怒云和副秘书长苏宗海十分看重赵正治董事长的竹皮开发，曾几次莅临展摊前，与老赵一起探讨竹子如何向高深产业发展这一课题。其中一位还当场拨通电话，将赵正治的“竹皮作品”推介给北京彩虹文化发展有限公司的副总。寻求合作而苦无门路的杨爽副总经理，马上赶到了国家大剧院，与赵总一见如故，相谈十分投机，还一起共进了午餐，后又坐车到公司办公室商谈，并敲定了一些合作项目。赵正治是个雷厉风行的人，他二话不说，也当场拿起电话，特事特办地要求厂里两天内做出样品，趁自己在北京还得再待几天的空挡，相约杨爽面呈“作业”。

在“竹皮”中摸打滚爬15个年头的赵正治，在竹品的开发和创新上，独领风骚，故而，在北京展演的几天里，他的摊前总是人来人往，大伙围着这朵“奇葩”，问长问短。有的人提的问题很家常，有的人提的问题很离奇，对此，赵正治总是用那句说过几十遍的话作答：只要是木材、塑胶能做的，我都能够生产出来。这次他带来的竹皮手机壳和家庭药用箱、学生文具盒就是一个例证。到目前为止，他已开发了200多个竹皮新品，有36个申报国家专利获得成功，产品90%以上远销美国、韩国、欧洲、澳大利亚等36个国家和地区。其中“创切微薄竹技术”获得教育部“大幅面装饰微薄生产技术研究与应用”科技进步二等奖。

杭州森瑞竹业有限公司以“竹导潮流”为品牌文化，将竹皮做成了一种产业，引领着环保、健康的竹子消费新潮流。

竹篾织美景

展室内的灯光比较柔和、淡雅，但抬眼就能看到的，一定是那幅挂在墙上的硕大“工笔画”。这幅长逾5米，宽为1.2米的作品，俨然就是唐时的《后宫美女嬉戏图》，内中的6位佳丽，头簪花髻，脚移莲步，与灰鹤相随，与宠物相逐，回眸一笑中，弄出万种风情。如果不挑破的话，谁也不会相信，用竹篾编织出来的画卷会有如此的撩人！这是四川眉山云华竹旅有限公司带给我们的惊喜。老板陈云华无暇进京，此次是由他的夫人张保珍代为传言的。

眉山是大文豪苏东坡的故乡。苏东坡嗜笋如命，爱竹如子，在做杭州太守时，曾数次到临安、於潜一带造访问政。他的名句“宁可食无肉，不可居无竹。无肉令人瘦，无竹令人俗。”就是在当时於潜的绿筠轩作的。而今，苏东坡的家乡竹技竹业发挥和传承得那么好，让人禁不住感慨万端。

张保珍告诉我们，云华公司已经创办30多年了，利用本地丰厚的竹笋资源，以做高端的旅游产品为主。说着，她扬了扬手中的竹篾，又向我们介绍：这是慈竹，墙上这幅画用的就是这种材料。慈竹柔软、细腻、坚韧、拉力强、筋道足，一根竹条能够剖成十几、二十几片，然后设计，取样，编织……眼前这幅独具匠心的作品是由陈云华、张保珍、李永和三人花了大半年的时间共同织成的。

接下来，张保珍还陪着笔者，在不远的展点观看了其他的几幅作品，一幅是《平安宝贵》，一幅是《兰亭序》，还有一幅是《隐形观音》。让人迷恋的是那幅《隐形观音》，乍一看，是一张青黄相染的席子，只有从不同的侧面，才能见着真佛的影子。

最近，这家公司又推出了一款竹编坤包系列新品，带给你的当然是最时尚最自然的美。

竹乐奏和谐

在整个展厅中，竹乐器的份额所占的比重最大。国内能够采集到的样品统统都收罗来了，世界各地能够打探到的竹乐精品也同时被请进了这个高雅的艺术殿堂。本次展示的竹制乐器来自亚洲、非洲、南美洲等世界竹产区的许多地方，涵盖了乐器的不同种类及非遗项目、专利项目等，充分体现了竹乐器的广泛、多样、独特及最新成果。这次分气鸣乐器、膜鸣乐器、弦鸣乐器和体鸣乐器4个层面展示。

气鸣乐器是以空气为激振动力发声的乐器。它历史悠久，分布广泛，种类繁多，音色优美，常见的有笛、箫、簧、笙等等。当年，用葫芦丝吹奏的一曲《月光下的凤尾竹》，那柔美的曲调，动听的旋律让多少人如痴如醉！这次展演的还有我国少数民族地区的芦管、芦笙，所罗门群岛的排箫，阿拉伯地区形如竖笛的耐伊等等。

弦鸣乐器是以赋予张力之弦的振动为发声源的乐器。一般分拨弦、拉弦、击弦三种。如我们平常见到的京胡、湖南花鼓戏中的大筒，还有古筝、柳琴、双排弦箜篌、五弦琵琶等等。我在展厅中见到一排排的胡琴，都是竹子的捷足先登，小时候我也制作把玩过，看着十分亲切，其中一把大的，足有一个成人那么高，挂在墙上，挤去了半壁。

膜鸣乐器是以绷紧的弹性薄膜为声源体，通过敲击、摩擦等方式使其发声的乐器。鼓是它的主要范本。

体鸣乐器是以一定形状的发声物质为声源体，在不予变形或附加张力等自由状态下受激发声的乐器。如羌族口琴、天桥快板、菲律宾竹音叉等，都是它的非遗传承。在这个竹乐大观园内，我们见识了同是竹乐器的口笛，长仅有几厘米，而一种名叫“低音格隆布”的竹乐，则有三四米长，大海碗般粗细，横在那里，竹筏子一般。

幽篁腾碧浪，一竹通天下。这次展览，将世界各地的竹乐器以及中国“竹子之乡”的竹工艺竹精品汇聚在一起，以实物、图片、视频等展示形式，呈现给广大群众，为推进竹产业，弘扬竹文化搭建了良好的绿色发展平台。

2. 第二届绿色碳汇节

2015年4月25日，中国绿色碳汇基金会举办的第二届中国绿色碳汇节以“植树造林护地球、青山绿水富百姓”为主题，在中国竹乡——浙江省安吉县的上墅乡刘家塘村委会举行。在一个乡村举办中国绿色碳汇节，为的是到农村第一线，了解青山绿水的“生产”和保护；深入生态建设的田间课堂，了解林改后农村合作组织如何可持续森林经营、增加绿色碳汇；创新公益活动办会形式，城乡互动，务实高效，增强全民生态文明建设意识，加强社会实践体验。

安吉县刘家塘村硒源专业合作社的社员代表与来自中国绿色碳汇基金

会、国家林业局“三北”局、中国低碳旅游推介委员会和绿色碳汇基金会志愿者工作站的代表参加了活动。通过经验分享、案例介绍、参观访谈、挖笋植树等形式，共同探讨了对“绿水青山就是金山银山”的科学认识，亲身感受了良好生态环境对百姓生计持续改善的重要作用。茫茫竹海、满目葱绿的自然景观，科学规划、绿色发展的美丽乡村，简朴新颖、现场互动的会议形式，受到参会者的一致赞许。

安吉县硒源专业合作社理事长、上墅乡刘家塘村党总支书记褚雪松介绍了该村保护青山绿水、实现经济社会与环境保护协调发展的经验。该村区域面积7.82平方千米，山林676.6公顷(其中毛竹林222.67公顷)，耕地170.53公顷(其中水田116.6公顷)。辖1个中心村，6个自然村，14个村民小组，共有农户561户，人口2074人。多年来，该村围绕“环境优美、生活甜美、社会和美”的发展思路，坚持“规划先导、因地制宜、量力而行”的原则，按照“中国美丽乡村精品村”建设要求，将全村区划建设为公共服务、旅游设施、新农村展示和工业园区四大区块。2014年农民人均纯收入24700元，村级集体经济固定收入65万元。2012年，该村率先发起成立硒源专业合作社，目前已有136户的4700亩竹林入社统一经营，亩均收入比入社前增加了1倍。该村还采取垃圾分类收集、无害化处理、专人保洁等措施，确保大环境青山绿水，人居环境优美整洁。产业结构实现由过去的一、二产业为主向一、二、三产业协调发展的转变。村民通过经营农家乐、发展林下经济以及观光农林业获得稳定收入。全体村民自觉爱护居住环境、维护周围青山绿水，实践科学经营山林。村里还主动与外面的旅行社对接，开展万名社区居民进农村等丰富多彩的旅游推介活动。仅2014年，到旅游园区的参观人数就达5000人次。全村百姓亲身切身体会到了青山绿水给他们带来的好处。村民生态环保意识普遍增强，护林、爱林也成为村民的自觉行动。他们正在向天更蓝、山更绿、水更清、村更美的建设目标迈进。

安吉县林业局副局长陈林泉向大家介绍了林业主管部门参加和支持生态文明建设的主要措施。安吉是七山一水二分田的山区县，是上海黄浦江源头和天目山主峰的所在县，是面向杭嘉湖地区和沪杭宁最近的山区县，地理位置特殊、区位优势明显，是我国唯一获得联合国人居奖的县，也是国家首批生态文明建设试点县。全县林业用地13.8万公顷，森林覆盖率71%，竹林7.2万公顷(其中毛竹5.73万公顷)、省级以上生态公益林4.18万公顷。2014年林业产值180亿元(其中竹产业产值170亿元)。为保持良好生态环境的独特优势，县林业局采取切实措施，支持以森林资源为依托的多业并举、科学经营。首先是开展生态化经营和理顺体制。针对全县国土资源和林地结构的实际，稳定现有各林种结构，保持森林面积的动态平衡，不再追求面积扩张，转而注重森林的提质增效。支持和推广股份制经营为主的合作化经营模式，全县已经发展27个股份制合作社。大力发展林下经济和森林旅游。二是加强道路、园区和基础设施建设，降低生产经营成本。当前，全县已经建成林区生产道路2000km，基本解决产品运得出去、游客走得进来，大幅度降低生产经营成本，支持和发展旅游产业，由出售资源向经营风景转变。三是加大政策扶持、信息和公共服务力度。加强各种惠林政策的及时落实，根据竹加工企业产品出口需要开展竹林认证，服务区域经济建设；提升森林防火、病虫害防治的预防和处置能力，保护森林资源安全。为全县林业产业发展提供政策、技术、信息的全方位服务。四是主动参与，发挥引领示范作用。县林业局直接开展“竹林碳汇试验示范区建设”，在竹林碳汇生产方面进行探索、做出示范，推动生态产品的生产和交易试点。

与会代表们还深入林区，与村民共同探讨可持续开展乡村旅游和发展林下经济的有效途径，同时前往2005年时任浙江省委书记的习近平同志发表“绿水青山就是金山银山”重要讲话的余村进行了参观学习。大家一致认为，本次绿色碳汇节形式新颖、内容丰富、低碳高效，是一次学习考察和互动交流的极好机会。刘家塘村是中国社会主义新农村建设的示范和样板，代表着美丽乡村建设的发展方向。他们的实践生动诠释了绿水青山就是金山银山的科学内涵，将对生态文明和美丽中国建设起到积极的推动作用。

第四节 国际合作与交流

1. 参加国际会议

在全球应对气候变化背景之下成立的中国绿色碳汇基金会，从成立之初就把国际合作与交流作为重要业务内容列入章程。五年来，多次参加联合国气候大会并积极组织边会，宣传中国林业对国家乃自全球应对气候变化的贡献。2012年，碳汇基金会被《公约》大会秘书处接纳为观察员机构，自此，每年的联合国气候大会，碳汇基金会都会申报两类边会：即由《公约》大会秘书处批准的大会边会和中国角边会。碳汇基金会作为观察员机构，每年都有机会获得名额，推荐数十名企业、组织和个人参加联合国气候大会。通过联合国气候大会边会的窗口，向国际社会宣传中国林业的成就和经验，宣传中国企业和个人积极参与应对气候变化的行动和低碳生产、低碳生活的实践。多渠道、全方位地宣传和展示中国林业应对气候变化的成果和经验。成为绿色碳汇基金会融入国际应对气候变化进程的重要途径。

自2011年以来，碳汇基金会在联合国气候大会参与和组织了8个边会。其中，3个是由联合国气候大会秘书处批准的大会边会：即2012年与国际竹藤组织共同组织了“中非合作——竹林应对气候变化”边会。此边会于2012年11月27日在卡塔尔多哈联合国气候大会（COP18）会场举行。来自加拿大、德国、法国、巴拿马、中国、莫三比克、国际林业研究中心等国家和组织的70多名代表参加了“中非合作——竹林应对气候变化”边会。碳汇基金会秘书长李怒云就中国绿色碳汇基金会创新的运行模式、竹林在减缓和适应气候变化以及南南合作中的作用等做了主题演讲，有来自加拿大、巴拿马、法国和中国的专家进行了点评。第二个大会边会是2014年12月4日，在秘鲁首都利马联合国气候大会现场，碳汇基金会与清华大学和国家认证认可监督委员会共同组织了“中国应对气候变化的政策与行动”边会。李怒云在会上做了“中国林业对应对气候变化的贡献”演讲。有80多位来自不同国家的代表参加了边会。第三个大会边会是2015年11月30在巴黎联合国气候大会现场，碳汇基金会和中国社科院城市发展与环境研究所共同主办的“应对气候变化的中国林业行动”（见链接15）。

组织和参加了5次中国角边会。中国角边会是国家发改委气候司从2011年开始，每年都在气候大会现场组织的重要活动。这是宣传和展示中国应对气候变化和节能减排成果的国际窗口。碳汇基金会充分利用这个窗口宣传中国林业应对气候变化的成果。从2011年到2015年，碳汇基金会组织中国角边会主题内容的递进，可以看出中国林业应对气候变化工作的进展。2011年德班气候大会中国角边会以“充分发挥中国林业在应对气候变化中的作用”为题；2012年多哈气候大会中国角边会以“应对气候变化林业碳汇研讨会”为题；2013年华沙气候大会中国角边会主题是“林业碳汇的产权及标准化”；2014年利马气候大会中国角边会讲述“林业碳汇交易促进农民增收”；2015年巴黎气候大会中国角边会以“建设碳汇城市应对气候变化”为主题，研讨以碳汇城市建设入手，探索实现“绿水青山就是金山银山的有效途径（见链接16、17）。5次中国角边会的演讲者除了碳汇基金会秘书长之外，还有政府部门代表：福建永安市市委书记黄建平、四川长宁县委书何文毅、北京市林业碳汇工作办公室主任周彩贤、云南普洱市绿色经济办公室主任姜志刚、张家口市林业局局长王海东、浙江临安市林业局局长方锐根、副局长朱勇军、海南澄迈县原林业局长黄大雄。国有企业代表有中林集团公司总裁宋权礼、华东林权交易所董事长沈国华；其他代表有浙江农林大学校长周国模、老牛基金会创始人、中国慈善联合会副主席牛根生、中国治沙暨沙业学会会长安丰杰、秘书长钱能志、中华环保联合会副秘书长谢玉红、中国低碳旅游推介委员会秘书长刘霞、浙江省亚热带作物研究所专家雷海清、陈秋夏、温州职业技术学院副教授应苗苗、北京二外附中校长付晓洁以及加拿大哥伦比亚大学林学院院长约翰·英纳斯教授、国际竹藤组织总干事古珍、环境项目部气候变化专家雅尼克博士和项目主管楼一平博士等。

在巴黎气候大会的两个林业边会上，碳汇基金会和北京碳足迹科技公司联合发布了绿色会议及碳中和平台，提倡通过微信实现会议无纸化，并演示了微信注册、碳排放计算以及在线购买碳汇实现碳中和等功能。参会人员纷纷通过微信平台和问卷形式进行碳排放计算并抵消碳排放。这些代表通过微信注册后，中国绿色碳汇基金会提供了在广西平乐县的碳汇项目减排量，帮助他们抵消掉了参加本次会议的碳排放，实现碳中和。这是碳汇基金会首次在国外会议上开展碳中和活动。

2. 国际合作与交流

碳汇基金会与国际竹藤组织、加拿大不列颠哥伦比亚大学(下简称UBC)、美国北卡罗莱纳州立大学、世界自然基金会(下简称WWF)、世界自然保护联盟(IUCN)、大自然保护协会(TNC)、保护国际基金会(CI)、美国自愿碳标准(VCS)等国际组织和院校有着良好的合作。其中与国际竹藤组织在埃塞俄比亚、肯尼亚推广竹林碳汇项目方法学并指导项目实施，受到东道国的欢迎；与UBC大学合作开展"中国中小城市低碳经济研究"并共同培养人才，先后推荐3人到UBC大学做访问学者。邀请外国专家来华讲学，对拓展中国业内从业人员国际视角和提高碳汇基金会人才素质起到了积极作用。

此外，笔者2次受邀作为观察员参加世界银行"森林碳伙伴基金"会议；多次参加WWF"新一代人工林"项目，并承办在中国的会议和考察。碳汇基金会派出专家赴加蓬、莫桑比克、马来西亚等国家，为中资和当地林业企业开发林业碳汇交易项目进行咨询和指导。

链接 15

联合国巴黎气候大会：讲中国林业故事 展绿色碳汇画卷

来源：绿色中国(A 版)(2016 年 1 月第 1 期)

文｜本刊特约记者　铁铮

2015 年 11 月 30 日，位于法国巴黎戴高乐机场附近的勒布尔格博览中心理所当然地成为全球瞩目的焦点。

当日上午，第 21 届联合国气候变化大会在此拉开帷幕。中国国家主席习近平、美国总统奥巴马、俄罗斯总统普京等 100 多位国家元首的到来，大大提升了这届大会的影响力和被关注度。

这天早晨 7 时许，巴黎城还被夜幕笼罩。国家林业局气候办副主任、中国绿色碳汇基金会秘书长李怒云就领着一队人马匆匆离开了下榻的宾馆，快步赶往地铁站。前一日，大家刚刚坐了 20 个多小时的飞机。顾不上倒时差，他们坐 6 号线、转 B 线、再搭乘大会安排的环保车后，终于来到会场入口处。一行人很快就在 196 个参加国和地区的旗柱里找到了中国柱。他们争相与印着鲜艳五星红旗的国旗柱合影，心里想的是如何把中国两个林业边会开好。大家都怀着同一个心愿：利用好这个国际讲坛，讲好中国林业的故事，向世界展示中国绿色碳汇工作者描绘的美丽画卷。

应对气候变化中的中国林业行动

30 日下午 16 时 30 分，这是本届气候大会期间由中国主办的两个大会边会的第一场。

消息灵通人士透露，巴黎气候大会期间，林业议题谈判主要是就如何继续发挥林业在应对气候变化中的独特作用进行磋商。显然，中国林业在应对气候变化的制度建设与措施、中小城市的低碳经济实践、气候变化背景下的植被恢复和社区发展等方面作出的努力和贡献，越来越受到世界的关注。

在应对气候变化中，林业具有独特的作用。对此，各国已经有普遍认同。保护森林，可减少破坏森林而导致的碳排放；科学的、可持续的经营森林和植树造林，可增加碳汇；利用木材作为钢材、水泥等化石能源产品的替代品，可以减少碳排放；在吸收二氧化碳减缓气候变化的同时，森林还具有生物多样性保护、水土保持、净化水和空气、防风固沙、促进社区发展、增加农民收入等适应气候变化的作用。“减少毁林、减少森林退化、加强造林和森林保护、重视森林可持续经营，以增加碳储量”的提议，被越来越多的国家所认同。

“应对气候变化的中国林业行动”。这个主题本身就具有极大的吸引力。主持会议的李怒云很快就发现，位置并不占优势的3号会场很快就坐满了各种肤色的代表。他们来自美国、英国、澳大利亚、南非、印度、韩国、意大利等20多个国家。

边会由中国绿色碳汇基金会和中国社科院可持续发展研究中心联合主办。李怒云邀请加拿大不列颠哥伦比亚大学教授王光玉一起主持。来自中国、加拿大的政府官员、学者、慈善领域的领袖，就中国林业应对气候变化的制度建设与措施、中小城市的低碳经济实践、气候变化背景下的植被恢复和社区发展进行交流讨论。

李怒云首先作了题为“中国林业应对气候变化政策与行动”的专题报告。她从中国林业促进生态文明建设、中国林业应对气候变化政策与行动和促进公众参与林业增汇减排等3个方面，全面介绍了中国政府重视林业现代建设，科学应对气候变化的制度设计和具体措施，特别是中国绿色碳汇基金会动员社会力量，鼓励和引导企业、个人参与林业应对气候变化公益事业的丰富实践，重点介绍了以林业碳汇为主的林业生态产品的生产、管理和自愿交易，促进中国森林生态服务市场发育的创新实践。

老牛基金会创始人、荣誉主席牛根生作了“构建生态屏障保护地球家园”的报告。从他的报告中，记者了解到，老牛基金会成立于2004年，是我国从事社会公益慈善活动的非公募基金会。长期以“渡人渡己，心怀感恩；树人树木，责任天下”为宗旨；以“教育立民族之本、环境立生存之本、公益立社会之本”为使命；以环境保护、文化教育和公益推动为主要公益方向，为人类的健康生活和平等发展作出贡献，从而实现“传承百年，守护未来”的目标。为顺应保护环境和应对气候变化的需要，近年来，老牛基金会持续加大了对生态治理公益项目的支持力度。截至2014年底，老牛基金会对生态治理和保护项目资金累计投入近2. 8亿元，占全部公益支出的40%，在其投入的生态建设等公益领域中位居第一。由老牛基金会向绿色碳汇基金会捐资，在内蒙古和林格尔开展的“内蒙古盛乐国际生态示范区项目”，于2013年荣获民政部颁发的中国公益慈善领域的最高政府奖项——“中华慈善奖”。

加拿大不列颠哥伦比亚大学林学院院长约翰·英纳斯报告的题目，是围绕“中国低碳经济——中小城市低碳经济指标体系构建”展开的。他在报告中，阐述了低碳经济指标体系的重点指标、指标对区域经济和环境保护的正向驱动作用，并以福建省福鼎市和柘荣县为例，报告了指标的具体运用。他提出，通过开发节能技术，运用新能源并提高能源使用效率；优化经济结构，加强环境保护并转变生活方式等政策建议和具体措施，实现区域性减少碳排放量的目标，同时提出了保持经济优质适度增长和提高人民生活水平指标的具体建议。

与会专家和代表高度评价中国政府在应对全球气候变化方面所作出的努力和贡献，对中国绿色碳汇基金会建立、推动以碳汇为自愿交易对象的生态效益补偿机制表示认同，对老牛基金会为改善生态环境、应对气候变化所做的善举表示钦佩，并认为中国政府和非政府组织在应对气候变化方面所积累的经验值得向国际社会推荐。

链接 16

中国绿色碳汇基金会在巴黎气候大会宣传建设碳汇城市的理念

碳汇基金会 2015/12/6 20：59：22

联合国巴黎气候大会中国角低碳主题日：

中国绿色碳汇基金会传播碳汇城市新理念

12 月 5 日，联合国气候变化大会“中国角”迎来低碳主题日。中国绿色碳汇基金会与中华环保联合会、北京市林业碳汇工作办公室和加拿大 UBC 大学联合主办的“建设碳汇城市应对气候变化”边会顺利举办，为“中国角”低碳主题日拉开了序幕。

世界各国高度关注中国应对气候变化的政策与行动。在这次主题边会的研讨中，中国绿色碳汇基金会负责人及其合作伙伴的代表，共同讲述了怎样通过机制引领、资金投入、文化建设、社区发动等具体措施，动员和吸引各方力量，积极参与改善区域生态环境、正确处理保护环境与经济社会发展的关系，提升减缓和适应气候变化能力等行动。吸引了众多国家代表的目光。来自美国、英国、法国、德国、韩国、摩洛哥、瑞典、中国等 20 多个国家及国际组织的近百名代表参加了研讨。国家林业局气候办副主任、中国绿色碳汇基金会秘书长李怒云主持了边会。

中国政府高度重视森林植被的恢复和保护，成为全球增加森林面积最快和人工林最多的国家，为减缓全球气候变暖做出了卓越贡献。在本次联合国巴黎气候大会开幕式上，国家主席习近平再次强调了实现中国"国家自主贡献"于2030年森林蓄积量比2005年增加45亿立方米的信心和决心。各级政府积极响应，采取措施增加森林面积、提高森林质量，确保国家自主贡献目标的如期实现。然而，如何将发展林业与保护生态、经济发展与环境保护、改善民生与应对气候变化等热点和难点问题统筹考虑，推动区域经济、社会和环境协调发展，不仅是政府需要解决的紧迫问题，也是非政府组织、企业和社会公众关注的重点问题。

中国绿色碳汇基金会作为中国国内首家以增汇减排、应对气候变化为目的的全国性公募基金会，自2010年成立以来，始终致力于动员一切社会力量参加应对气候变化行动；推动建立和完善以碳汇为自愿交易对象的森林生态效益补偿机制，并开展了相关试点。与此同时，还与国内外有关高校、科研部门合作，结合国内区域经济社会发展的需要，共同研建并发布了《碳汇城市指标体系》。

李怒云在主旨演讲中解读了《碳汇城市指标体系》的内涵和结构以及建设碳汇城市的背景及其重大意义。她说，碳汇城市理念的提出及其指标体系的研建，是为贯彻国家应对气候变化战略部署，促进那些森林覆被率高、碳汇增加快，而工业不发达、温室气体排放少但经济欠发达的地区以"绿水青山就是金山银山"的发展思路，积极采取措施促进以碳汇为主的生态服务市场发育。探索建立以生态产品市场化、货币化的生态补偿新机制，以达到"绿水青山就是金山银山"的目标。因此，所建立的《碳汇城市指标体系》不仅强调森林植被恢复、保护和科学经营、增加碳汇、减少碳排放，还考虑了诸多生态文明建设内容。赋予那些森林覆盖高、绿树成荫、碳吸收量大，同时工矿企业少、空气清新、碳排放低的城市一个"碳汇城市"的生态名片，以展示绿色、低碳、环保、高效的城市发展新路径。按照《碳汇城市指标体系》测评，河北省崇礼县和浙江省泰顺县获首批碳汇城市称号。他们建设碳汇城市的成功经验，对推动生态文明及绿色低碳、幸福宜居城市建设具有重要的引领示范意义。

与《碳汇城市指标体系》相配套的《小城市低碳经济发展的现状和公众意识－中国案例》研究报告，通过加拿大UBC大学林学院院长约翰·英纳斯教授的演讲，吸引了与会者的目光。根据他们的调查结果显示，89.5%的民众一定程度上知道低碳经济，85.2%的居民支持发展低碳经济，74.9%的居民期望通过发展低碳经济以改善环境，53.8%的居民认为阻碍低碳经济发展的因素是成本较高。同时发现，公众普遍缺乏低碳经济方面的知识。他建议加大大众媒体渠道的宣传，加大低碳经济发展和应对气候变化基础知识的普及力度，全面提升公众对低碳经济基础知识具体实现途径的认识。

老牛基金会创始人、中国慈善联合会副主席牛根生在会上作了“文化助力碳汇城市建设”的报告。他认为，建设碳汇城市，实质就是建设能够科学减少碳源、高效利用碳汇的城市。建设碳汇城市，除了科技、政策、资金、管理等方面的创新与支持外，文化建设有着不可忽视的作用。他强调环保是理念、是文化，只有深入人心，才能最大限度地实现节能减排；而且在修复生态环境的同时，应当进一步修复和重塑人文理念；在城市产业转型升级的过程中，发展文化产业是科学的选择。他同时表示，老牛基金会将继续支持植树造林等公益项目的建设，为低碳绿色发展、应对全球气候变化做出更多的贡献。

边会的报告精彩纷呈。中国治沙暨沙业学会会长安丰杰说，学会在推动荒漠化防治新技术新材料运用、防沙治沙学术交流、国际交流合作、科学普及宣传等领域锐意进取、不断创新，为服务地方经济、改善生态环境、应对气候变化工作做出了积极贡献，促进了防沙治沙新技术、新成果的试验示范和推广。

河北省张家口市林业局局长王海东说，张家口市持续推进生态建设，不断加大造林绿化和空气治理力度，全面创优生态环境，维护首都生态安全。在增加森林碳汇，应对气候变化，助力绿色发展、引入市场机制、拓宽筹资平台方面取得了显著成效。

北京市林业碳汇工作办公室主任周彩贤重点介绍了北京市重视水资源管理和水环境保护的政策、机制；将碳汇林业发展融入流域管理、创新生态补偿机制为环境服务付费和建立大都市饮用水源地保护基金的经验等。

中华环保联合会副秘书长谢玉红介绍了该会在推动低碳社区建设与发展方面所做的工作。温州市低碳城市研究会秘书长应苗苗和浙江省亚热带作物研究所博士陈秋夏，联合报告了温州应对气候变化的系列行动。

本次研讨会以传播绿色、低碳理念、分享碳汇城市建设经验、传播中国林业声音为主题。通过不同领域、不同组织、不同背景、不同专业专家学者的讲解，向国际社会全方位、多角度的展示了社会各界支持、参与适应和减缓气候变化的丰富实践及成功案例，帮助各国代表了解中国林业在生态文明建设、环境保护和应对气候变化中的突出作用。

会议现场热烈的气氛感染了北京国投盛世科技股份有限公司代表，她表示将捐赠公司拥有的高科技产品—沸石到中国绿色碳汇基金会，共同建立土壤修复和盐碱地改造等示范基地。积极参与国家生态修复与环境治理工作，为应对气候变化做贡献。

同第一天大会边会一样，中国绿色碳汇基金会提供广西平乐县碳汇造林的碳汇减排量，为今天中国角边会的参与者消除碳足迹，实现碳中和。

链接 17

应对气候变化中的中国绿色碳汇

绿色中国(A 版)(2016 年 1 月第 1 期)

文丨本刊特约记者　铁铮

气候大会期间，李怒云辗转于每一个会场、参观每一个展台。她始终思考的问题是：如何让中国绿色碳汇事业在应对气候变化中发挥更大的作用。

据悉，前不久发布的《中国应对气候变化的政策与行动》2015 年度报告中指出，要加强森林经营。李怒云认为，这是非常必要的。她说，目前我国中幼龄林比例占到森林总面积的 60% 以上，林分结构不优，质量不高，功能不强。通过加强森林经营，采取有效措施，优化林木生长环境，能够改善林分结构、促进林木生长，提高林分质量和单位面积蓄积量；同时，又能促进林下植被的健康生长，促进形成具有乔灌草多层结构的森林群落，使之充分发挥保护生物多样性、保持水土、防风固沙、森林疗养、森林游憩、增加森林碳汇等众多效益。加强森林经营，提高森林质量和效益，对于维护国家生态安全和木材安全，建设生态文明、美丽中国和应对气候变化等方面，均具有重要意义。

据了解，根据国家《碳排放权交易管理暂行办法》和《温室气体自愿减排交易管理暂行办法》等有关规定，林业碳汇已纳入国家碳交易体系中。

李怒云说，林业碳汇项目是国家温室气体自愿减排项目的15个专业领域之一。目前，我国碳排放权交易市场的交易产品为排放配额和国家核证减排量两个部分，林业碳汇项目产生的国家核证减排量属于目前国内碳排放权交易市场的交易产品之一。重点排放单位可按照有关规定，使用国家核证减排量(包括林业碳汇)抵消其部分碳排放量。

在李怒云看来，林业碳汇交易项目具有特殊优势。林业碳汇项目除了产生一定的项目减排量外，还具有保护生物多样性，涵养水源、防风固沙、清洁空气、创造良好人居环境以及更促进当地农民增收等多重效益。

李怒云介绍，我国政府正在调整林业发展方式，从重视造林、增加森林面积，向重视森林可持续经营、提高森林质量转变。从而增加我国森林碳汇，注重加大森林保护力度，减少森林碳排放。通过加大科研投入力度，培育林木新品种和研发森林经营新技术，以科技支撑促进我国林业发展。对于促进林业增汇方面，希望国家能够加大林业建设资金投入力度。现在我国进入了森林资源数量增长、质量提升的稳步发展时期，林业生态建设难度较大，需要有力的资金保证。也希望社会各界，尤其是碳排放企业，能够提高环境保护意识，积极参与到应对气候变化活动。捐资造林，减少碳排放。对此，每个企业和个人都该身体力行。

李怒云希望，国际涉林谈判能够继续往前走，在新协议中体现林业的重要地位和贡献，产生了有积极意义的成果，从而为减缓和适应全球气候变化，促进全球森林生态系统健康稳定，共同维护我们的地球家园做出积极的贡献。

这些行为显然只是中国绿色碳汇基金会负责人和其追随者们在应对气候变化中所采取行动的一部分。林业边会闭幕之后，他们即搭乘飞机返回北京。当日，京城又被雾霾笼罩。他们清楚地知道，应对气候变化任重道远。以后的路还长。还要做更多更多的努力!!

第五节　碳汇基金会的组织文化建设

碳汇基金会作为一个成立不久的公益机构，面对的是应对气候变化的新形势、新概念、新技术。需要有与碳汇基金会章程和业务相吻合的组织文化建设。因此，按照国家林业局领导的要求，碳汇基金会编写了《中国绿色碳汇基金会组织文化建设》文本（见链接13），并作为员工主动落实和遵循的工作规范和行为准则。坚持和践行“科学发展、绿色增长，生态良好、社会和谐，民生至上、合作共赢”的工作理念，培育和弘扬“爱国敬业、创新求实、包容协作、厚德行善”的组织精神，在构建绿色碳汇公益行为文化价值观的同时，从社会发展的大格局中找准自身的角色定位；在与各种社会价值观、文化价值观的碰撞与磨合中凝聚共识、整合资源，创建品牌、规范管理，打造专业化诚信团队、提升社会公信力，推动绿色碳汇事业的可持续发展，为服务绿色经济、应对气候变化，促进生态文明、建设现代林业做出贡献。

加强碳汇基金会的组织文化建设，将对绿色碳汇事业的科学发展和基金会组织的自身建设起到引领和指导作用，对提升基金会组织的竞争力、凝聚力和团结力具有重要意义。

链接18

关于加强中国绿色碳汇基金会组织文化建设的意见

（经理事会审定）

公益事业的发展需要先进理念的引领，基金会组织的成熟需要公益组织文化的支撑。

组织文化，是指组织在其生存与发展中形成的、为其组织所特有的、且为其组织成员共同遵循的最高目标价值标准、基本信念和行为规范的总和及其在组织中的反映。

中国绿色碳汇基金会组织文化，是指基金会组织全体员工共同接受并遵循的价值观念、行为准则、团队意识、思维方式、做事风格、心理预期和团队归属感等群体意识的总称。

加强碳汇基金会的组织文化建设，将对绿色碳汇事业的科学发展和基金会组织的自身建设起到引领和指导作用，对提升基金会组织的竞争力、凝聚力和团结力具有重要意义。

一、碳汇基金会组织文化建设的指导思想

坚持和践行“科学发展、绿色增长，生态良好、社会和谐，民生至上、合作共赢”的工作理念，培育和弘扬“爱国敬业、创新求实、包容协作、厚德行善”的组织精神，在构建绿色碳汇公益行为文化价值观的同时，从社会发展的大格局中找准自身的角色定位；在与各种社会价值观、文化价值观的碰撞与磨合中凝聚共识、整合资源，创建品牌、规范管理，打造专

业化诚信团队、提升社会公信力，推动绿色碳汇事业的可持续发展，为服务绿色经济、应对气候变化，促进生态文明、建设现代林业做出贡献。

二、碳汇基金会组织文化建设的原则

1. 兼收并蓄，在学习中借鉴，在探索中创新的原则。虚心学习国内外组织管理学、组织行为学的先进理念及其运作模式，认真研究国内外同类或相近的公益性基金会组织文化建设的成功经验及其案例，从中汲取有益的内容、形式与方法，创建、培育碳汇基金会的组织文化。

2. 普遍性与特殊性相结合的原则。既参照和遵循全国性公募基金会的运作模式和管理规范，符合其资金募集与使用的一般性要求，又适应碳汇基金会的工作目标和专业化的特殊要求，并贯穿于公益活动、管理行为和团队建设的全过程。

3. 全员参与和专家咨询相结合的原则。碳汇基金会的组织文化所体现的基本理念、价值取向、行为规范和职业自律，应由全体员工一致认同并共同遵循，全体员工积极参与并为之献计献策；应体现现代林业建设和绿色碳汇事业发展的客观规律，凸显其学术、技术和管理的专业特色，认真听取主管部门、专家组以及社会上关注林业碳汇的有关专家学者的意见建议，并在培育和探索中逐步加以完善。

4. 内容形式与结构层次相结合的原则。碳汇基金会的组织文化，是在其组织生存、发展过程中逐步建立、优化和完善的系统工程。它既涵盖组织理念、办会宗旨、精神原则，工作目标、服务方向，思维模式和行为准则等基本内容，也包括工作环境、规章制度、组织标识等表现形式；既体现开放性、包容性和成长性的组织文化结构，又反映精神、物质、制度和标识等不同层次的特点。

三、碳汇基金会组织文化建设的要点

1. 创新。新机构、新人员，新事业、新领域，绿色碳汇事业从无到有，富有挑战，必须创新。碳汇基金会要在运行机制创新、学术技术创新、项目品牌创新、公益活动创新、志愿者工作创新、管理制度创新、观念方法创新等方面，抓住机遇、直面挑战，在创新中前行，在开拓中进取，在探索中发展。

2. 专业。造林、森林经营和生物多样性保护项目的设计与实施，国内自愿碳汇交易市场的培育及其与国际碳汇交易市场机制、产权机制、价格机制、生态服务机制的接轨，都是专业性很强的工作，涉及理论概念、政策规则与方法学；森林碳汇功能、机理的深入研究，碳汇计量、监测技术标准体系的建立完善，土地利用方式和碳汇收益的不确定性等问题的有效解决，都需要学术、技术、管理的专业筹划和操作。创新的成果来自于思路、资金、项目、信用和管理的话，其运行的基础就是专业化。这是碳汇基金会的重要特征和突出标志。

3. 协作。公益组织的协作文化，提倡和养成的是一种协调、合作，沟通、交流，互助、共赢的工作环境和人际氛围，要主动与企业建立互助合作的“伙伴关系”，协助企业履行社会责任，成为捐资造林、增汇减排的主力军。要加强与主管部门各有关单位的业务联系，协调合作、全力配合，发挥专业特长、形成工作合力，服务绿色增长、现代林业和应对气候变化的工作大局。要寻求与社会媒体的有效合作，围绕专业主题，互动呼应，开展广泛、深入、持久的社会宣传教育活动，以达到共赢效果。要培养组织内部领导与员工之间、部门与部门之间、员工与员工之间相互尊重、团结协调的人际环境和合作氛围，发挥每一个成员的主观能动性和团队的整体合力。

4. 诚信。诚信文化建设，是社会公益性组织管理规范的基本要求，是依法捐赠、按章实施，联结组织与捐赠人和社会、媒体的重要条件。要恪守职业道德、管理规范与行业自律要求，切实做到公开、透明，畅通信息交流渠道，诚心待人、诚实做事，取信于民。

5. 真情。强化人本文化建设，坚持“以人为本”的原则，高度重视和加强团队建设，尊重人、爱护人，使用人、培养人，激励人、帮助人；出以真心、施以真情，严以律己、宽以待人；全面提高组织成员的素质能力和志愿奉献精神，为人才成长创造良好的职场办公环境和生存发展条件。

四、碳汇基金会组织文化建设的内容结构

1. 碳汇基金会组织文化价值观的核心内容

中国绿色碳汇基金会是经国务院批准，于2010年7月19日由民政部注册成立的中国首家以增汇减排、应对气候变化为目的的全国性公募基金会。

组织目标：通过以林业措施为主的绿色途径，减缓和适应气候变化，共同维护和建设适合人类长久生存与发展的绿色地球家园；通过打造高素

质、高能力的专业团队，实现组织与员工、组织与权益相关者的共赢发展，建设成专业化、国际化，国内领先、世界知名的公益基金会。

组织宗旨：推进以应对气候变化为目的的植树造林、森林经营、减少毁林和其他相关的增汇减排活动，开展相关的科学研究和标准制定，普及有关知识，提高公众应对气候变化的意识和能力，支持和完善中国森林生态效益补偿机制。

组织理念：绿色基金、植树造林、增汇减排、全球同行。

组织使命：增加绿色植被、吸收二氧化碳、应对气候变化、保护地球家园。

组织精神：爱国敬业、创新求实、包容协作、厚德行善。

2. 碳汇基金会组织的制度文化建设

全面加强“依法捐赠”的制度建设，依据“公开、透明，可监督、可问责”的原则，严格遵循公益捐赠有关法规条例规定的程序，细化具体运作管理办法，畅通与政府、企业、社会公众以及媒体交流信息的渠道，真实反映捐赠人的意愿，确保捐赠行为和项目实施的合法性、公开性和有效性。

制度文化建设的内容，主要包括：基金会章程，基金管理办法、专项基金管理办法，项目管理办法、项目建设技术标准规程、碳汇生产、监测、计量、核查、认证、注册管理办法及其技术标准，林业碳汇自愿市场交易规则，科研项目管理办法，财务管理办法、财务收支内部审计办法，志愿者工作管理办法，绿色碳汇新闻发布、信息公开制度，基金会人力资源开发管理办法、年度任务目标责任制和全员工作目标责任制、基金会内部约束机制和问责制，基金会团队创建学习型组织工作制度等。

3. 碳汇基金会组织的行为文化建设

(1)扬专业之所长，在推动绿色增长、促进生态文明、应对气候变化和建设现代林业的大格局中准确定位，充分发挥绿色碳汇基金的特殊功能，服务大局、服务中心、服务社会企业和公众，建设成为有影响力、有公信力的社会公益组织。

(2)创新基金会公益活动载体，“多样化募集资金、规范化建设项目、专业化推广服务”，实施品牌发展战略，充分运用公益营销文化及其方式，创建、培育绿色碳汇建设项目、公益产品和公益活动品牌，实现社会公益和商业利益的有效结合，与社会公益主体(企业、公众)达成默契，取得共赢。

(3)涵养人气、培育人脉，精心织就绿色碳汇公共关系网。要着力培育捐赠人队伍、强化社会协作关系；着力建设专业化技术服务和志愿者队伍，开发与整合社会资源；着力拓展公益活动领域，扩大社会影响，树立并提升基金会组织的公信力与美誉度。

(4)加大社会宣传、教育、培训工作力度，广泛宣传林业在应对气候变化中的特殊作用；主动与多种媒体合作，宣传普及林业碳汇知识，共创“热门版块”、“焦点话题”和“专业栏目”，增强社会认知度与认同感；创建“绿色碳汇文明网站”，加强基金会信息化建设，自觉做好信息公开和沟通交流工作。

(5)以人为本，建设高素质的管理团队；建立员工与组织共同发展的机制。秉持“忠诚、专业，勤奋、诚信”理念，努力打造基金会优秀工作团队。按照建设学习型组织的规划要求，搞好各类研讨型学习活动；重视思想道德教育，组织开展有益于员工身心健康的各种文化体育、健身养生、旅游休闲等活动；创造条件，努力把基金会建设成为“绿色碳汇工作者之家”。

(6)招募、建立和培育高素质的志愿者及其团队，有效动员和组织社会团体与个人参与基金会的各项公益活动，借以推动绿色碳汇事业的科学发展。

碳汇基金会的志愿者，应是林业碳汇事业的知性者、低碳生活的实践者、绿色碳汇知识的传播者和绿色碳汇活动的参与者；具备绿色碳汇的一般知识，带头践行“参与碳补偿、消除碳足迹”，了解基金会的各项公益活动并参与其中，累积时数达到注册志愿者的基本要求；重点做好知识传播、信息交流、公益产品推介、公益活动服务等工作，切实履行好志愿者的责任与义务。

要按照志愿者管理办法的要求，通过多种方式，加强对志愿者的岗位培训和思想教育；加强对绿色碳汇志愿者联盟和绿色传播中心的工作指导，组织开展各项志愿者活动；对志愿者社团或个人开展社会服务活动给予关心支持并提供必要的物质条件；逐步建立并规范对优秀绿色碳汇志愿者的宣传表彰和激励奖励工作机制，努力把基金会建设成为“绿色碳汇志愿者之家”。

4. 碳汇基金会组织的标识文化建设

(1)碳汇基金会标识(Logo)

中国绿色碳汇基金会标识

简要说明：该标识设计理念主要是表示森林通过光合作用吸收二氧化碳并放出氧气，从而起到固定二氧化碳、减缓气候变暖的作用(碳汇功能)。中间的绿树表示森林，外部圆缺、内部两个圆环及环绕于内部两个圆环上的双箭头图形组成了二氧化碳化学式“CO_2”的2个字母，而双箭头又表示了森林吸收二氧化碳放出氧气的意思，整个标识采用森林主体颜色——绿色。

(2)公民个人“碳补偿”标识(车贴)

简要说明：该标识设计理念主要是表示森林的“碳汇”功能——森林植物通过光合作用吸收二氧化碳并放出氧气，从而起到固定二氧化碳、缓解气候变暖的作用。中间绿色的卡通树表示森林；卡通树双手紧抱含有二氧化碳化学式“CO_2”的白色圆形图案，表示森林吸收固定二氧化碳的含义；卡通树微笑吟唱出一串由大变小的含有氧气化学式“O_2”的圆形图案，表示森林放出氧气的含义。整个标识采用森林主体颜色绿色和醒目色橘黄色、淡黄色。此外，为便于公众了解碳汇概念、碳汇基金会信息等，该标

识自上而下注明以下字样："中国绿色碳汇基金会"、"植树造林吸收二氧化碳"、"参与碳补偿 消除碳足迹"。

(3)口号倡导语标识

"绿色增长、低碳发展，绿色出行、低碳生活，企业、公民，你准备好了吗?"

"参与碳补偿，消除碳足迹"

"一吨碳汇，一片森林"

"绿色基金，植树造林，增汇减排，全球同行"。

中国绿色碳汇基金会所从事的应对气候变化公益事业，是一项具有历史意义，并充满机遇和挑战的全新事业。要在民政部、国家林业局等主管部门的领导和支持下，围绕中心、牢记使命，锐意进取、开拓创新，在推动碳汇林业发展和应对气候变化中发挥应有作用。以"制度完善、管理规范、运行高效、成效显著"为奋斗目标，努力建设成为国内一流、国际知名的全国性公募基金会。(2012 年 11 月 23 日理事会通过)

第六节　参与的科研项目

2010 年，碳汇基金会碳汇研究院成立。随后成立了常州分院、江苏分院和张家口分院。作为民间科研机构。对于那些生产急需、但又有一时列不到国家科研计划中的项目，碳汇基金会自筹资金、自立课题开展超前研究，同时，还参与了一些国家公益专项研究。如 2010 年的国家公益专项"森林增汇技术、碳计量与碳贸易市场机制研究"，2012 年国家公益专项"国际林产品贸易中的碳转移计量与监测及中国林业碳汇产权研究"。2013 ~ 2015 年承担了北京市发改委项目"北京山区森林固碳增汇经营项目方法学开发"、北京市园林绿化局委托项目"北京平原绿化碳汇造林项目方法学"项目；与加拿大 UBC 大学合作的"中小城市低碳经济发展研究"；还有碳汇研究院自主课题"林业碳汇产权研究""农户森林经营碳汇交易体系"研建等。

其中，碳汇基金会 2011 年立项，组织众多专家参加的《能源树种小桐子遗传改良研究与示范》项目(以下简称项目)，经过三年的科研攻关，取得了国际领先的良种和良法成果：两个优良新品种和 1 个矮化砧木(良种)、小桐子高效栽培配套技术体系(良法)。项目于 2014 年 11 月通过了由中国工程院院士尹伟伦教授任组长的专家组(来自北京林业大学、中国林业科学研究院、广东省林业科学研究院等单位)的验收。

1. 优良新品种。小桐子优良新品种2个(嘉能1号、嘉能2号)、矮化砧木1个(嘉优1号)(见表6-4)。

表6-4　小桐子优良新品种

新品种	开花结实特性		丰产性(栽植密度111株/亩)	
	定植第一年	定植第二年	第一年亩产量(公斤)	第二年亩产量(公斤)
嘉能1号	70天后开花结果	早花早果	89	198
亲本	不开花结果	开花结果	0	30
嘉能2号	开花结果	早花早果	81	167
亲本	不开花结果	开花结果	0	30

备注：将小桐子优良新品种(嘉能1号、嘉能2号)嫁接在矮化砧木(嘉优1号)上，可提前10天开花结果，亩产量提高20%以上。

项目组从非洲、南美洲、东南亚和中国等地区收集小桐子属5种优良树种种质资源材料314份，建立种质资源圃6.67公顷；完成小桐子杂交组合25个，选育出优良无性系8个；培育并经国家审定新品种2个；选育出具有矮化、早花、早果、丰产及抗旱调控特性的优良砧木1个，并建立“良种+良砧”优质丰产示范基地6.67公顷；项目还识别并克隆出与油脂合成有关的功能基因，建立了小桐子高效转基因育种体系。

验收专家组认为：项目的研究与实施对解决我国油料能源林良种缺乏的难题，推动我国生物柴油产业发展、促进节能减排以及积极应对气候变化等具有重要意义。研究技术路线科学，手段先进，创新了小桐子矮化砧的丰产栽培技术和杂交育种理论，成果具有创新性和实用性，建议在相关领域和地区推广应用。

①小桐子优良新品种——嘉能1号

嘉能1号为杂交育种选育的优良单系(新品种)，其母本是从云南宾川县自然分布的种源中优选的早果、丰产单株，其父本为柬埔寨自然分布的种源中优选的早果、抗旱优良单株，经在广东、广西、海南不同立地条件下多年栽培试验表明，该品种开花、结实早，种粒大，丰产性好。

结实早：嘉能1号品种小桐子与原亲本比较，嘉能1号幼苗定植后70天即可开花结果，而原亲本载植后第2年才开花结果；

丰产性：嘉能1号品种可当年栽植当年结果。按每亩111株的栽植密度，当年亩产量可达89公斤，第二年亩产量可达198公斤。而同样栽植密度，原亲本品种当年不能结果，第二年结果量不足30公斤。

②小桐子优良新品种——嘉能2号

嘉能2号为杂交育种选育出的优良品种。其母本选自柬埔寨自然分布种源的优良单株，父本选自云南双江自然分布种源中的具有抗寒，早花、早果，丰产等性状的优良单株。经多年在广东、广西、海南不同立地条件下栽培试验，并进行了早果、丰产性以及抗性与其他优株的对照试验，确定其是生长势强，丰产性，抗性优良的无性系。嘉能2号品种树体健壮，树冠较大，分枝多，分枝角度开张，早果丰产。

丰产性：当年栽植当年结果。按每亩111株的栽植密度，当年亩产量可达81公斤，第二年亩产量可达167公斤；原亲本品种第二年才见花见果，亩产不足30公斤。抗寒能力强于普通小桐子品种。零下3℃的情况下，冻害轻于其父、母本，不影响正常的开花结果。

③矮化砧木——嘉优1号

矮化砧木——嘉优1号，以广东湛江自然分布棉叶珊瑚花种源中优选的矮化单株为母本，以云南沧源自然分布的小桐子种源优选的早花早果、丰产、矮化优良单株为父本，采用杂交选育而成。经在广东、广西、海南不同立地条件的多年栽培对照试验表明，采用嘉优1号嫁接的小桐子矮化性状稳定，产量明显高于其他砧木，抗旱性优良。

用嘉优1号砧木与小桐子嫁接亲和性良好。嫁接在嘉优1号上的嘉能1号、嘉能2号60天即可开花结果，早花早果性状显著；连续结果能力明显提高。全年可连续结果6~8次，产量提高20%以上。按每亩111株的栽植密度时，当年亩产量可达108公斤，第二年亩产量可达270公斤。由于嫁接在嘉优1号砧木上的优良单系的树体矮小，冠幅小适宜密植，按每亩330株的栽植密度，当年亩产量可达233公斤，第二年亩产量可达472公斤。

2. 丰产高效栽培技术体系

2013年，该项目在广东河源建立小桐子良种+良砧高效种植示范基地。在实践的基础上编制了小桐子丰产高效栽培技术《小桐子造林技术规程》和《小桐子生理调控管护规程》。造林技术规程适用于小桐子扦插苗、矮化砧嫁接苗与乔化砧嫁接苗的裸根苗造林技术。管护技术规程适用于小桐子扦插苗、矮化砧嫁接苗与乔化砧嫁接苗的管护技术。

3. **成果应用前景**

小桐子是国际公认的、最具潜力的生物柴油原料林树种之一。发展清洁、可再生的小桐子生物柴油产业，符合当前国家节能减排、建设生态文明和应对气候变化的要求。具有良好的生态效益、社会效益和经济效益。当前，小桐子良种瓶颈已经破解，其高效丰产栽培技术及生物柴油加工工艺和设备已经成熟。虽然目前国际石油价格低迷，发展生物柴油处于低潮，但从节能减排，应对气候变化的国内外形势来看，生物柴油的需求会逐步显现。而且，小桐子油作为首选的航空生物柴油已经在波音公司、中国国际航空等国内外大型航空公司试飞成功。航空减排对生物柴油的的需求也是指日可待。上述研究成果作为储备，为今后建设优质丰产小桐子能源林基地和生物柴油加工产业链奠定了基础，能为国家节能减排做出贡献。

第七节 中国绿色碳汇基金会的发展愿景

作为我国林业应对气候变化领域公益性组织的开拓者，碳汇基金会在国家林业局党组和有关司局高度重视和亲切关怀下，坚持以发展碳汇林业、应对气候变化为己任，与国际谈判进程同频共振，与生态建设紧密结合，从广泛动员全民捐资造林到创新培育公益项目品牌，从单一劝募模式到搭建多样化捐赠平台，从实施营造林活动到帮助农民扶贫解困，保护野生动植物、促进青少年教育等已走出了一条农民欢迎、社会支持，企业参与、公众认可的增汇减排公益事业发展之路。继 2012 年被联合国气候变化框架公约(UNFCCC)秘书处批准为缔约方大会观察员组织后，2015 年被世界自然保护联盟(IUCN)接纳为会员。2013 年被民政部评定为 AAAA 级基金会，2015 年被民政部授予“全国先进社会组织”称号。

“低碳创新”是绿色潮流下的可持续发展法则，是以最低的成本、最少的资源和环境代价，创造最大的经济、社会和环境价值。低碳需要创新，需要新的视角和措施来发展经济，推进社会经济和生态环境的永续平衡。碳汇基金会将围绕国家应对气候变化战略部署和目标，积极落实《应对气候变化林业行动计划》，广泛募集资金，增加碳汇营造林面积；依托林业系统已自成体系的碳汇生产、计量、监测、核证、注册和交易等标准和规定，科学规范实施项目，同时加强公众宣传，拓展项目形式和内容，动员更多企业和个人参与增加绿色碳汇的公益活动，为实现林业“双增”目标贡献一份力量。

作为社会组织，碳汇基金会将立足公益为本，规范运营的根基，以制度完善、管理规范、运行高效、成效显著为建设目标，不断开拓前行，以低碳创新的理念帮助和促进国内企业、组织和公众实现减排诉求。努力将中国绿色碳汇基金会建成我国绿色碳汇领域最权威、最专业的公益机构，成为国内一流、国际知名的全国性公募基金会，为中国乃至全球的应对气候变化公益事业做出贡献。

第七章　中国林业碳汇自愿交易探索与实践

第一节　开展林业碳汇自愿交易试点

自2007年中国绿色碳基金成立以来，所有的造林项目都要进行碳汇计量与监测。这样的造林被称之为“碳汇造林”。根据碳汇造林定义：“在确定了基线的土地上，以增加碳汇为主要目的，对造林及其林分(木)生长过程都进行碳汇计量和监测有特殊要求的造林活动。”为国内科学、规范开展碳汇造林奠定了理论基础(《碳汇造林技术规程(试行)》)。与普通的造林相比，碳汇造林突出森林的碳汇功能，具有碳汇计量与监测等特殊技术要求，强调森林的多重效益。

在此背景下，作为中国首家从事碳汇营造林，并开展碳中和的专业机构，碳汇基金会营造林项目产生的碳汇具有以下特点：有一吨碳汇，一定有一片相对应的树林；每一吨碳汇都包含了扶贫解困、促进农民增收、保护生物多样性、改善生态环境等多重效益；碳汇量经过规范的计量、监测、注册和核证，达到“三可”要求，具备了交易的潜质。因此，2011年11月1日，经国家林业局批准，在浙江省义乌市第四届国际林业博览会上，碳汇基金会与华东林权交易所共同启动了中国林业碳汇自愿交易试点。中国绿色碳汇基金会提供碳汇造林项目产生的14.8万吨碳汇减排量(信用指标)，依托华东林业产权交易所的交易平台，有阿里巴巴、歌山建设、德正志远碳汇基金、凯旋街道、杭州钱王会计师事务所、富阳木材市场、龙游外贸笋厂、建德宏达办公家具、浙江木佬佬玩具、杭州雨悦投资10家企业，现场签约进行了认购。上述所交易碳汇减排量的审定，由碳汇基金会认可的唯一第三方——北京中林绿汇资产管理有限公司完成。该公司的技术支撑来自于中国林业科学研究院林业科技信息研究所。试点启动现场，时任国家林业局副局长赵树丛向华东林交所颁发了牌子，并指出：“林业碳汇自愿交易的尝试，是森林生态服务价值的具体体现，为促进企业自愿减排提供了更多的渠道，可以实现增加森林碳汇与企业承担社会责任的双赢。中国绿色碳汇基金会与华东林业产权交易合作开展的‘林业碳汇交易试点’，是中国林业碳汇自愿交易规范化运作的首创”。之后的2013年，碳汇基金会帮助伊春汤旺河林业局，成功实施了全国首个森林经营碳汇项目，并由河南勇盛万家豆制品公司按照30元/吨的价格购买了该项目产生的6000吨碳汇量减排用于碳中和。

第二节　探索农户森林经营碳汇交易

自2008年，按照《中共中央国务院关于全面推进集体林权制度改革的意见》，国家林业局组织在全国实施了集体林权制度改革。至今，中国的45.6亿亩林地中，已经有27.37亿亩集体林确权发证分给了农民。截止2013年底，经确权面积27.05亿亩，其中仅以辽宁、福建、江西、湖南、云南、陕西、甘肃7省统计，公益林占50.78%，用材林49.22%（国家林业局经济发展研究中心提供）。如果被列为国家公益林的林地，每亩每年可得到15元的国家生态效益补偿基金的补偿，而没有进入公益林的林地和周期较长的用材林和商品林，短期内怎样得到收益？这是林改后政府和农民共同关心的问题。碳汇基金会与国家林业局唯一的碳汇林业实验示范区——浙江临安市合作，共同探索通过销售林业碳汇帮助农民获得收益。2013年，利用临安原有的森林经营示范基础，碳汇基金会与浙江临安市政府和浙江农林大学合作研发了《农户森林经营碳汇项目交易体系》。

该体系包括政府部门制定的管理办法《临安市农户森林经营碳汇项目管理暂行办法；浙江农林大学研编的《农户森林经营碳汇项目方法学》和《临安农户森林经营碳汇项目经营与监测手册》；碳汇基金会和北京林业大学研编的《林业碳汇项目审定和核证指南》(2015年1月27日发布为行业标准)；碳汇基金会和国家林业局规划院研发的《林业碳汇注册管理系统农户碳汇项目注册平台》；华东林交所的碳汇交易托管平台。形成一个环环相扣的逻辑体系（见图7-1）。该体系充分显示了政府部门根据职能发挥管理作用（裁判员），科研部门负责提供技术服务，根据规定需要第三方审定核查、注册以确保碳汇减排量的真实存在和后期的管理，托管到华东林交所便于市场交易。在逐户完成碳汇计量后，由政府部门给每户发放一个填有碳汇预估量的“碳汇证”，农户与华东林交所签定托管协议后该所再给农户发放一个碳交易证，至此，农户森林经营的碳汇减排量即可以对外公开出售。企业和个人均可以购买用于碳中和或消除碳足迹。需要说明的是此类交易属于自愿减

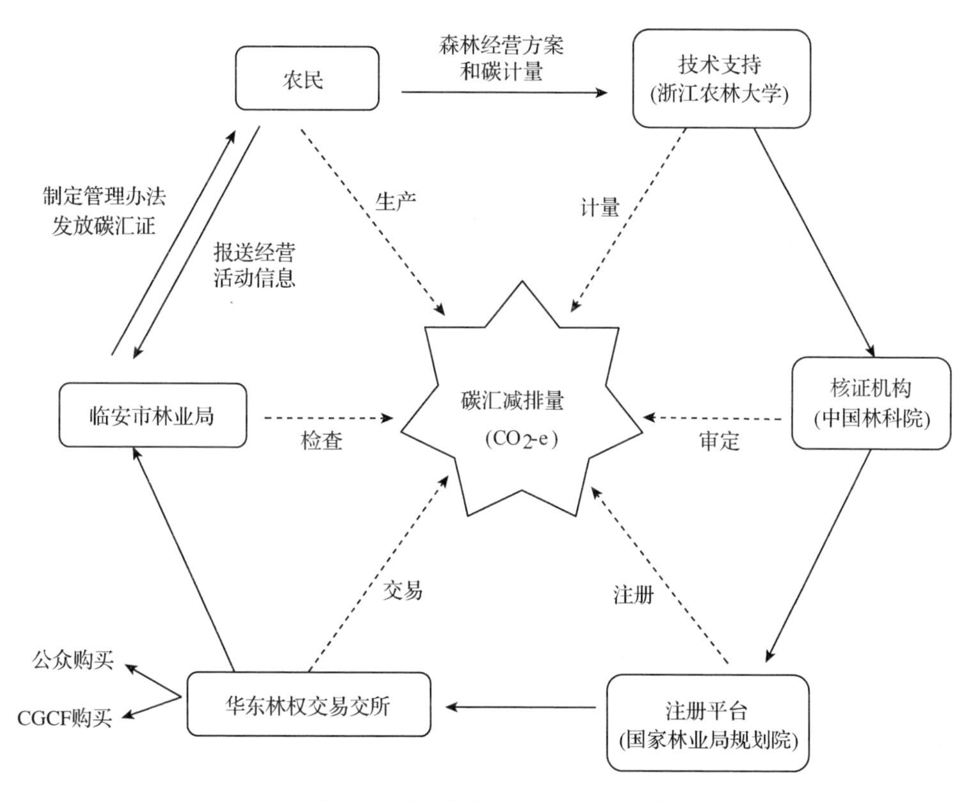

图 7-1　农户森林经营碳汇交易体系图

排，与国家规定的抵消碳排放并不挂钩。

2014 年 10 月 14 日，中国绿色碳汇基金会与临安市政府共同发布了《农户森林经营碳汇交易体系》。中国建设银行浙江分行按照 30 元/吨的价格购买了临安 42 户农民的森林经营碳汇项目减排量，用于抵消该行办公大楼全年 11323 吨碳排放，实现了办公碳中和目标。现场还有一个人出资 300 元，购买了 10 吨用于消除自己日常生活的碳足迹。

链接 19

全国首个农户森林经营碳汇交易体系发布

2014 年 10 月 14 日（来源：新华网）

10 月 14 日，中国绿色碳汇基金会、浙江省林业厅和临安市人民政府在浙江省临安市共同主办“农户森林经营碳汇交易体系发布会”。原林业部副部长、中国绿色碳汇基金会理事长刘于鹤、浙江省林业厅副厅长杨幼平、国家林业局有关司局、浙江农林大学、中国建设银行浙江省分行、华东林业产权交易所、杭州市林水局、临安市人民政府、新华社以及北京、海南、福建等有关省(市)代表和国际组织的嘉宾、新闻媒体约200多人出席了会议。

会上，中国绿色碳汇基金会秘书长李怒云发布了临安“农户森林经营碳汇交易体系”的框架内容和运行模式。该体系参照有关国际规则，结合我国国情和林改后农户分散经营森林的特点及现阶段碳汇自愿交易的国内外政策和实践经验，以临安市农户森林经营为试点，研制而成的包括项目设计、审核、注册、签发、交易、监管等内容的森林经营碳汇交易体系。

李怒云介绍：这套交易体系的研发和成果，不仅仅是碳汇交易模式的创新，重要的是当地林农得到了实惠。这个实惠通过交易体系的运行落到了实处。今天中国建设银行浙江省分行率先出资购买了临安首批42户农民森林经营所产生的碳汇减排量。通过碳汇交易，林改后的农民首次获得了森林生态服务的货币收益，增强了农民可持续经营森林的信心。

刘于鹤在讲话中指出，研建临安农户森林经营碳汇交易体系是加强森林经营增加碳吸收，帮助农民出售生态服务获利的有益探索，是中国林业应对气候变化的创新举措，也是贯彻落实国家适应气候变化战略的具体行动。特别是针对农村扶贫的林业碳汇项目，是联合国气候大会倡导和国内适应气候变化的重要举措，国家林业局对此高度重视。早在3年前，国家林业局批复临安市建立了全国首个“碳汇林业试验区”。参照国际自愿碳市场交易模式，中国绿色碳汇基金会与市政府及相关单位开展了“帮助林农可持续经营森林增汇、出售碳汇减排量增收”的研究。经过3年的努力，共同开发了这套科学规范、严格管控、环环相扣的农户森林经营碳汇交易体系。充分考虑林权制度改革后农民单家独户经营森林的特点，在经营方案编制和碳汇计量上都以雄厚的技术力量给予支持，浙江农林大学提供了全方位的服务。这套体系的研发和运行，为企业搭建了一个自愿减排、扶贫惠农的公益平台。企业购买碳汇实现碳中和的同时，帮助林农实现了生态服务的货币化。这种交易模式，为林业生产周期长、短期内林农难有收益的问题提供了一种解决思路，同时，碳汇项目的严格管理也为科学考察和评估生态效益补偿成效提供了示范。

刘于鹤强调，2011年国家林业局批准在浙江省开展林业碳汇交易试点，中国绿色碳汇基金会和华东林交所合作，成功开展了造林和森林经营碳汇减排量的自愿交易尝试。今天又开创了购买农民森林经营碳汇的临安模式。对巩固林改成果，完善国家生态效益补偿机制，拓展中国林业碳汇自愿交易提供了理论和技术借鉴。希望大家认真总结经验，不断扩大交易体系的试点范围，广泛动员社会力量参与该项工作，为推进区域经济发展、应对气候变化、建设生态文明和美丽中国做出更大的贡献。

浙江省林业厅副厅长杨幼平在致辞中，肯定了临安农户森林经营碳汇交易体系的创新成果。他表示，浙江省将再接再厉，继续开展林业碳汇自愿交易，推动碳汇林业快速、稳步、健康发展，为全国开展农户森林经营碳汇交易活动创造更多更好的经验。

作为该体系的技术支撑单位，浙江农林大学校长周国模说：我们学校是国家林业局批准的碳汇计量单位。在开发农户森林经营碳汇项目方法学和碳汇计量方面，我们参考借鉴国际经验，同时结合中国集体林权制度改革和林业生产实际，所形成的技术和方法都很接“地气”，可操作性强，为推动广大农村的林业碳汇进入交易奠定了技术基础。

在发布会现场，中国建设银行浙江分行与项目业主代表以及全国林业碳汇交易试点平台华东林业产权交易所签订了托管和购买协议。以每吨30元的价格购买了试点项目的首批碳汇减排量，主要用于抵消浙江分行办公系统2013年的碳排放，实现碳中和目标。这是国内首个金融机构积极参与应对气候变化、践行低碳生产、履行社会责任的自觉行动。中国绿色碳汇基金会授予中国建设银行浙江省分行2013年度“碳中和银行”的牌匾。同时，为号召更多的企事业单位参与自愿减排活动，实践绿色低碳发展，建行浙江省分行把所购买的一部分碳汇量转赠给了10个高端客户。此外，中林天河森林认证公司的高申奇先生，出资300元购买了10吨碳汇减排量，以抵消自己日常开车出行造成的碳排放。

农户代表张建荣在发布会上说，我有幸成为首批参与农户森林经营碳汇项目的42个业主之一，并且获得了碳汇交易凭证。有了这个证，我才知道自己经营的毛竹林除具有竹材和林副产品收益外，还能通过出售碳汇获得经济收益。据专家预测，我按照要求经营我家的毛竹林，前5年就有138吨碳汇可交易。今天，这138吨碳汇变成了实实在在的真金白银，我得到了4140元人民币。有了碳汇收益后，我经营林子的积极性更高了。我一定会按森林经营方案要求，认真经营好自家的林子，为社会多提供优质的生态服务产品，为建设山清水秀的美丽临安多作贡献。

购买方中国建设银行浙江分行副行长陈根海表示，今后将继续推进"绿色金融服务"理念。以打造"低碳、绿色、互联网金融"为切入点，继续履行低碳发展的企业社会责任，实现碳中和与绿色增长；同时进一步做好服务"三农"和中小企业工作，确保分行在"林业碳汇、绿色金融"等新兴领域获得先发优势，并主动率先为惠农的林业碳汇交易提供金融服务，引领和推动更多的金融机构加入碳汇交易，为中国应对全球气候变化提供有力的金融支持。

临安市人民政府领导在发布会上说，近年来，临安市在国家林业局、中国绿色碳汇基金会、浙江农林大学和华东林权交易所的关心、指导和帮助下，围绕碳汇林业试验区建设，进行了卓有成效的探索和实践。编制完成了《临安市碳汇林业建设总体规划》、《临安市碳汇林业试验区建设实施方案》；实施了中国首个毛竹林碳汇造林项目；建成了全球首个雷竹林碳汇通量观测塔；成功筹建了中国绿色碳汇基金会临安碳汇基金，首期募集资金370余万元。截至目前，全市已累计完成碳汇造林15199亩、生态公益林森林抚育8.7万亩。今天，临安参与研建的农户森林经营碳汇交易体系成功启动，首批42户林农是最大受益者，成为全国第一拨进入林业碳汇自愿交易体系的农民群体。临安市政府将继续推动第二批、第三批林农加入碳汇交易，以更好地经营森林，巩固林改成果，建设美丽临安。

据介绍，临安农户森林经营碳汇减排量除中国建设银行浙江省分行购买外，后续期间的碳汇减排量将部分由中国绿色碳汇基金会利用企业捐资购买，同时欢迎社会各界积极参与这种自愿碳汇交易。倡导企业和公众在实践低碳生产和生活的同时帮助农村扶贫解困，为促进以生态服务市场化进程、完善生态效益补偿机制、应对气候变化、保护地球家园做出贡献。

链接 20

《林业碳汇项目审定和核证指南》(2015 年 1 月 27 日 由国家林业局发布为行业标准, 5 月 1 日实施)。

林业碳汇项目审定和核证指南

1 范围

本标准规定了林业碳汇项目审定和核证的内容。

本标准适用于在中国实施温室气体减排交易的林业碳汇项目。

2 术语和定义

下列术语和定义适用于本文件。

2.1 林业碳汇项目 forest carbon project

根据国内相关减排机制批准的方法学和程序开发的, 以增加和维持森林碳储量为主要目的造林、植被恢复、森林可持续经营、避免毁林和森林退化引起的碳排放的项目。

2.2 利益相关者 stakeholder

已经或可能受林业碳汇项目活动影响的个人和团体。

2.3 泄漏 leakage

发生于林业碳汇项目边界之外, 由项目活动引起并可测量的温室气体源排放的增加量。

3 审定和核证的基本原则

3.1 独立性

审定或核证机构应保持独立于所审定或核证的项目活动, 避免偏见以及利益冲突, 确保审定或核证结论是基于客观证据得出。

3.2 公正性

审定或核证机构在审定或核证活动中的发现、结论及报告应真实、准确。除了报告审定或核证过程中的重要障碍, 还应报告未解决的意见分歧。

3.3 保守性

核证机构在核证与项目减排量相关的数据和信息时，应确保项目业主所提供的估算方法不会导致估算结果被高估。

3.4 诚实守信

审定或核证机构应具有高度的责任感，确保审定或核证工作的完整性和保密性。

4 审定

4.1 审定程序

审定机构应按照合同签订、审定准备、项目设计文件公示、文件评审、现场访问、审定报告编写及审定报告交付等步骤(见附录A中的图A.1)进行审定。如果需要，审定机构可以根据项目的实际情况对审定程序进行适当调整，但调整理由需在审定报告中予以说明。

4.2 审定内容

4.2.1 文件评审

审定机构应完成对包括项目设计文件、环境影响分析报告以及其他相关支持性材料的初步评审。相关支持性材料的评审工作主要包括：

a)评审项目业主所提供的数据和信息以确认其完整性；

b)评审项目业主提交的地理信息系统产出的项目边界矢量图形文件；

c)评审项目业主提供的项目总面积三分之二以上的实施项目土地的权属证明；

d)评审项目业主提供的证明项目土地合格性的证据；

e)评审项目业主提供的项目具有额外性的证据，包括基线情景土地利用活动类型的证据、投资分析或障碍分析报告、投资项目的决策及会议记录等；

f)评审项目设计文件中描述的方法学是否满足所选方法学的适用条件，并确认方法学中所示公式的数据、参数选择正确；

g)评审监测计划和监测方法，包括监测频率的确定和监测样地的布设是否合理、监测参数是否包括了可能导致项目碳汇量发生泄漏或碳逆转的参数以及能证明项目启动日的证据等；

h)评审数据的收集、记录、整理、存档、数据管理的评估以及质量保证和质量控制系统。

4.2.2 现场审定

现场审定应通过以下工作来进行：

a)制订包括目的、范围、抽样方案、活动的安排、访问的对象以及审定组成员分工在内的现场访问计划，并将其发给委托方征求意见。

b)完成下列现场访谈工作：

1)对利益相关者进行现场访谈，访谈内容应包括参与意愿、惠益共享以及项目对当地社会、经济和环境影响等，并对访谈人员所提供的信息进行交叉核对；

2)对项目区周围的居民进行与基线情景和土地合格性相关的访谈，确定项目设计文件中所描述的基线情景是否真实、实施项目的土地是否满足土地合格性要求，访谈内容应包括项目区的土地利用历史及现状，是否有类似于拟议项目的项目或技术等；

3)如果是审定前已实施的项目，应对包括项目负责人、财务人员以及施工人员等在内的项目相关人员进行访谈，访谈内容应包括项目投资决策记录、项目启动日、项目实施具体情况等，以确定项目运行和数据收集之间的不相称的风险。

c)现场查看项目边界内实施项目活动的各地块之间，是否有未实施项目活动的区域，如果有，其面积是否已从项目边界内总面积中扣除。

4.3 审定要求

4.3.1 项目描述

审定机构应对项目描述的完整性和准确性进行审定。对于在现有林地上开展的项目活动，审定机构应通过现场访问来判断项目描述是否完整和准确。在其他土地类型上实施的项目，原则上应通过现场访问的方式审定项目描述是否完整和准确，特殊情况时，可仅采用评审项目设计文件，比较分析同等项目的方式实施审定。

项目设计文件中关于项目描述的内容应包括项目业主的具体信息，项目活动所在位置，项目活动所在区域的地形、地貌、生态系统以及社会经济状况，项目活动所采用的技术，实施项目土地的权属，项目减排量的权属，项目活动的社会经济和环境影响以及利益相关者反馈的意见。

4.3.2 方法学的选择

审定机构应判断项目所选择的基线和监测方法学是否已被相关温室气体减排机制认可，项目设计文件是否对方法学的选择进行了论证，并对项目活动满足所选方法学的适用性条件进行了说明。

4.3.3 碳库的选择

审定机构应判断项目设计文件中所选择的碳库是否符合所选择的方法学的要求。如果项目业主选择忽略某些碳库，审定机构应根据其所提供的包括图片和研究报告在内的相关证据，确定所忽略的碳库不是净排放源，而且忽略这些碳库是保守的，所提供的选择依据是可核实的。如果项目业主选择忽略枯落物、枯死木和土壤有机碳库的依据是由于项目地属于退化的土地，审定机构应审定其所提供的退化土地分类报告或图片/水土流失分布图或报告/项目地现地植被或土壤退化图片/参与式乡村评估报告/与已知退化土地对比的报告。

4.3.4 项目边界

审定机构应判断项目设计文件是否正确地描述了包括项目所涉村镇的坐标以及项目各地块边界的拐点坐标在内的项目地理边界、项目产生减排量的时间范围以及项目地理边界以内可能会对所选择的碳库碳储量产生影响的温室气体源排放活动或汇清除活动。

审定机构可根据现场查看和文件评审，来判断项目边界的选择是否符合方法学的规定，是否具有合理性。

4.3.5 基线情景的识别

审定机构应判断项目设计文件：

a)是否列出了所选择的方法学中给出的所有可能的基准线替代方案，是否对排除每一个不合理的替代方案的理由以及没有拟议的林业碳汇项目时可能会发生的活动进行了论述；

b)确定基准线的假设、计算公式、原理以及其他信息是否都是可核实的，并应与其他可靠来源的信息相符；

c)是否对识别出的基准线提供了包括可能使用的技术或不开展拟议项目时的活动在内的内容进行了可核实的描述。

4.3.6 额外性

审定机构应判断项目设计文件中关于额外性的论证是否符合所选方法学中关于额外性论证的投资/障碍以及普遍性分析的要求。

4.3.7 土地的合格性

审定机构应判断项目设计文件是否对按照所选方法学的土地合格性要求进行了论证，并根据我国对“森林”的定义，对项目业主所提供的不同时期项目地的土地利用/土地覆盖图/森林分布图/航空照片/解译的卫星影像/地面调查报告（实地植被调查、参与式乡村评估）/土地登记册或林权证等证据进行审定，确定这些资料能显示项目边界内的土地利用或土地覆盖状况。

4.3.8　土地或林地权属

审定机构应审定项目设计文件是否对实施林业碳汇项目活动地块的权属进行了说明，项目业主是否拥有能证明对项目活动边界内所有地块的土使用权或控制权的材料（例如，农民或村集体组织与项目业主签订的用地合同或项目合作协议）以及这些材料是否属实。

4.3.9　项目减排量的计算

审定机构应判断项目设计文件是否准确地计算了基线情景的碳汇量，预测了项目情景的碳汇量、泄漏以及项目减排量；是否参照所选方法学对涉及的方程和参数进行了正确的应用。

4.3.10　计入期的选择

审定机构应判断拟议的林业碳汇项目减排量的计人期是否按照所选方法学的规定选择。

4.3.11　监测计划

审定机构应判断监测计划是否符合下列要求：

a）对项目活动的森林管理计划和监测计划进行了阐述；

b）清晰地描述了方法学所规定的参数；

c）监测方式符合方法学的要求；

d）监测计划的设计具有可操作性；

e）数据管理、质量保证和质量控制程序足以保证项目活动产生的碳汇量/减排量能事后报告并且可核证；

f）项目业主所选定的核查期与碳库碳储量的峰值没有系统性的重复。

4.3.12　碳逆转

审定机构应确定项目设计文件是否提出了解决林业项目减排量可能发生的碳逆转的正确方法。

4.3.13　环境和社会经济影响

审定机构应确定项目业主是否在项目设计文件中对拟议项目活动产生的社会经济和包括项目边界内、外的生物多样性及自然生态系统在内的环境影响进行了分析；并对项目业主进行社会调查和参与式乡村评估时所采用的调查问卷、参与式制图、所起草和发放的宣传手册、半结构访谈等资料进行核查。

5 核证

5.1 核证程序

核证机构应按照合同签订、核证准备、监测报告公示、文件评审、现场访问、核证报告的编写及核证报告交付等步骤(见附录A中的图A.2)进行核证。如果需要，核证机构可以根据项目的实际情况对核证程序进行适当调整，但调整理由需在核证报告中予以说明。

5.2 核证内容

5.2.1 文件评审

核证机构应对所提供的数据和信息的完整性、监测报告、数据管理和质量保证/质量控制系统以及相关支持性材料等进行评审，初步确认项目的实施情况，并建立现场核证的方案和重点。

5.2.2 现场评审

文件评审结束后，核证机构应进行以下工作：

a)制订包括核证目的、核证范围、核证活动安排、访问对象以及核证组成员分工等内容在内的现场访问计划以及包括样地大小和数量的抽样方案，并与核证委托方商定现场访问日期；

b)采用随机抽样的方式抽取项目部分地块和部分农户进行实地调查和访谈，确认项目地块的实际地理坐标和面积是否与项目设计文件中的描述相一致，项目业主所提供的能证明其对项目边界内土地使用权的合同是否属实；

c)现场走访项目所在区域没有实施项目的地块，确认这些地块的土地覆被情况是否与项目设计文件中的描述相一致，确认基线情景碳汇量的变化是否与项目设计文件中所描述的相一致；

d)随机抽取实施项目的地块，设置样地，根据方法学的要求，测量样地内所有林木的相关参数，并对项目减排量进行估算，以确认项目业主所报告的项目减排量是否是真实的；

e) 通过对相关人员的访谈、对项目设计文件中所描述的活动现场检查，确认项目是否已按照监测计划实施和收集数据；

f) 采用随机访谈的方式对利益相关者进行调查和访谈，以确认项目业主在计划实施林业碳汇项目活动时，已经广泛征求和听取了利益相关者的意见。

5.3 核证要求

5.3.1 项目减排量的核证要求

核证机构应通过以下工作核证项目的减排量：

a)核查、确认委托方所声明的项目减排量没有在其他任何减排机制下获得过签发。

b)现场确认项目活动的边界、造林设计或管理技术等是否按照项目设计文件实施，并识别项目实施中出现的任何偏移或变更，确认偏移或变更是否符合方法学要求。如果项目是由多个地块组成，核证机构应评审其每个地块的实施状态及其开始运行日期；对于分阶段实施的项目，核证机构应评审项目实施的进度，如果阶段性的实施出现延误，核证机构则应评审其原因以及预估的开始运行日期。

c)确认实施的监测计划是否符合方法学的要求。如果不符合，项目业主可通过核证机构向相应的管理部门申请监测计划修订，该申请应以附件的形式作为核证报告的组成部分。

d)确认项目的监测活动是否按照监测计划实施，并详细确认以下内容：

1)监测计划中的所有参数，包括与项目情景碳汇量、基线情景的碳汇量以及泄漏等有关的参数是否已经得到恰当的监测；

2) 监测结果是否按照监测计划中规定的频率进行记录；

3) 质量保证和控制程序是否按照备案的监测计划实施。

e)应根据方法学及项目设计文件的要求对项目减排量计算过程中使用的所有参数、数据以及计算结果进行核证，并详细确认：

1)间伐或主伐时间；

2)监测期内参数和数据是否完整可得，如果由于没有监测而导致获得的数据不充分，核证机构应就此提出不符合，要求项目业主对项目减排量进行保守处理；

3) 监测报告中的信息是否与其他数据来源进行了交叉核对；

4)基线碳汇量、项目减排量以及泄漏的计算是否符合方法学和监测计划的要求；

5)计算中使用的假设、排放因子、含碳率的缺省值以及其他数值是否合理。5.3.2　项目变更后的审定要求

如果项目的实施与所提交审定的项目设计文件中的信息或参数发生偏移或变更，核证机构应进行以下工作来满足变更后的审定：

a)确认项目实施过程中是否有存在临时偏移监测计划或者方法学的情况。如有，核证机构应确认偏移发生的确切日期以及偏移是否对项目减排量计算精度产生影响。如果核证机构确认偏移导致了精度的下降，核证机构应对项目业主提出保守处理的要求。

b)如果发现项目业主对在审定阶段中确定的项目信息或参数进行了纠正，应确认纠正的信息是否反映了项目实际情况以及纠正的参数是否符合所选择的方法学和/或监测计划的要求。

c) 如果项目业主希望变更项目减排量计入期的开始时间，核证机构则应在核证报告中确认该变更是否处在一个更保守的基线上。

d)确认监测计划和/或方法学是否存在永久的变更。如有，应确认变更是否符合所选方法学的要求，且不会导致精度的降低。如果确认变更将导致精度的下降，核证机构应要求项目业主采用保守的假设或者折扣的方式对项目减排量进行计算；如果变更符合变更版本的方法学，核证机构应确认新版本的应用不会影响项目监测和项目减排量计算的保守性；如果核证机构发现项目业主无法按照所提交审定的监测计划对项目实施监测，也无法根据所选方法学对项目实施监测，核证机构应就此情况向相应的管理部门提出申请获得指导。

e) 确认是否存在拟议的或实际的项目设计上的变更。如果发现项目活动在实施过程中与所提交审定的项目设计文件描述不一致，核证机构应通过现场访问确认该变更是否会引起项目规模、额外性、方法学的使用性以及监测过程与监测计划的一致性发生变化，从而影响之前审定的结论。如果核证机构确认拟议或实际的项目变更不符合相关要求，核证机构应出具否定的审定意见。

附录 A

（规范性附录）

审定程序和核证程序流程图

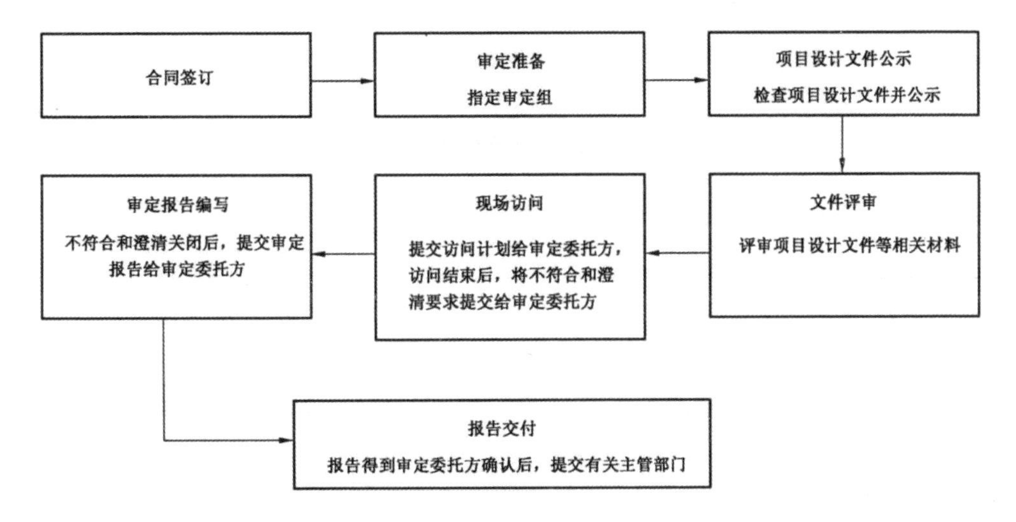

图 A.1　审定程序流程图

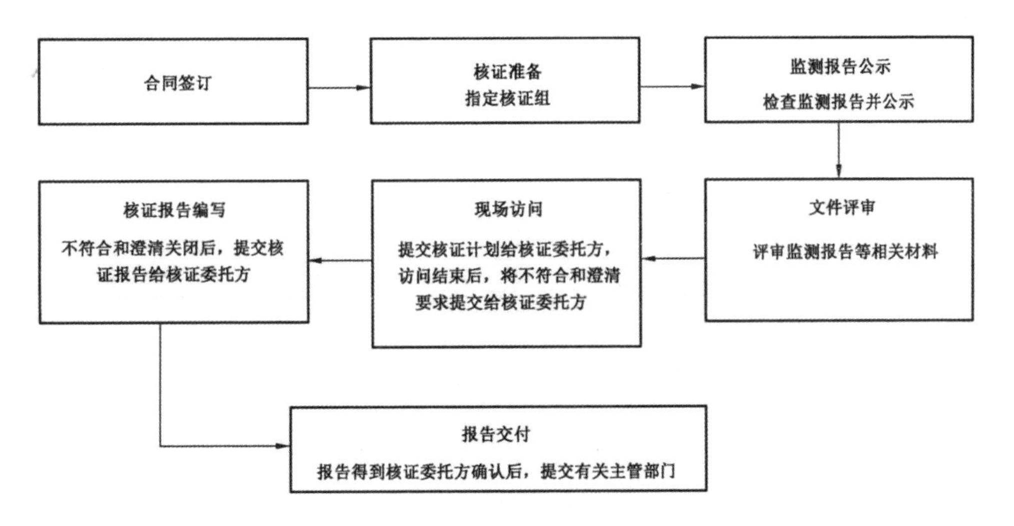

图 A.2　核证程序流程图

第八章　碳汇城市指标研究与案例

第一节　碳汇城市概念的由来

工业文明催生了全球经济发展和城市繁荣，给世界带来了物质财富的无尽增长，却也因超越资源环境承载力而引发了资源匮乏、环境污染、气候变暖等生态危机。反思城镇化进程中的生态型诟病，追求资源节约、低碳环保、节能减排的发展道路，建设低碳城市，已成为世界各国认同的理想模式与方向。在当今工业文明与生态文明之间寻求一种绿色的联结，碳汇城市建设，无疑是一个理性和智慧的选择。

在中国，那些森林覆被率高的地方，往往是工业不发达、偏远的贫困地区。这些地区，具有相对较多的林业碳汇和相对较少的碳排放。本章之前已有论述：增加林业碳汇，不仅仅是增加了森林对 CO_2 的吸收，造林经营、森林保护等还带来了其他多重效益，特别是生态服务，而这些生态服务没有得到回报。如何使贫困地区的人民能够可持续的生产生态服务这个产品并得到相应回报？在应对气候变化背景下，通过碳交易可以使生态服务中的林业碳汇实现价值。于是，探索将碳汇概念赋予那些具有较高森林覆被率、较好生态环境和较低碳源排放的城市，作为展示良好生态环境城市的标识，也可以作为创新型生态效益补偿的依据。我们研究提出了"碳汇城市"的概念。

第二节　碳汇城市指标体系的确定

中国绿色碳汇基金会组织专家开展了"碳汇城市"指标体系的研究。从定量和定性两个方面，设计了5大类指标：组织制度建设、城市建设、森林经营与城乡绿化、城市碳汇/源管理、宣传教育与文化建设。赋予所设指标相应分值，进行并对所得数据赋予权重和评分；依托当地统计部门资料并结合其它相差的考核指标，进行分析、对比和研究，最后得出评价结果。

一、参考资料

课题组查阅了大量国内外相关文献资料，特别是《国家十二五规划纲要》、国家绿化模范城市标准、国家森林城市标准、国家园林城市标准、全国环境优美乡镇考核标准、低碳城市标准、国家级生态县建设指标、幸福广东建设指标等。

二、指标确定

1. 森林资源与绿化指标

参考“国家森林城市评价标准”、“国家级生态县建设指标”，确定：

(1)由于自然条件等不同，形成我国南北方城市的森林覆盖率的差异，本研究提出城市森林覆盖率的标准，南方城市应达到35%以上，北方城市达到25%以上；

(2)本研究提出城市建成区(包括下辖区市县建成区)的绿化标准，城市建成区绿化覆盖率达到35%以上，绿地率达到33%以上，人均公共绿地面积8.5平方米以上，城市中心区人均公共绿地达到5平方米以上；

(3)本研究认为城市郊区森林覆盖率因自然条件而异，山区城市应达到60%以上，丘陵区城市应达到40%以上，平原区城市应达到20%以上。

2. 文化建设

参考“幸福广东建设指标”，提出每万人拥有公共文化设施面积指标(≥$200m^2$/万人)。该指标内涵：按常住人口计算，每万人拥有各级政府或社会投资兴建的，向公众开放用于开展公共文化活动的公益性文化场地设施面积数量，包括公共图书馆、博物馆(纪念馆)、美术馆、文化馆、乡镇(街道)综合文化站、行政村和社区文化室(含农家书屋)。

3. 低碳和节能减排

参考《低碳城市标准》和国家《十二五规划纲要》，提出“在城市建设中，积极利用可再生资源和能源，逐年提高非化石能源占一次能源消费比重”、“在城市建设中，积极采用节能减排技术”指标。

4. 城市生态与卫生

参考《国家卫生城市标准》和《全国环境优美乡镇考核标准》，提出“城镇布局合理，管理有序，街道整洁，环境优美，城镇建设与周围环境协调，镇郊及村庄环境整洁，无脏乱差现象”、“近三年城市市域内未发生重大、特大环境污染和生态破坏事故，上一年无重大违反环保法律法规的案件”、“近3年内无滥垦、滥伐、滥采、滥挖现象，无捕杀、销售和食用珍稀野生动物现象”指标。

三、指标选取及其指标体系构建原则

指标选取原则：客观性、科学性、可比性、可操作性。

指标体系构建原则：以碳汇/碳源为主，结合城市的制度建设、经济发展和生态文明；以定量指标为主，定量与定性指标相结合的原则。

1. 主要指标内涵与计算

(1)城市碳汇与碳源

①城市二氧化碳排放量

城市二氧化碳排放量 = 二氧化碳排放总量 - 二氧化碳吸收总量

其中，二氧化碳排放总量 = 能源消费带来的二氧化碳排放总量 + 工业产品生产的二氧化碳排放量 + 垃圾排放二氧化碳总量 + 农地二氧化碳排放总量 + 其它

②城市的二氧化碳吸收总量(碳汇)

根据可操作性原则，本研究认为，城市的二氧化碳吸收主要是指林木和林地的二氧化碳吸收，体现为林木生物量(蓄积量)的固碳和林地土壤的碳吸收。由于林地土壤的碳吸收和碳排放的过程比较复杂，其变化规律没有定论，缺乏评价数据，本研究暂不作为评价内容。林木的采伐视为排放。因此本研究的城市碳汇主要考核林木蓄积量及其生长量。

③城市碳源

城市碳源包括：化石能源使用、工业生产过程、土地利用变化、城市废弃物处理等。

A. 化石能源是城市排放二氧化碳的主要来源，本研究采用系数法与物料衡算法计算城市能源消费排放的二氧化碳量。系数法计算能源二氧化碳排放量(E_{CO_2})的基本公式为：

$$E_{CO_2} = K \times E$$

式中：E 为不同类型能源使用量，可按标准统一折算为标准煤，各种能源折标准煤的参考系数可查阅国家发改委的相关资料。

系数 K 为碳排放强度或者碳排放系数。目前，我国采用国家发改委的“能源燃料折标准煤后 CO_2 排放系数是 2.32 吨。”

B. 工业生产过程：大多数的产业部门在生产过程中除了能源消耗之外并不直接排放 CO_2，如钢材、水泥生产过程中的二氧化碳排放主要体现在能源使用方面，所以，一般就不再计算钢材等材料生产过程除能耗外带来的二氧化碳排放。

C. 城市土地利用碳排放的计算：土地利用变化一般是指农田、森林、草地、湿地、建设用地之间的相互转换。不同类型的土地利用，其碳排放或碳固定的强度是不同的。

土地利用碳排放估算的一般公式为：

$$E = \sum e_i = \sum T_i \times \delta_i$$

式中 E 为碳总排放量；e_i 为研究区第 i 种土地利用方式产生的碳排放量；T_i 为第 i 种土地利用方式对应的土地面积；δ_i 为第 i 种土地利用方式的碳排放（吸收）系数。

一般来说，计算城市土地利用的碳固定主要是林业、草地的碳吸收量，及农业的碳排放与碳吸收，其它用地（如建设用地）的碳排放量已计入在能源碳排放计算中。对于城市来说，草地吸收二氧化碳量有限（本研究暂不计算），因此，重点是计算森林的碳吸收量。

D. 城市废弃物的碳排放计算：

目前，我国城市垃圾主要采取填埋和焚烧处理方式，其中填埋比例≥94%，主要产生甲烷（本研究暂不考虑温室气体）；焚烧主要产生二氧化碳。焚烧主要体现在能源使用方面，所以，本研究就不再计算其二氧化碳排放。

E. 农业碳汇与碳源：农业的碳汇与碳源问题比较复杂，还没有定论。一般认为，农作物生产长期间有碳吸收作用（碳汇），但是农业发展越来越依赖于化石能源的投入（施用化肥、灌溉、使用农业机械、薄膜等），会释放出大量的 CO_2，也是个重要的碳源。有研究表明，农业活动的能源投入量十分巨大。如果考虑了这部分碳源效应，则全国很多地区农业系统的净碳汇效应显著减小。最极端的是，上海农田系统的净碳汇数量从 1990 年的 160 万吨减少到 2001 年的 -7.3 万吨，即从碳汇变成了碳源。有研究认为，中国的农业土壤是个 CO_2 的释放源。在温室气体的排放中，农业系统排放占全球总量的 20% 以上，成为危害全球又自害的重要排放源。相比农业自身活动的内源性排放，外源性排放占主要部分，这是由现代工业化农业生产模式导致的。外源性排放涉及农业的物能投入，如农机动力、化肥、水、农药、塑料薄膜、柴油使用量等，这些数据不易获取，因此，本研究中暂不计算农业及农作物的碳排放和碳吸收。

F. 本研究的碳源主要采用所使用的能源矿物燃料排放量计算方法，碳汇主要采用生物量系数换算计算方法。

G. 二氧化碳排放强度：单位国内生产总值(GDP)所产生的二氧化碳排放(吨二氧化碳/万元)。

H. 单位GDP能耗：反映能源消费水平和节能降耗状况的主要指标，一次能源供应总量与国内(地区)生产总值(GDP)的比率，是一个能源利用效率指标。该指标说明一个地区经济活动中对能源的利用程度，反映经济结构和能源利用效率的变化(吨标准煤/万元)。

第三节 试点城市测评

指标体系研究完成后，我们选择了南方的温州泰顺县、福建福鼎市；北方的张家口崇礼县和黑龙江伊春市金山屯区进行试点。以下展示泰顺、崇礼和金山屯三县(区)测试内容和结果。

1. 浙江省温州市泰顺县测试

1.1 泰顺县近3年人均能耗与人均碳排放量

泰顺县的常住人口为35.69万人口，近3年的人均能耗和人均碳排放量计算结果见表8-1。

表8-1 泰顺县近3年人均能耗与人均碳排放量

年度	人均GDP（万元）	单位GDP能耗（吨标煤/万元）	人均能耗（吨标煤/人·年）	人均碳排放量（吨CO_2/人·年）
2008年	0.8853	0.4170	0.3692	0.8565
2009年	0.9570	0.3980	0.3809	0.8837
2010年	1.1043	0.3804	0.4201	0.9746

注：人均二氧化碳排放量=人均能耗×吨标准煤碳排放量=0.4201×2.32=0.9746

结果表明，泰顺县的单位GDP能耗明显低于全国平均水平见表8-1，人均二氧化碳排放量是全国平均水平(2008年为4.91吨)的18%，人均碳排放指数=0.8565/4.91=0.18(≤0.5)，具有低碳经济城市的特点。

泰顺县2010年碳源为34.78万吨二氧化碳当量。

1.2 泰顺县近5年森林蓄积增长量和年生长量

2009年总蓄积：4271929立方米，2004年总蓄积3238142立方米

5 年蓄积净生长量：1033787 立方米

年均生长量：206758 立方米

平均净生长率：5.51%

森林碳汇：25.25 万吨二氧化碳/年。

人均森林蓄积生长量：206758 立方米/35.69 万人口 = 0.579 立方米/人·年

1.3　泰顺县近 5 年人均森林碳汇量

人均森林碳汇量计算公式：

$E_{pp} = 0.5 \times V \times BEF \times WD \times (1 + R) \times 44/12$

式中，N 为碳储量（吨 C/公顷）；V 为人均蓄积生长量（立方米/人.年）；BEF 为林木树干生物量转换到地上生物量的生物量扩展因子；WD 为林木干物质密度（吨 dm/立方米）；R 为林木根茎比。国内研究结果 R 一般取值在 0.2 - 0.3 之间，本研究采用 0.25；生物量扩展因子（BEF）和干物质密度（WD）均为常数分别为 1.3 和 0.41，林木干物质中碳含量为 0.5。

$E_{pp} = 0.5 \times 0.579 \times 1.3 \times 0.41 \times (1 + 0.25) \times 44/12 = 0.7072$ 吨

1.4　全国人均森林碳汇量

根据第七次全国森林资源清查公布数据，5 年间（2004 - 2008 年）全国森林蓄积增加量为 2.53 亿立方米，年平均蓄积增长量为 0.506 亿立方米，全国人均年蓄积增长量为 0.039 立方米，按照公式，全国人均年森林碳汇量为 0.048 吨。

1.5　人均碳汇/碳源比

由于城市的人均碳汇/碳源比与区域人均 GDP、森林覆盖率有密切关系（见图 8-1）。经过测算，分别山区、丘陵和平原地区制定人均碳汇/碳源比，山区碳汇城市的人均碳汇/碳源比应大于 60%，丘陵应大于 50%，平原应大于 40%。

1.6　管理考核指标测试结果

95 分（≥80 分，达到标准）

1.7　量化考核指标测算结果

人均二氧化碳排放指数

0.8565/4.91 = 0.18（≤0.5）；

人均森林碳汇指数

0.7072/0.048 = 14.7（≥2）；

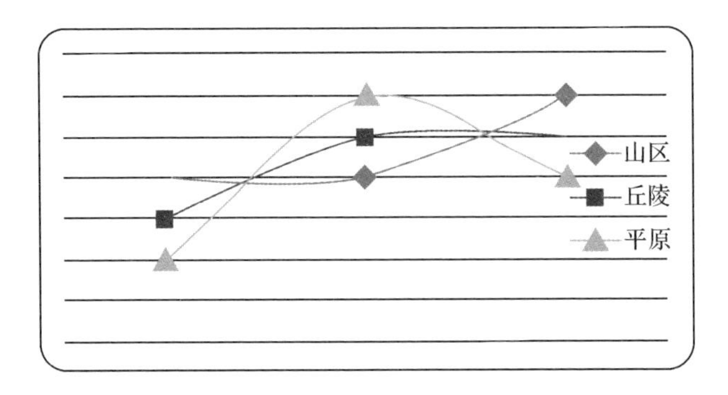

图 8-1　不同区域森林覆盖率与人均 GDP 指数、人均碳汇/碳源比关系示意图

近 3 年人均碳汇/碳源比

2008 年：0. 7072/0. 8565 × 100 = 82. 57%

2009 年：0. 7072/0. 8837 × 100 = 80. 03%

2010 年：0. 7072/0. 9746 × 100 = 72. 56%

（≥60%）

1. 8　结论：泰顺县达到碳汇城市标准。

表 8-2　全国历年 GDP 能耗、人均能耗和人均二氧化碳排放量

	GDP 能耗（吨标煤/万元）	人均能耗（kgce）	人均二氧化碳排放量（吨/人·年）
2005 年	1. 28	1805	3. 89
2006 年	1. 24	1988	4. 28
2007 年	1. 18	2123	4. 58
2008 年	1. 12	2195	4. 91

数据来源：国家统计局。

2. 河北省张家口市崇礼县测试结果

2. 1　碳汇城市评价管理考核指标

管理考核指标审核得分 93 分

（合格标准是管理考核指标得分≥80 分，合格）

2. 2　量化考核指标审核结果

2. 2. 1　人均年二氧化碳排指数 = 0. 5

（合格标准是人均二氧化碳排放指数≤0. 5；结论：合格）

2.2.2　人均森林碳汇指数

人均森林碳汇指数 =2.0

（合格标准是人均森林碳汇指数≥2；结论：合格）

2.2.3　人均碳汇/碳源比指标

人均碳汇/碳源比指标 =55%

（合格标准是山区≥60%，半山区≥55%，丘陵≥50%，平原≥40%；崇礼县地形是半山区，结论：合格）

3. 黑龙江省伊春市金山屯区测试结果

3.1　管理考核指标测试结果

85 分（≥80 分，达到标准）

3.2　量化考核指标测算结果

人均二氧化碳排放指数为 0.12（≤0.5）；

人均森林碳汇指数为 17.1（≥2）；

人均碳汇/碳源比：89.87%（2010 年）（≥60%）

3.3　结论：达到碳汇城市标准。

最后得出结论：除福建福鼎市外，另三个城市都达“碳汇城市“标准。2015 年 6 与 8 日，碳汇基金会在北京举行了《碳汇城市指标体系》发布会暨授牌仪式。崇礼和泰顺两县获得首批”碳汇城市“称号。

通过研究和测评，我们可以确定，碳汇城市，应是经济持续、稳定、健康运行，绿色化发展的城市；必须依据资源环境自然禀赋和空间承载能力，科学定位，发展低碳经济，严格控制城市规模和人口密度，高度关注和勇于实践经济发展中的代价最小化，以及人与自然和谐相处，追求多样化生活的舒缓包容。

碳汇城市，应是隽永、凝重、含蓄，在历史文化的传承中创新的城市。必须承载历史和文化的深厚积淀，尊重自然格局，依托山水田畴脉络，保护既有的自然景观和历史文化遗产，在城市规划、建设发展中彰显其地域的自然风貌与人文特色。

碳汇城市，应是绿化美化、固碳增汇，生态化经营的城市。必须让“森林进城、市在林中，绿树掩映、鸟语花香”。做到生态平衡、环境优雅，森林覆盖率、城区绿化覆盖率、绿地率严格达标，有效开展形式多样的固碳增汇等森林经营活动，实现森林蓄积与蓄积生长量的持续增长。

碳汇城市，应是洁净、清爽、宜居，科学化建设的城市。必须坚持循环经济和清洁生产的原则与方向，最大限度地控制和减少高碳能的使用与二氧化碳的排放，有效进行土地利用控制，合理利用、保护好水资源，妥善处理好城市废弃物与生活垃圾，减少污染，远离阴霾、告别扬尘，为市民提供健康、适用、高效的工作和生活环境。

碳汇城市，应是依法、务实、高效，社会化管理的城市。必须领导高度重视，群众自觉参与，大力倡导低碳生活方式和消费行为，广泛传播绿色碳汇理念和知识信息，加强碳汇城市文化建设，践行绿色建筑、低碳交通，深入持续地开展“蓝天、碧水、绿荫”等社会公益活动，全面提高市民的素质能力和道德修养，以促进社会的和谐与进步。

由此，我们认为，在城镇化的发展进程中，碳汇城市将是低碳城市品牌建设的一个新标杆，是未来城市经营竞争的一张新名片。在经济发展和城市繁荣那雄浑、激越的交响乐中，碳汇城市，犹如从小约翰·施特劳斯琴弦中流淌的《蓝色的多瑙河》旋律，清越、悠扬、舒缓，既让人们充分享受高质量、开心无忧的现实生活，也给人们带来对未来城市发展的美好憧憬与幻想。

经过指标体系的评估，我们看到：达到碳汇城市标准的地区，大都是森林覆被率高、碳汇量大、生态产品多；高排放企业少、碳排放量低、环境优美但经济相对欠发达的地区。全社会都在无偿享受这些地区提供的生态产品，也就是清新的空气、清洁的水源、良好的人居环境等。在国家高度重视生态文明建设的今天，我们研制《碳汇城市指标体系》，希望探索绿水青山变成金山银山的有效途径。这个途径就是实现生态服务货币化。探索国家生态补偿政策向碳汇城市倾斜、通过碳市场出售碳汇减排量等。以鼓励更多的城市向着高碳汇、低排放、生态好、环境美的方向努力。建设美丽中国，实现中华民族永续发展。

链接21

碳汇城市评价指标体系

目录

1　体系框架

1.1　碳汇城市评价指标体系包括管理考核指标和量化考核指标。

1.2　管理考核指标见2，管理考核指标测算方法见附录1。

1.3　量化考核指标见3，量化考核指标测算方法见附录2。

2　管理考核指标

2.1　组织管理与制度建设(10分)

2.1.1　国家有关法律、法规、制度及地方颁布的各项规定、制度得到有效的贯彻执行，完成上级政府下达的节能减排任务；(3分)

2.1.2　有相应部门负责有关制度、措施和方案的制定和落实，建立资源节约、提高资源利用效率的自我完善机制；(3分)

2.1.3　近5年城市市域内未发生重大、特大环境污染和生态破坏事故，上一年无重大违反环保法律法规的案件。(4分)

2.2　城市建设与经济发展(15分)

2.2.1　近5年生态环境质量评价在全省名列前10名；(3分)

2.2.2　近5年内无滥垦、滥伐、滥采、滥挖现象，无捕杀、销售和食用珍稀野生动物现象；(3分)

2.2.3　城镇建设：城镇化率大于30%；(3分)

2.2.4　居民经济收入：收入指数大于1；(3分)

2.2.5　城镇布局合理，管理有序，街道整洁，环境优美，城镇建设与周围环境协调，镇郊及村庄环境整洁，无脏乱差现象。(3分)

2.3　森林经营与绿化发展(20分)

2.3.1　近5年森林蓄积、蓄积生长量增加；(4分)

2.3.2　近5年森林面积增加，森林覆盖率增加；(3分)

2.3.3　积极开展固碳增汇的森林经营活动，主要包括：造林、森林抚育、森林保护(森林防火、病虫害、避免和减轻气象、地质灾害等)、防止林地流失和森林破坏等；(3分)

2.3.4　城市森林覆盖率：南方城市≥35%，北方城市≥25%；(4分)

2.3.5　城市郊区森林覆盖率，山区≥60%，丘陵区≥40%，平原区≥20%；(3分)

2.3.6　城乡绿化面积，建成区绿化覆盖率≥36%，绿地率≥31%，人均公共绿地面积≥8.5平方米，城市中心区人均公共绿地达到5平方米以上。(3分)

2.4　城市碳汇/碳源管理(43分)

2.4.1　森林碳汇(18分)

2.4.1.1　近5年森林蓄积净生长量；(8分)

2.4.1.2　近5年其他林木(四旁造林、散生木、疏林地、等)蓄积生长量；(6分)

2.4.1.3　森林利用量(采伐量、薪炭)管理；(4分)

2.4.2 碳源(18 分)

2.4.2.1 近5年单位GDP的CO_2排放强度变化;(3分)

2.4.2.2 近5年单位GDP的能耗变化;(3分)

2.4.2.3 工业生产过程优化;(3分)

2.4.2.4 城市废弃物处理优化;(3分)

2.4.2.5 土地利用控制;(3分)

2.4.2.6 薪炭、秸秆替代利用;(3分)

2.4.3 节能减排(7分)

2.4.3.1 积极利用可再生资源和能源,提高非化石能源占一次能源消费比重;(5分)

2.4.3.2 采用节能减排技术和产品。(2分)

2.5 宣传教育与文化建设(10分)

2.5.1 建立有效途径积极传播低碳和碳汇理念、信息和知识,加强碳汇城市文化建设;(2分)

2.5.2 建立碳汇城市建设奖励制度,对做出技术、管理创新的个人、集体给予奖励和资金等方面的支持;(2分)

2.5.3 对在碳汇城市建设中取得突出成绩的个人和集体予以表彰奖励;(2分)

2.5.4 每万人拥有公共文化设施面积($\geq 200m^2$/万人)。(4分)

3 量化考核指标

3.1 碳汇城市的量化考核指标

人均二氧化碳排放指数、人均森林碳汇指数、人均碳汇/碳源比;

计算公式:

人均二氧化碳排放指数 = 申报城市人均年二氧化碳排放量/全国人均年二氧化碳排放量

人均森林碳汇指数 = 申报城市人均森林碳汇量/全国人均森林碳汇量
= 申报城市人均森林蓄积生长量/全国人均森林蓄积生长量

人均碳汇/碳源比 = 申报城市人均碳汇/申报城市人均碳源

式中：全国人均年二氧化碳排放量、全国人均森林碳汇量采用国家相关部门公布统计数据。

说明：根据降雨量和干燥度需要修正申报城市人均森林蓄积生长量，修正系数如下表。

表 8-3　人均森林蓄积生长量修正系数表

地区	年降雨量(mm)	干燥度	修正系数
湿润地区	>800	<1.0	1.0
半湿润地区	500－800	1－1.4	1.1
半干旱地区	200－500	1.5－3.9	1.2
干旱地区	小于 200	>4.0	1.3

3.2　合格标准

人均二氧化碳排放指数≤0.5；

人均森林碳汇指数≥2；

人均碳汇/碳源比：山区城市的人均碳汇/碳源比≥60%，半山区≥55%，丘陵≥50%，平原≥40%；

附录1 碳汇城市评价管理考核指标测算方法与合格标准

1. 测算计分

表1 碳汇城市管理考核指标测算计分表

序号	类别	考核指标	考核方法与要素	评分	考核发现	得分
1	组织制度建设(10分)	国家有关法律、法规、制度及地方颁布的各项规定、制度得到有效的贯彻执行,完成上级政府下达的节能减排任务	查阅有关文件及会议记录	3分		
		有相关部门负责有关制度、措施和方案的制定和落实,建立资源节约、提高资源利用效率的自我完善机制	查阅制度文件及活动记录	3分		
		近5年城市市域内未发生重大、特大环境污染和生态破坏事故,上一年无重大违反环保法律法规的案件	查阅上级政府主管部门通报及整改记录	4分		
2	城市建设(15分)	生态环境质量评价在全省名列前10名	查阅有关文件	3分		
		城镇布局合理,管理有序,街道整洁,环境优美,城镇建设与周围环境协调,镇郊及村庄环境整洁,无脏乱差现象	环境优美乡村合格率50%以上。	3分		
		近5年内无滥垦、滥伐、滥采、滥挖现象,无捕杀、销售和食用珍稀野生动物案件	省级以上督办相关案件、刑事案件数≤4件/年,处理率大于90%以上	3分		
		城镇建设	城镇化率大于30%	3分		
		居民经济收入	居民人均收入指数大于1(当地居民人均收入/全省居民平均人均收入)	3分		

（续）

序号	类别	考核指标	考核方法与要素	评分	考核发现	得分
3	森林经营与绿化发展（20分）	近5年森林蓄积、蓄积生长量增加	森林二类调查台账，核实数据。	4分		
		近5年森林面积、森林覆盖率增加	森林二类调查台账，核实数据。	3分		
		开展固碳增汇的森林经营活动，主要包括：造林、森林抚育、森林保护（森林防火、病虫害、避免和减轻气象、地质灾害等）、防止林地流失和森林破坏等	造林、森林抚育验收台账，森林病虫害、火灾发生率、防治率，林地占用、流失率	3分		
		城市森林覆盖率	南方城市≥35%，北方城市≥25%	4分		
		城市郊区森林覆盖率	山区≥60%以上，丘陵区≥40%，平原区≥20%	3分		
		城乡绿化面积	建成区绿化覆盖率≥36%，绿地率≥31%，人均公共绿地面积≥8.5平方米，城市中心区人均公共绿地≥5平方米	3分		
4	城市碳汇/碳源管理（43分）	近5年森林蓄积净生长量	森林二类调查数据和分析报告	8分		
		近5年其他林木（四旁造林、散生木、疏林地、等）蓄积生长量	森林二类调查数据和分析报告	6分		
		森林利用量（采伐量、薪炭）管理	采伐限额管理记录	4分		
		近5年单位GDP的CO_2排放强度变化	统计数据	3分		
		近5年单位GDP能耗变化	统计数据	3分		
		工业生产过程优化	“15小”企业整治数据	3分		

（续）

序号	类别	考核指标	考核方法与要素	评分	考核发现	得分
4	城市碳汇/碳源管理（43分）	城市废弃物处理优化	城市垃圾处理规划文件	3分		
		土地利用控制	农田、林地、湿地补占平衡数据	3分		
		薪炭、秸秆替代利用	提高液化气普及率、秸秆还田率	3分		
		在城市建设中，积极利用可再生资源和能源，提高非化石能源占一次能源消费比重	提高水力发电、太阳能等非化石能源占一次能源消费比重	5分		
		在城市建设中，积极采用节能减排技术和产品	节能灯等节能产品普及率	2分		
5	宣传教育与文化建设（10分）	建立有效途径积极传播低碳和碳汇理念、信息和知识，加强碳汇城市文化建设	市民碳汇知晓率≥80%	2分		
		制定碳汇城市的创新计划，积极开展相关专业的研究与实践	查阅创新计划相关文件和实施记录	2分		
		建立碳汇城市建设奖励制度，对做出技术、管理创新的个人、集体给予奖励和资金等方面的支持	查阅奖励制度相关文件与实施记录	2分		
		每万人拥有公共文化设施面积	≥200m^2/万人	4分		

2　说明

2.1　合格标准

碳汇城市评价管理考核的计分标准满分为100分，管理考核指标得分≥80分的达到碳汇城市评价的管理考核要求。

2.2　指标权重（评分）

根据专家打分结果，采用层次分析法，确定各指标的权重。

2.3　考核评分方法

2.3.1　定量指标的考核打分方法

以指标“2. 2. 5 城镇布局合理，管理有序，街道整洁，环境优美，城镇建设与周围环境协调，镇郊及村庄环境整洁，无脏乱差现象。”为例，在现场考核时申报城市的环境优美乡村合格率 50% 以上（不含 50%）时，为满分记 3 分；环境优美乡村合格率为 30% –50% 时，记 2 分；环境优美乡村合格率为 10% –30% 时，记 1 分；低于 10% 记 0 分。

同样，指标“2. 5. 4 每万人拥有公共文化设施面积”为例，申报城市的公共文化设施面积≥200m^2/万人时，记 4 分；150 – 199m^2/万人时，记 3 分；100 – 149m^2/万人时，记 2 分；50 – 99m^2/万人时，记 1 分；低于 50m^2/万人时，记 0 分。

附录 2　碳汇城市评价量化考核指标的测算方法与合格标准

1　计算方法

1. 1　人均二氧化碳排放指数

人均二氧化碳排放指数 = 申报城市人均年二氧化碳排放量/全国人均年二氧化碳排放量　　公式(1)

申报城市人均年二氧化碳排放量(Ea)按式(1)计算：

$$E_a = (\frac{E_i}{N \cdot A}) \cdot B \qquad 公式(2)$$

式中：

E_a ——人均二氧化碳排放量，单位为吨二氧化碳/人 · 年；

E_i ——统计报告期内，城市能源消费总量，单位为吨标准煤；

N——统计年限；

A ——统计报告期内，常驻人员数量；

B——每吨标煤二氧化碳排放量，采用国家发改委数据 2. 32 吨二氧化碳/吨标准煤。

注 1：能源消费总量包括原煤和原油及其制品、天然气、电力，不包括生物质能和太阳能等的利用。

全国人均年二氧化碳排放量采用国家公布的统计数据。

1. 2　人均森林碳汇指数

人均森林碳汇指数 = 申报城市人均森林碳汇量/全国人均森林碳汇量

= 申报城市人均森林蓄积生长量/全国人均森林蓄积生长量　　公式(3)

申报城市人均年森林碳汇量（Epp）用森林蓄积生长量进行测算，见公式(4)：

$$E_{PP} = (\frac{E_c}{A \cdot N}) \cdot CF \cdot BEF \cdot WD \cdot (1 + R) \cdot 44/12 \qquad \text{公式(4)}$$

式中：

E_{pp}——人均森林碳汇量，单位吨 CO_2/人·年；

E_c——统计报告期内，森林蓄积生长量，单位为立方米；

A——统计报告期内，常驻人员数量；

N——统计年限；

CF——林木干物质中碳含量，取 0.5；

BEF——林木树干生物量转换到地上生物量的生物量扩展因子，取 1.3；

WD——木材基本密度（吨 dm/立方米），取 0.41；

R——林木根茎比，国内研究结果 R 一般取值在 0.2～0.3 之间，本指标体系采用 0.25。

全国人均森林碳汇量：参考国家公布数据。

1.3　人均碳汇/碳源比指标

$$E_d = Epp / E_a \times 100\% \qquad \text{公式(5)}$$

式中：

E_d——人均碳汇/碳源比，单位为%。

2. 合格标准

碳汇城市量化考核的合格标准：

人均二氧化碳排放指数≤0.5；

人均森林碳汇指数≥2；

不同区域碳汇城市的人均碳汇/碳源比：山区≥60%，丘陵≥50%，平原≥40%。

第九章　中国林业碳管理展望

第一节　中国森林增汇潜力

新中国成立60多年来，我国林业建设成绩卓著、举世公认。但与发达国家及森林资源丰富国家相比，我国森林面积和质量都有较大差距（见图9-1）。我国的森林覆盖率仅为世界平均水平的2/3，排在世界第139位，人均森林面积仅为2.17亩，不足世界人均水平的1/4，排在世界第144位。人均森林蓄积量仅为10.15立方米，只有世界平均水平的1/7，排在世界第112位。森林每公顷蓄积量只有世界平均水平131立方米的69%，人工林每公顷蓄积量只有52.76立方米。林木平均胸径只有13.6厘米。龄组结构依然不合理，中幼龄林面积比例高达65%。林分过疏、过密的面积占乔木林的36%。林木蓄积年均枯损量增加18%，达到1.18亿立方米。进一步加大投入，加强森林经营，提高林地生产力、增加森林蓄积量、增强生态服务功能的潜力还很大。（国家林业局，2014）。

我国森林林分质量较低、单位面积生长量不高的劣势，也意味着我国在森林培育与发展方面的巨大潜力，可努力转变为碳汇增量优势。相比较而言，森林质量已经很高的国家，其森林碳汇的增量较小。最近，根据加拿大皇家科学院院士、南京大学陈镜明教授主持的全球变化重大科学计划项目"全球不同区域陆地生态系统碳源/汇演变驱动机制与优化计算研究"的研究成果表明，中国森林碳汇已经接近甚至超过美国。基于森林清查数据和In-TEC模型的结果都表明，美国森林碳汇在近30年已经基本稳定，而中国森林碳汇在不断增长，在2001～2010年中国林分生物量碳汇已经超过美国，而森林总碳汇量（包括植被和土壤）也已经接近美国（见表9-1），一个重要原因是中国森林年龄明显低于美国（图9-2）。

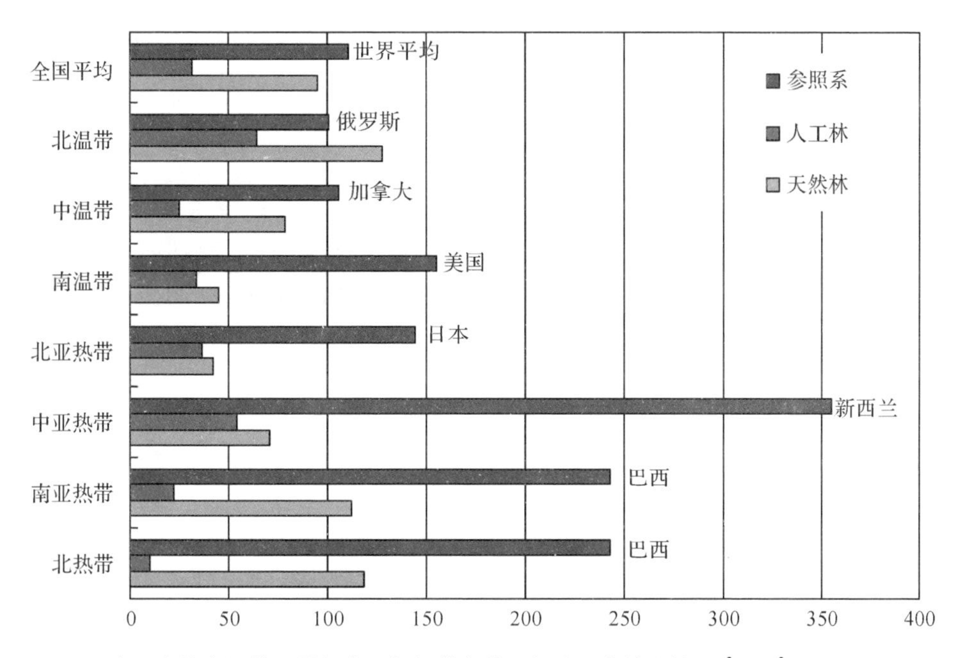

图 9-1　我国森林资源蓄积量与类似气候带条件下相关国家的比较(m^3/hm^2)(FAO, 2010)

表 9-1　中国和美国最近 10 年、20 年和 30 年森林碳汇比较

国家	森林清查方法				InTEC 模型模拟			
	时期	生物量碳汇($Tg\ yr^{-1}$)	平均面积($\times 10^6$ ha)	文献	时期	NBP($Tg\ yr^{-1}$)	面积($\times 10^6$ ha)	文献
中国	1999 - 2008	174. 0	149. 19	Zhang et al., 2013	2001 - 2010	217. 7	170. 90	Zhang et al., 2014; 张春华, 南京大学博士论文, 2014
	1989 - 2008	86. 0	139. 94		1991 - 2010	200. 2	170. 90	
	1977 - 2008	67. 7	133. 48		1981 - 2010	170. 4	170. 90	
美国	1999 - 2008	147. 0	254. 35	Pan et al., 2011	2001 - 2010	230. 5	316. 04	Zhang et al, 2012
	1989 - 2008	132. 5	251. 47		1991 - 2010	222. 7	316. 04	
	1977 - 2008				1981 - 2010	225. 9	316. 04	

注：森林清查方法的结果仅包括森林清查资料中的林分部分；InTEC 模型模拟时采用的的森林分布数据是遥感分类数据，森林面积比森林清查数据中的林分面积大，模型结果包括森林植被和土壤两部分的碳汇。

说明：中国森林生物量碳汇的计算采用的是生物量转换因子连续函数方法。为了提高计算结果的可靠性，收集了来自文献的 3543 个实测生物量样地数据，将全国森林林分类型分为 30 种，确定各森林类型林分生物量与蓄积量之间的转换参数，而以往的研究采用的是基于758组生物量样地数据建立的21种森林类型的生物量与蓄积量之间的转换参数。关于中国森林生物量碳汇的文章2013年发表于Climatic Change(Zhang et al., 2013, Climatic Change)。

在计算美国森林碳汇时，采用的森林年龄数据森林清查资料和遥感历史干扰数据生成(Pan et al., 2011)，森林NPP随年龄变化曲线根据样地观测数据确定(He et al., 2012)，关于美国森林碳汇的研究结果于2012年发表于JGR(Zhang et al., 2012)。

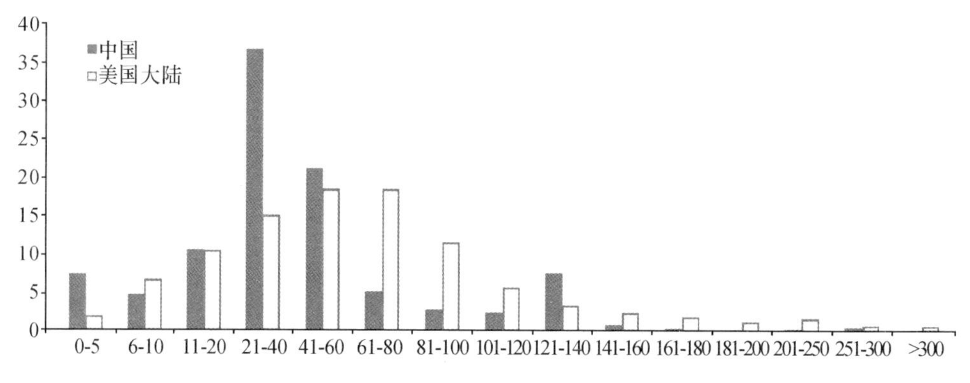

图9-2　中国和美国大陆不同林龄组的森林面积比例

第二节　中国林业碳管理展望

中国林业碳管理应以国家应对气候变化规划(2014～2020年)为指导，按照林业“双增”目标和“中国国家自主贡献”林业目标的具体任务，认真落实《应对气候变化林业行动计划》提出的政策措施，结合林业中长期发展规划，依托林业重点生态工程，扩大森林面积，提高森林质量，强化森林生态系统、湿地生态系统、荒漠生态系统保护力度。采取更加有效的措施，增加投入，创新机制，着力加强森林经营和保护，增强森林生态系统整体服务功能，特别是碳储功能，为维护生态安全、确保林业双增目标的顺利实现，捍卫国家在应对气候变化国际谈判中的话语权和主动权，为我国经济社会的可持续发展赢取更大的发展空间做出新的更大贡献。

(1)加大森林植被恢复力度，加强森林保护和管理。落实《中华人民共和国国民经济和社会发展第十三个五年规划纲要》中的林业发展约束性指标，即2020年森林覆被率达到23.04%，森林蓄积量达到165亿立方米的任务，继续实施好现有林业重点生态工程，落实《全国造林绿化规划纲要(2011—2020)》，深入开展全民义务植树活动。有效增加森林面积，提高森林质量、增加碳储量。同时，强化森林保护和管理，除每年安排森林抚育任务外，重视改进森林采伐作业工序，保护林地植被和土壤，减少因采伐对地被物和森林土壤的破坏；加强对森林火灾、病虫害的防控；严格控制乱征乱占林地等毁林活动，控制林地向非林地流转。通过综合治理，控制和减少毁林和林地退化造成的碳排放。此外，加大木材利用和发展生物质能源。通过改革木材采伐审批制度、加快工业人工林建设，促进使用木材替代能源密集型材料的补贴政策，提倡"以木代塑、以木代钢"；发展林业生物质能源，延伸森林储碳功能。

(2)加快林业应对气候变化战略研究和部署。充分重视2005年全面禁止对天然林进行商品性采伐的国家政策，结合15年来国家天然林保护工程的成果，尽快编制国家REDD+国家战略，进一步落实国家温室气体减排中林业的贡献，也向国际社会展示中国减少森林采伐增汇减排的具体行动，为中国参加国际气候谈判涉林议题争取更多的话语权。此外，将森工企业减少天然林商品性采伐整体纳入国家碳交易体系。制定相应交易规则、编制相关方法学。促进减少采伐量中符合要求的项目成为碳汇减排量进入交易，推动天然林保护工程区以碳汇为主的生态产品交易。

(3)加强应对气候变化的林业科学与工程技术研究。切实加大对林业应对气候变化科研支持力度，深入开展森林对气候变化响应的基础研究、林业增汇减排的技术潜力与成本效益分析、森林灾害发生机理和防控对策研究，以及森林、湿地、荒漠、城市绿地等生态系统的适应性研究。利用遥感数据、生态定位观测数据，完善与国际接轨的国家林业碳汇计量与监测技术体系；开展林业碳汇天地一体化计量与监测体系关键技术研究；开展全国森林生态系统碳汇时空格局变化规律研究；开展中国森林经营活动碳汇动态变化的影响力研究等。

(4) 加快技术标准体系建设和方法学的开发力度。将林业碳汇标准体系建设纳入国家温室气体减排标准体系规划中，并将已经编制的标准按程序审定为行业或国家标准，同时，积极筹备建立全国林业碳汇与林产品储碳标委会，以促进中国应对气候变化利用林业碳汇的国家行动。同时，编制和申报新的方法学。如文中前面介绍的已经编制的《灌木碳汇造林方法学》、《城市森林碳汇项目方法学》等，尽快修改完善上报国家发改委。转化一些国际方法学为国内所用。如可将国际志愿碳标准（VCS）中减少森林采伐、森林管理和保护等方法学转化为国内 CCER 林业碳汇项目方法学，以弥补目前国内碳交易市场 CCER 林业项目缺乏的方法学，满足国内碳市场林业碳汇交易项目之用。

（5）加强中国林业碳汇交易国家战略研究。加强中国林业碳汇与全国碳排放源（汇/源）平衡研究。在《森林法》修改中明确林业碳汇的功能与作用，并借鉴新西兰林业碳汇交易经验，将中国林业纳入国家正在制定的全国碳交易体系的配额管理，推动更多林业碳汇进入交易，降低工业企业碳减排成本，促进全国碳市场发育。依托全国林业碳汇和工业排放数据，提出国家、省（区）、市、县、企业等碳汇/源平衡的政策建议，包括林业碳汇减排量抵减企业碳排放、林业碳汇在今后实施环境税或碳税中享受优惠政策等；针对国际谈判林业议题，研究碳汇列入国家承诺减排总比列中的必要性，利用林业碳汇为我国争取更大的碳排放空间，为国家经济社会可持续发展做出更大贡献。

参考文献

1. 联合国，联合国气候变化框架公约

[EB/OL]. http：//unfccc. int/resource/docs/convkp/convchin. pdf.

2. 联合国．京都议定书

[EB/OL]. http：//unfccc. int/resource/ docs/convkp/kpchinese. pdf.

3. IPCC 第四次评估报告，2007

4. 国家发改委．应对气候变化国家方案[R]. 北京：国家发展和改革委员会，2007.

5. 国家林业局．应对气候变化林业行动计划[R]. 北京：国家林业局，2009：16.

6. 国家林业局．林业应对气候变化“十二五”行动要点[R]. 北京：国家林业局，2011.

6. 李怒云．中国林业碳汇．北京：中国林业出版社，2007.

7. 李怒云，吕佳．林业碳汇计量．北京：中国林业出版社，2008.

8. 李怒云．中国林业碳管理的探索与实践．当代中国生态学研究，李文华主编．科学出版社．

9. 李怒云，吴水荣．森林碳伙伴基金运行模式及对中国的启示．林业经济，2013，8，10－13.

10. 李怒云．2012. 加快林业碳汇标准化体系建设 促进中国林业碳管理．林业资源管理 2012 年 4 期，P1－6.

11. 李怒云．陆霁．2012. 林业碳汇与碳税制度设计之我见．中国人口、资源与环境，第 5 期，P110－113.

13. 李怒云，李金良．2012. 中国绿色气候基金的建立与实践 2012 年绿皮书 社会科学文献出版社．

14. 李怒云，何宇 . 2012. 低碳创新 中国绿色碳汇基金会在行动，低碳创新论，P389 - 403 人民邮电出版社 .

15. 李怒云 . 2010. 林业在发展低碳经济中的地位与作用 . 林业经济(1)：23 - 28.

16. 李怒云 . 2010. 发展碳汇林业，应对气候变化 . 水土保持科学 8：13 - 16

17. 李怒云 . 2009，7，解读“碳汇林业”中国发展

18. 李怒云，何 宇 . 2009. 气候变化与碳汇林业概述 . 开发研究 3：94 - 97

19. 李怒云 . 2008. 简论国际碳市场和中国林业碳汇交易市场 . 中国发展 3：34 - 36.

19. 李怒云 . 2008. 中国绿色碳基金的创建与运营 . 林业经济，7

20. 李怒云，徐泽鸿等 . 2007. 中国清洁发展机制造林项目优先发展区域选择与评价 . 林业科学 43：5 - 9.

21. 肖艳，李晓雪 . 新西兰碳排放交易体系及其对我国的启示 . 北京林业大学学报：社会科学版，2012，11(3)：62 - 68.

22. 陈洁民 . 新西兰碳排放交易体系：现状、特色及启示 . 国际经济合作，2012，(11)：35 - 39.

附件 1

应对气候变化林业行动计划

国家林业局

二〇〇九年十一月六日

目　录

六、突出重点，增加对林业应对气候变化主要行动的资金支持

七、服务大局，积极开展林业应对气候变化相关的国际合作

第一部分　导言

自20世纪70年代以来，以变暖为主要特征的全球气候变化[①]问题受到了国际社会的日益关注，成为当今国际政治、经济、环境和外交领域的热点问题。

2007年，政府间气候变化专门委员会[②]（以下简称IPCC）正式发布了全球气候变化第四次评估报告，再次用大量数据证实：全球气候变化是一个不争的事实。未来100年，全球气候还将持续变暖，将对自然生态系统和人类生存产生巨大影响。导致全球气候变暖的因素包括自然和人为两大类，但主要是由于工业革命以来，人类大量使用化石能源、毁林开荒等行为，向大气中过量排放二氧化碳等温室气体[③]，导致大气中二氧化碳等温室气体浓度不断增加、温室效应不断加剧的结果。根据IPCC气候变化第四次评估报告：全球大气中二氧化碳浓度已从工业化前的280ppm[④]增加到了2005年的379ppm，导致全球气温在过去100年里约增加了0.74℃，造成海平面上升、山地冰雪融化、降雨量分布和频率及强度发生显著变化、极端天气事件不断增加，并对全球自然生态系统和人类社会可持续发展构成了严重威胁。如果不采取有效措施控制温室气体排放，大气中温室气体浓度将会继续上升，这将使全球平均温度到2100年上升1.4－5.8℃，给全球自然生态系统和人类生存与发展带来不可逆转的影响[⑤]。

全球气候变暖也正在对我国产生明显影响。气象观测数据表明：近百年来，我国地表平均气温升高了0.5－0.8℃。尤其是近50年来，我国地表平

---

① 《联合国气候变化框架公约》定义的气候变化是指：除在类似时期内所观测的气候的自然变异之外，由于直接或间接的人类活动改变了地球大气的组成而造成的气候变化。

② 政府间气候变化专门委员会（IPCC）是1988年由世界气象组织（WMO）和联合国环境规划署（UNEP）共同成立的政府间组织，其作用是在全面、客观、公开和透明的基础上，对全球气候变化进行评估。

③ 可导致大气增温的气体统称温室气体，温室气体种类很多。在《联合国气候变化框架公约》下，目前主要将二氧化碳（CO_2）、甲烷（CH_4）、氧化亚氮（N_2O）、氢氟碳化物（HFCs）、全氟化碳（PFCs）、六氟化硫（SF_6）列为管制的温室气体。其中，以二氧化碳为主。

④ ppm指百万分之一。

⑤ 参考IPCC气候变化第四次评估报告有关内容。

均气温约增加了1.1℃，每10年约增加0.22℃，明显高于全球或北半球同期平均地表气温的增温幅度。20世纪50年代以来，我国沿海地区的海平面每年上升1.4–3.2毫米，渤海和黄海北部冰情等级下降，西北冰川面积减少了21%，西藏冻土减薄达4–5米，一些高原内陆湖泊水面升高，青海和甘南牧区草地产草量下降。20世纪80年代以来，我国春季物候期提前了2–4天，北方干旱受灾面积扩大，南方洪涝加重，海南和广西海域近年来还出现了珊瑚白化现象等[①]。

为了维护全球生态安全和人类经济社会可持续发展，必须从减缓和适应两个方面积极应对全球气候变暖。减缓主要是指在工业、能源等生产过程中，采取提高能效、降低能耗等措施减少温室气体排放，或者通过发展和保护森林等措施增加对温室气体的吸收，以降低大气中温室气体浓度，减缓全球气候变暖趋势。适应主要是指主动采取措施，增强自然生态系统和人类对气候变暖的适应能力，防止或减少气候变暖的不利影响。

作为发展中国家，我国不承担温室气体量化减排任务。但我国政府深刻认识到，应对全球气候变化、维护全球生态安全，是全人类的共同责任；控制和减少温室气体排放符合建设资源节约型、环境友好型和低耗能、低排放社会的长远发展目标，也是落实科学发展观、实现经济社会可持续发展的内在要求。

多年来，我国政府十分重视应对气候变化工作。早在1990年2月，国务院就专门成立了气候变化对策协调小组，负责协调、制定与气候变化相关的政策和措施，协调小组办公室日常工作由中国气象局承担。1998年后，国务院对气候变化对策协调小组进行了调整，协调小组办公室日常工作改由国家发展和改革委员会承担，负责制定国家应对气候变化的重大战略、方针和政策，协调解决应对气候变化工作中的重大问题。2007年再次调整，成立了国家应对气候变化及节能减排工作领导小组，温家宝总理任组长，国家发展和改革委员会仍承担领导小组办公室日常工作。目前，应对气候变化工作涉及国内20个部门和单位。

为切实履行《联合国气候变化框架公约》（以下简称《公约》）义务，向国际社会阐明我国应对气候变化的政策主张，2007年6月，国务院发布了《中国应对气候变化国家方案》（以下简称《国家方案》）。《国家方案》提出了林

① 参考《气候变化国家评估报告》，科学出版社。

业增加温室气体吸收汇、维护和扩大森林生态系统整体功能、构建良好生态环境的政策措施。在《国家方案》公布后不久，就召开了国家应对气候变化及节能减排工作领导小组会议，对贯彻落实《国家方案》进行了总体部署，对各地各部门贯彻落实《国家方案》提出了具体要求。2007 年，胡锦涛主席在第 15 次亚太经济合作组织(以下简称 APEC)会议上，提出了建立“亚太森林恢复与可持续管理网络”的重要倡议，被国际社会誉为应对气候变化的“森林方案”。国家林业局积极行动，于 2007 年 7 月成立了国家林业局应对气候变化和节能减排工作领导小组及其办公室，积极开展工作，并着手组织编制《应对气候变化林业行动计划》(以下简称《林业行动计划》)，以贯彻落实《国家方案》中赋予林业的任务，指导各级林业部门开展应对气候变化的相关工作。

第二部分　林业与气候变化

一、森林在应对全球气候变化中具有独特作用

森林是陆地最大的储碳库和最经济的吸碳器。据 IPCC 估算：全球陆地生态系统中贮存了约 2.48 万亿吨碳，其中 1.15 万亿吨碳贮存在森林生态系统中。森林通过光合作用吸收二氧化碳，放出氧气，把大气中的二氧化碳固定在植被和土壤中，这个过程被称为碳汇。科学研究表明：林木每生长 1 立方米蓄积量，平均约吸收 1.83 吨二氧化碳，放出 1.62 吨氧气。全球森林对碳的吸收和储量占全球每年大气和地表碳流动量的 90%。森林的碳汇功能和其他许多重要的生态功能一样，对维护全球生态安全、气候安全发挥着重要作用。

森林锐减是导致全球气候变化的重要因素之一。全球气候变暖主要是大气中二氧化碳等温室气体浓度升高导致温室效应的结果。大气二氧化碳浓度升高，有两个主要原因，一是大规模燃烧化石能源，排放二氧化碳；二是全球森林锐减，释放二氧化碳。目前，全球森林已从人类文明初期的约 76 亿公顷减少到 38 亿公顷。联合国《2000 年全球生态展望》指出，全球森林减少了 50%。现在，森林减少的趋势仍在继续。联合国粮食与农业组织(以下简

称 FAO)的报告显示：2000—2005 年间，全球年均毁林[①]面积为 730 万公顷。

恢复和保护森林是缓解全球气候变化最根本的措施之一。IPCC 在 2007 年发布的第四次全球气候变化评估报告中指出：与林业相关的措施，可在很大程度上以较低成本减少温室气体排放并增加碳汇，从而缓解气候变化。围绕《京都议定书》第二承诺期谈判，许多国家和国际组织都在积极倡导通过恢复和保护森林生态系统，来缓解气候变化。

同时，气候变化又严重影响了森林。森林生长自始至终受到光照、温度、水分和风等自然因素的影响，这些因素都和气候有着紧密联系。因此，需要积极提高森林适应气候变化的能力，减少气候变化对森林的不利影响，维持森林良好的生态功能。

二、我国林业建设成就及对减缓全球气候变化的贡献

我国政府历来高度重视发展和保护森林。自 1978 年以来，先后在三北（东北、西北、华北）、沿海、平原、长江中上游、太行山、京津周围、淮河和太湖流域、珠江流域、辽河流域等地区实施了一系列区域性防护林体系建设工程。1998 年调整林业发展布局后，启动试点并相继实施了天然林保护、退耕还林、京津风沙源治理、三北和长江等地区防护林建设、速生丰产林基地建设以及野生动植物保护六大工程。截至 2008 年，六大工程完成造林面积 5153.74 万公顷(含封山育林 1475.38 万公顷)。总投资 2781.26 亿元，其中，国家投资 2416.36 亿元[②]。1981 年以来，我国持续开展了全民义务植树运动。截至 2008 年底，全国共有 115.2 亿人次义务植树 538.5 亿株，城市绿化覆盖率由 1981 年的 10.1% 提高到 35.29%，人均公共绿地面积由 3.45 平方米提高到 8.98 平方米，促进了城乡绿化，改善了人居环境[③]。

为了保护森林，我国先后出台了 9 部林业法律、15 部林业行政法规、43 部林业部门规章、300 余件地方性法规规章，形成了以《森林法》、《野生动物保护法》、《防沙治沙法》为核心的森林资源保护法律体系和以林政管理为主体，资源监测、监督为两翼的森林资源管理体系。多次实施了打击乱砍滥伐、乱征乱占林地、湿地等违法犯罪行为的专项行动。2001 – 2008 年，全

① 《公约》下所涉及的毁林是指有林地转化为非林业用地的情况。如林地转化为农地、牧地或城市基础设施建设用地等。

② 引自《中国林业统计年鉴(2008)(国家林业局)》，中国林业出版社。

③ 引自《2008 年中国国土绿化状况公报》，全国绿化委员会办公室 2009 年 3 月 11 日发布。

国共查处各种破坏森林资源案件 331.7 万起。同时，还加大了对森林火灾和病虫害的防控和自然保护区建设力度。目前，全国已建有各种类型自然保护区 2531 个，占国土面积的 15.2%[①]。

通过采取一系列发展和保护森林资源的措施，我国森林面积和蓄积量实现了持续增长。据第六次全国森林资源清查(1999－2003 年)：我国森林面积已达 1.75 亿公顷，森林覆盖率为 18.21%，占世界森林面积的 4.5%，列世界第五；森林蓄积量 124.56 亿立方米，占世界总量的 3.2%，列世界第六。人工林保存面积 0.54 亿公顷，约占全球人工林总面积的 1/3，居世界首位[②]。

我国林业建设成就得到了国际社会的广泛认可。据 FAO《2005 世界森林资源状况》评估报告：2000－2005 年，在全球森林资源继续呈减少趋势的情况下，亚太地区森林面积出现了净增长。其中，中国森林资源的增长在很大程度上抵消了其他地区的高采伐率[③]。FAO《2009 世界森林资源状况》评估报告再次肯定了中国森林资源持续增长的成就[④]。

我国森林面积和蓄积量的持续增长，在增加我国木材自给和改善我国生态环境的同时，也吸收固定了大量的二氧化碳。据专家估算：1980－2005 年，我国通过持续不断地开展植树造林和森林管理活动，累计净吸收二氧化碳 46.8 亿吨，通过控制毁林，减少二氧化碳排放 4.3 亿吨，两项合计 51.1 亿吨[⑤]，对减缓全球气候变暖作出了重要贡献。

森林碳储量反映了森林生态系统吸收固定二氧化碳的总体情况。不同估算方法会导致估算结果有较大差异。方精云院士等利用 1977－2003 年全国森林资源清查数据进行分析表明：自 20 世纪 70 年代末以来，我国森林植被碳库呈现显著增加趋势，单位面积的森林碳密度已由 20 世纪 80 年代初期每公顷 36.9 吨碳增加到 2003 年的 41 吨碳。

对我国森林碳汇未来变化趋势的研究结果虽然因研究方法不同而有差异，但总体趋势是：从 1990－2050 年期间，我国森林的碳储量将会逐步增加。

---

① 参考《中国林业发展报告》(2001－2008)(国家林业局主编)有关部分，中国林业出版社。

② 参考《我国森林资源》雷加富主编，中国林业出版社。

③ 《2005 世界森林资源状况》，FAO。

④ 《2009 世界森林资源状况》，FAO。

⑤ 引自《中国应对气候变化国家方案》。

三、我国林业减缓气候变化途径和潜力初步分析

林业在减缓气候变化中的作用主要是通过增汇、减排、储存、替代四个途径来实现。具体措施包括通过植树造林、植被恢复、可持续经营森林措施增加森林碳吸收；通过合理控制采伐、减少毁林、防控森林火灾与病虫害，减少源自森林的碳排放；通过增加木质林产品使用，延长木材使用寿命，延长木质林产品储碳期，扩大木质林产品碳储量；利用木质林产品和林木果实，转化为能源以部分替代化石能源，如森林采伐和加工剩余物能源化利用、林木果实转化生物柴油等，将有助于减少化石能源使用量，减少碳排放。我国发展林业生物质能源具有较大潜力，应积极开发和利用。

(一)通过植树造林，扩大森林面积，增加碳汇。与主要发达国家和一些发展中国家相比，我国森林覆盖率较低。我国尚有0.57亿公顷宜林荒山荒地、0.54亿公顷左右的宜林沙荒地、相当数量的25度以上的陡坡耕地和未利用地都可用于植树造林。同时，通过提高现有林地使用率，发展农田林网等途径，扩大我国森林面积尚有较大空间。根据《中共中央　国务院关于加快林业发展的决定》中所确定的林业中长期发展目标，到2050年，我国森林覆盖率将由现在的18.21%提高到26%以上。届时，森林碳储量将会得到较大提高。

(二)通过提高现有森林质量增加碳汇。我国现有森林资源平均蓄积量约为每公顷84立方米，每公顷林分年均生长量约为3.55立方米，大多数森林属于生物量密度较低的人工林和次生林。专家分析：我国现有森林植被资源的碳储量只相当于其潜在碳储量的44.3%。因此，通过合理调整林分结构，强化森林经营管理，在现有基础上，完全有可能将单位面积林分生长量提高1倍以上，从而大大增加现有森林植被的碳汇能力。

(三)通过加强森林保护，减少森林碳排放。首先，通过严格控制乱征乱占林地等毁林活动，减少源自森林的碳排放。我国历次森林资源清查结果表明：我国每年因乱征乱占林地而丧失的有林地面积约100万公顷左右。因此严格控制乱征乱占林地等毁林行为，对控制碳排放具有较大潜力。同时，在森林采伐作业过程中，通过采取科学规划、低强度的作业措施，保护林地植被和土壤，可减少因采伐对地被物和森林土壤的破坏而导致的碳排放。其次，发生森林火灾和病虫害都会导致储存在森林生态系统中的碳在短时间内释放到大气中。因此，通过强化对森林中可燃物的有效管理，建立森林火

灾、病虫害预警系统等措施，有效控制森林火灾和病虫害发生频率和影响范围，将会减少森林碳排放。

（四）通过保护湿地和控制林地水土流失，减少温室气体排放。首先，湿地土壤中储存着大量的有机碳，若遭受破坏，其储存的有机碳就会分解，并向大气中排放二氧化碳等温室气体。我国现有100公顷以上的各类湿地总面积3848万公顷。由于经济社会发展，大量湿地退化或被占用。加大湿地保护力度，可以减少因湿地破坏而导致的温室气体排放。其次，森林土壤中也储存了大量有机碳，约占整个森林生态系统碳储量60%以上。通过加大生物措施，控制林地水土流失，有助于保护林地土壤，促进和加速森林土壤发育，促使非森林土壤转化为森林土壤，提高森林土壤固碳能力。

（五）通过发展林木生物质能源替代化石能源，减少碳排放。林木生物质原料通过直接燃烧、木纤维水解转化为乙醇、热解气化以及利用油料能源树种的果实生产生物柴油等途径，都可以部分替代化石能源，减少温室气体排放。据统计，我国每年有可以能源化利用的森林采伐和木材加工废弃物3亿多吨，如果全部利用，约可替代2亿吨标准煤。同时，利用现有宜林荒山荒地和盐碱地、矿山复垦地等难利用地，还可定向培育一部分能源林，扩大林木生物质替代化石能源的比例，有利于减少我国温室气体排放总量。

（六）通过适当增加木材使用，延长木材使用寿命，增加木质林产品碳储量。木材在生产和加工过程中所耗能源，大大低于制造铁、铝等材料导致的温室气体排放。用木材部分替代能源密集型材料，不但可以增加碳贮存，还可以减少使用化石能源生产原材料所产生的碳排放。研究表明：用1立方米木材替代等量水泥、砖等材料，约可减排0.8吨二氧化碳当量，还节约了能源，又减少污染。木制品只要不腐烂、不燃烧，都是重要碳库。专家初步测算：从1961到2004年期间，我国木制品碳储量约达12~18亿吨二氧化碳当量，这是林业对减缓气候变化的重要贡献。

四、气候变化对我国林业发展的影响

发展林业有助于减缓气候变化。气候变化会引起温度、湿度、生长季节、降水和蒸发等气候因子的变化，特别是极端天气发生频率的增加，会对林业发展构成现实和潜在影响。根据我国《气候变化国家评估报告》，气候变化对我国森林和林业发展的主要影响是：未来气候的持续变暖，将会对我国森林生态系统稳定性、结构和功能产生不利影响。

从植被分布看，将可能导致我国东部亚热带、温带地区的植被普遍北移，物候期提前，主要造林树种北移，并对生物多样性构成威胁。从森林生产力看，气候变暖虽然可能会使我国森林生产力呈现不同程度的增加，但不会改变我国森林生产力目前的地理分布格局。热带、亚热带大部分地区的森林生产力增幅只有1%；寒温带和西南亚高山林区森林生产力增幅可达10%；而暖温带、温带森林生产力增幅可能在2%－8%之间。从动植物生境看，一些珍稀树种如秃杉、珙桐的分布区和大熊猫、滇金丝猴、藏羚羊等濒危野生动物栖息地将缩小，一些适应能力差的物种将加速灭绝。从森林灾情看，气候变化会导致我国区域气候特征和规律发生异常变化，加剧森林火灾发生频度和强度，如雷击火发生次数增加，防火期延长，极端火险条件和严重程度加剧等，将直接危害森林生长，并可能破坏森林生态系统结构和功能。同时，气候变暖还会使森林病虫害分布区向北扩大，发生期提前，世代数增加，发生周期缩短，发生范围和危害程度加大。同时，还会加重外来入侵病虫害危害程度，并通过影响病原体存活和变异以及媒介昆虫孳生分布和流行病学特征等，导致带菌者和疾病分布的纬度上移，对野生动物生存繁衍造成不利影响。从旱涝变迁看，在未来气候变暖情形下，我国西部沙漠和草原将可能会略有退缩而被草原和灌丛取代，但气候变暖将加剧冻土退化、冰川退缩和水资源短缺，进一步影响内陆河流。极端干旱和亚湿润干旱区将大幅度增加，全国荒漠化和水土流失总面积将呈扩大趋势。从湿地功能看，气候变暖将导致北方河流断流、湖泊萎缩、水库蓄水量减少、海平面上升，进一步导致湿地面积缩减，功能下降，沿海地区红树林生态系统将受到较大损害。

由于我国森林资源总量不足，随着工业化、城镇化进程加快，在气候变暖情景下，林地、湿地、沙地保护压力加大，将给植树造林和生态恢复带来严重挑战。因此，必须采取有效措施增强森林适应气候变化的能力。森林生态系统适应气候变化能力的提高，也有助于进一步增强森林减缓气候变化的能力。

第三部分　应对气候变化的国际进程与林业

一、应对气候变化国际进程中的林业问题

1992 年，在巴西召开了首届联合国环境与发展大会，通过了《公约》，确立了“将大气中温室气体的浓度稳定在防止气候系统受到危险的人为干扰的水平上”的目标。《公约》于 1994 年正式生效。中国是《公约》缔约方之一。

为了实现《公约》目标，各国都要履行《公约》义务，积极采取减缓和适应措施，不断增强应对气候变化的能力。由于排放到大气中的温室气体主要源自发达国家的历史排放，本着“共同但有区别的责任”的原则，发达国家缔约方应率先减排。1997 年 12 月，在日本京都召开的《公约》第三次缔约方大会上通过了《京都议定书》，首次以法律形式规定《公约》附件一国家(包括主要工业化国家和经济转轨国家，统称发达国家)在 2008－2012 年期间，要把本国温室气体排放量在 1990 年的基础上平均减少 5.2%。

为了帮助附件一国家完成他们在《京都议定书》中承诺的减排任务，《京都议定书》规定发达国家可借助三种灵活机制来履约，这三种灵活机制是排放贸易、联合履约和清洁发展机制。其中，排放贸易和联合履约实质上是发达国家之间的温室气体排放权交易，而清洁发展机制则是指发达国家可以通过和发展中国家合作开展减排或增汇项目，以获得核证减排量，用于抵消《京都议定书》为发达国家规定的减排量。清洁发展机制的实质是发达国家向发展中国家购买温室气体排放权，要求发达国家要以输入资金和技术转让等形式，在发展中国家施项目，在从发展中国家获得温室气体排放权的同时，要推进发展中国家经济社会可持续发展。

通过林业活动增加碳汇、减少排放，历来都被作为履行《公约》和《京都议定书》的重要措施。鉴于《京都议定书》规定了发达国家在 2008－2012 年间的减排任务，在《京都议定书》通过后，各缔约方就如何通过林业活动来帮助发达国家完成减排任务进行了长时间谈判，最终形成了一系列缔约方大会决定。归纳起来，有两种方式：一是发达国家可以利用本国 1990 年以来的林业活动产生的碳汇来抵消其 2008－2012 年间的温室气体排放量；二是发达国家可以利用清洁发展机制，购买发展中国家实施造林、再造林项目产生的碳汇减排量，来部分抵消其在 2008－2012 年期间的部分温室气体排放

量。按照缔约方大会有关决定，发达国家利用林业碳汇可完成《京都议定书》为本国规定的减排任务的20% ~30%左右。由于林业碳汇成本较低，这减轻了发达国家履行《京都议定书》减排承诺的压力。

与此同时，热带地区的一些发展中国家长期以来面临着严重的毁林困扰。IPCC评估报告表明：全球毁林排放的二氧化碳多于交通部门，是位居能源、工业之后的全球第三大温室气体排放源，约占全球温室气体总排放量的20%左右。经过一系列谈判，2007年底在印度尼西亚巴厘岛召开的《公约》第13次缔约方大会，将减少发展中国家毁林和森林退化导致的碳排放等相关内容纳入了《巴厘行动计划》。如何发挥发展中国家林业在减缓气候变化中的重要作用已成为未来全球减缓气候变化共同行动的重要组成部分。

总之，林业和气候变化之间的密切联系，使得在应对气候变化的国际进程中，不论是帮助发达国家完成其承诺的量化减排指标，还是进一步推进发展中国家参与减缓全球气候变化行动，林业始终都承担着重要任务。可以预见，这将给林业发展带来诸多挑战和机遇。

二、气候变化给林业发展带来的挑战

（一）气候变化将对我国森林生产力、物种分布和生态系统稳定性产生重要影响。如果不能很好地防控气候变化对森林的不利影响，森林不仅不能起到减缓气候变化的作用，还会加剧气候变暖趋势，进而影响森林自身的健康发展。近年来，气候变暖导致我国许多地区的森林火灾和病虫害发生频率和强度呈加剧趋势，西部干旱和半干旱地区水资源短缺状况日趋严重等。总体上，气候变化将加大我国森林资源保护和林业发展的难度。

（二）气候变化将加剧土地类型和不同利用方式间的矛盾。评估表明：气候变化可能对我国农业生产布局和结构产生很大影响，导致种植业生产能力下降。在人口数量增加的情况下，将意味着有更多的森林或林业用地面临被毁或征占用于粮食和畜牧业，势必加剧不同土地利用方式间的矛盾，这将加大林业部门管理森林和林地的难度，对通过扩大森林面积增加碳汇构成了制约。

（三）气候变化对全球木质和非木质林产品以及森林生态服务的供给产生影响。大量研究表明：虽然通过林业措施减缓气候变化可带来多重效益，有助于降低减缓气候变化的成本，但也会导致土地利用格局的变化。在应对气候变化背景下，如何平衡森林提供林产品和包括增加碳汇在内的各种生态产品的需求，并为当地林业经营者提供持续有效的激励，就需要对我国现行林业政策、体制和机制进行改革和创新。

（四）随着《公约》谈判进程的不断深入，减少发展中国家毁林和森林退化造成的碳排放等行动将逐步纳入减缓气候变化的范畴，势必增加森林采伐和利用的成本，将在一定程度上加大我国进口木材成本，对我国利用境外森林资源形成制约。这对我国调整完善林业相关政策措施，提高木材自给能力，提出了新要求。

三、应对气候变化给林业带来的发展机遇

（一）IPCC 第四次评估报告认为：林业是当前和未来 30 年乃至更长时期内，技术和经济可行、成本较低的减缓气候变化重要措施，可以和适应形成协同效应，在发挥减缓气候变暖作用的同时，带来增加就业和收入、保护水资源和生物多样性、促进减贫等多种效益。在气候变化大背景下，宣传林业减缓气候变化的作用，有助于促进全社会重新认识森林价值和林业工作的重要性，形成全社会重视林业、发展林业的良好氛围。

（二）《公约》和《京都议定书》下的创新机制，为促进林业发展提供了新机遇。尤其是基于排放权交易的碳市场的产生和发展，有助于对碳排放行为进行市场定价，通过价格机制既能约束排放主体的排放行为，又能降低全球温室气体减排总成本。林业碳汇是全球碳交易的组成部分。通过碳市场，开展碳汇交易，实现林业碳汇功能和效益外部性的内部化。从近期看，有助于将森林生态效益使用者和提供者的利益有机地结合起来，进一步完善生态效益补偿机制。从长远看，则有助于推进林业发展投融资机制的改革和创新。

（三）根据《巴厘行动计划》，减少发展中国家毁林和森林退化导致的碳排放，以及通过森林保护、可持续经营和造林增加碳汇已成为 2012 年后发展中国家在更大程度上参与减缓气候变化行动的重要内容。发展中国家在这方面能否采取有效行动，将取决于发达国家在多大程度上为发展中国家提供资金和技术支持等。因此，将林业纳入应对气候变化国际和国内进程，将为林业发展提供新的机会。

（四）充分发挥林业在应对气候变化中的作用，不仅涉及造林、森林经营，还涉及通过发展林木生物质能源替代化石能源和利用木材替代化石能源生产的原材料等方面。如利用油料能源林生产的果实榨油可转化为生物柴油；利用定向培育的能源林、林区采伐剩余物、木材加工废料等可直燃发电

或供热；利用林木半纤维素转化为乙醇燃料可作为第二代生物燃料；利用木材可直接替代部分化石能源生产砖、钢材、铝材、玻璃等原材料。这些不仅可以大大降低温室气体排放，也可以为促进林业乃至经济社会可持续发展提供新的增长点。

（五）按照《京都议定书》规定，我国正在积极参与实施清洁发展机制下的造林、再造林项目。这不仅为我国引入了一定数量的造林资金，也为熟悉相关国际规则，开展碳汇计量、监测、核查、交易等提供了经验，有助于增强参与实施碳汇项目的能力，为借助市场机制进一步完善森林生态价值补偿制度，扩大造林绿化资金渠道，加快我国造林绿化步伐提供借鉴。

总之，在气候变化大背景下，林业发展既面临着重大挑战，也面临着战略机遇。气候变化将进一步促进各国政府更多地关注林业，加快林业管理制度改革和林业发展机制创新。主动抓住机遇，积极应对挑战，将给各国林业发展带来新动力。

第四部分　林业应对气候变化的指导思想、基本原则和主要目标

一、指导思想

以科学发展观为指导，按照《国家方案》提出的林业应对气候变化的政策措施，结合林业中长期发展规划，依托林业重点工程，扩大森林面积，提高森林质量，强化森林生态系统、湿地生态系统、荒漠生态系统保护力度。依靠科技进步，转变增长方式，统筹推进林业生态体系、产业体系和生态文化体系建设，不断增强林业碳汇功能，增强我国林业减缓和适应气候变化的能力，为发展现代林业、建设生态文明、推动科学发展作出新贡献。

二、基本原则

（一）坚持林业发展目标和国家应对气候变化战略相结合。确定林业发展目标要充分考虑国家应对气候变化战略，把增强林业经济、生态和社会功能与增强森林减缓和适应气候变化的能力有机统一起来。在制定各级应对气候变化战略和政策中，将林业作为重要措施加以重视和支持。

（二）坚持扩大森林面积和提高森林质量相结合。一方面要继续通过扩

大森林面积，加大退化湿地恢复和沙化土地的治理力度，增加林业碳汇；另一方面，要努力提高单位面积森林的年生长量和固碳能力，通过科学经营森林，将生物量和碳密度较低的林分，逐步转变为生物量和碳密度较高的林分，全面增强我国现有森林资源的固碳能力和相关的综合效益。

（三）坚持增加碳汇和控制排放相结合。既要通过扩大森林面积，加大退化湿地恢复和沙化土地的治理力度，以及提高现有森林质量，增加林业碳汇，又要积极采取措施，保护森林、湿地和荒漠生态系统的资源，防止森林、湿地和荒漠生态系统遭受破坏而导致储存在这些生态系统中的碳被重新排放到大气中。

（四）坚持政府主导和社会参与相结合。既要发挥政府在推进林业发展中的主导地位，又要继续坚持全民参与、全社会办林业的做法。通过多种形式，调动企业、团体、组织和个人积极参与植树造林和保护森林、增加碳汇等应对气候变化的行动。

（五）坚持减缓与适应相结合。既要通过增加森林碳汇、减少森林碳排放来增强林业减缓气候变化的作用，又要高度重视林业适应气候变化的能力，将适应作为增强林业减缓气候变化的基础加以重视，使林业减缓和适应气候变化之间形成协同效应。

三、主要目标

（一）总体目标。推进宜林荒山荒地造林，扩大湿地恢复和保护范围，加快沙化土地治理步伐。继续实施好天然林保护、退耕还林、京津风沙源治理、速生丰产用材林、防护林体系建设工程和生物质能源林基地建设；努力扩大森林面积，增强我国森林碳汇能力；重视和加强森林可持续经营，提高单位面积林地的生产力，增强单位面积森林的年生长量和固碳能力；采取有力措施，加大森林火灾、森林病虫害、野生动物疫源疫病防控力度，合理控制森林资源消耗，打击乱砍滥伐和非法征占用林地和湿地行为，切实保护好森林、荒漠、湿地生态系统和生物多样性，减少林业碳排放。积极强化林业生产中的适应性管理措施，努力提高林业适应气候变化能力，充分发挥林业在应对气候变化国家战略中的作用。

（二）阶段目标①。分三个阶段性目标：

① 15 参考《我国可持续发展林业战略研究总论》和《林业发展“十一五”和中长期规划》相关部分。

1. 从现在起到2010年，年均造林(含封山育林)面积400万公顷[①] 16以上，全国森林覆盖率达到20%，森林蓄积量达到132亿立方米。生态环境特别恶劣的黄河、长江上中游水土流失重点地区以及严重荒漠化地区的治理初见成效，国家重点公益林保护面积达到0.51亿公顷，50%的自然湿地得到有效保护，人工林良种使用率达到50%。届时，森林碳汇能力将得到较大增长。

2. 2011－2020年，年均造林(含封山育林)面积500万公顷以上，全国森林覆盖率增加到23%，森林蓄积量达到140亿立方米。新增沙化土地治理面积占适宜治理面积的50%以上，约1.1亿公顷国家重点公益林得到有效保护，60%以上的自然湿地得到良好保护，人工林良种使用率达到65%。实现2020年森林面积比2005年增加4000万公顷，森林蓄积量比2005年增加13亿立方米的目标。届时，我国森林生态系统整体固碳功能将进一步增强，森林碳汇能力将得到进一步提高。

3. 到2050年，比2020年净增森林面积4700万公顷，森林覆盖率达到并稳定在26%以上，典型生态系统得到良好保护，适宜治理的沙化土地基本得到治理，全国自然湿地得到有效保护、恢复和合理利用，全国人工林基本实现良种化，林业发展重点转向全面开展森林可持续经营阶段，森林碳汇能力保持相对稳定。

第五部分　林业应对气候变化的重点领域和主要行动

为了充分发挥林业在应对气候变化中的独特作用，根据我国林业可持续发展战略、林业中长期发展规划以及《国家方案》对林业发展的总体要求，从提高林业减缓和适应气候变化两个方面确定了以下重点领域和主要行动。

一、林业减缓气候变化的重点领域和主要行动

领域一：植树造林

行动1：大力推进全民义务植树。各级政府要继续按照全国人大《关于开展全民义务植树运动的决议》和国务院《关于开展全民义务植树运动的实施办法》，把开展好全民义务植树纳入重要议事日程，层层落实领导责任制。

① 16参考1999－2003年第六次全国森林资源清查结果。

要认真落实属地管理制度，强化乡镇政府和城市街道办事处组织实施义务植树的职能，确保适龄公民履行义务。要加强对各部门、各单位履行义务情况的检查和监督，探索和丰富义务植树活动的实现形式，努力提高全民义务植树尽责率。要进一步调动各部门、各单位和社会各界参与造林绿化的积极性，重点抓好城市、绿色通道、村庄和校园绿化工作。

行动2：实施重点工程造林，不断扩大森林面积。天然林保护工程要切实巩固现有建设成果，继续限制项目区内天然林的商品性采伐，加强项目区内宜林荒山荒地造林，对现有天然林实施全面有效保护。

退耕还林工程要进一步加强检查验收、政策兑现、确权发证、效益监测和后期管护工作，落实基本农田建设和相关成果巩固配套政策，搞好工程质量评价，在巩固工程建设成果的基础上稳步有序推进。

京津风沙源治理工程要加强项目区内荒山荒地造林和沙化土地治理，大力推广先进实用技术与治理模式，认真执行禁止滥开垦、滥放牧、滥樵采制度，加强林分抚育和管护工作，切实巩固工程治理成果。

"三北"防护林工程要突出防沙治沙和水土流失治理，构建完善的"三北"地区农田防护林体系，重点抓好区域性防护林体系和示范区建设，进一步调动全社会力量，努力建设生态经济型防护林体系，构筑稳固的北方地区生态屏障。

长江、珠江、沿海防护林和太行山、平原绿化工程要根据不同区域的治理要求采取不同措施。长江防护林要加强对鄱阳湖、洞庭湖流域和三峡、丹江口库区水土流失治理，搞好低效林改造，巩固建设成果；珠江防护林要突出石漠化治理，加大封山育林力度，建设高效水源涵养林和水土保持林；沿海防护林要以现有森林资源为基础，进一步拓宽和完善沿海基干林带，重点加强红树林保护、恢复和管理力度，力争实现全面恢复和保护沿海红树林区及其湿地环境，提高沿海地区抵御海洋灾害的能力，最大限度地减少海平面上升造成的社会影响和经济损失；太行山绿化要着眼于建设华北平原的生态屏障，搞好河源区水源涵养林建设和保护；平原绿化要重点建设华北、东北等平原地区的高标准农田防护林，加快村屯绿化、四旁植树、平原农田林网更新改造步伐，抓好绿色通道工程建设。

重点地区速生丰产林基地建设工程要积极鼓励林产加工等用材企业发展原料林基地，建立大径材培育基地和竹林培育基地，推动林纸、林板一体化建设。构建速生丰产用材林绿色产业带及国家木材储备基地。组织编制和落实省级工程建设规划，完善速丰林技术标准，提高工程建设质量。逐步增强人工用材林的碳汇能力。

行动3：加快珍贵树种用材林培育。在适宜地区，结合工业原料林基地、天然林保护和退耕还林工程，积极建立珍贵树种用材林培育基地。针对天然林中的珍贵树种资源进行高效栽培和可持续利用，有目的地培育珍贵天然用材林和其他用途的森林资源。优化珍贵树种用材林培育技术，选择优良林型，合理调控林分密度，优化林分结构，提高林分光能利用率和林分生产力。

领域二：林业生物质能源

行动4：实施能源林培育和加工利用一体化项目。尽快实施《全国能源林建设规划》。一是要充分利用山区、沙区等边际土地和宜林荒地，大力发展小桐子、黄连木、文冠果、光皮树等木本油料树种，建设一批以生产生物柴油为目的的油料能源林示范基地，重点抓好与中国石油天然气集团公司等合作的生物质能源项目。二是要充分利用退耕还林、防沙治沙工程发展起来的灌木资源，以及主伐、间伐、木材加工剩余物，加工成用于直燃发电或供热的高效固体成型燃料。三是要积极支持开发生物质能高效转化发电技术、定向热解气化技术和液化油提炼技术，逐步形成原料培育、加工生产、市场销售、科技开发的“林能一体化”格局。

领域三：森林可持续经营

行动5：实施全国森林可持续经营项目。以提高现有森林年生长量为目标，制定和实施“人工商品林经营规划”。以提高森林生态功能为目标，制定和实施“全国重点公益林经营规划”。在国家和省级层面上，重点落实分区施策、分类管理，按照不同自然、地理特点和经济状况进行区划，合理划定公益林和商品林。针对不同区域、不同类型森林采取相应的管理政策。在县级层次上，重点开展森林经营规划，明确各类森林培育方向和经营模式。在经营单位层面上，重点编制和实施森林经营方案，将不同经营措施落实到山头地块，把主要经营任务落实到年度。在林分经营层面上，充分运用现代森林经营技术和手段，最大限度地提高林地生产力，使不同林分的目标效益最大化。在实施森林可持续经营项目中，要建设一批示范点，探索不同条件下的森林经营模式，积极推广森林可持续经营指南，建立符合我国林业发展特点的森林可持续经营指标体系。认真执行《森林经营方案编制与实施管理办法》和《生态公益林抚育技术规程》等技术规定，强化森林健康理念，不断提高森林生态系统的抗逆性和稳定性，充分发挥现有森林资源的碳汇潜力。

行动6：扩大封山育林面积，科学改造人工纯林。封山育林是一种成本较低、活动过程中温室气体排放较低的森林恢复方式。要尽可能地扩大封山育林面积，加快次生林恢复的进程。要加强对现有人工林的经营管理，对人工纯林进行适度的“抽针补阔”，逐步解决“过密、过疏、过纯”问题。尽可能避免长期在相同的立地上多代营造针叶纯林。要根据未来气候变化情景，尽量避免在我国气候带交错区域营造大面积人工纯林，努力增强人工纯林抗御极端和灾害性天气的能力。

领域四：森林资源保护

行动7：加强森林资源采伐管理。严格执行林木采伐限额制度，对公益林和商品林采伐实行分类管理。公益林要完善森林生态效益补偿基金制度，确保稳定高效地发挥其生态效益。商品林尤其是速生丰产用材林和工业原料林，要依法放活和优先满足其采伐指标。要修订《森林采伐更新管理办法》和相关采伐作业规程，促进森林资源利用管理的科学化和法制化。要在科学区划的基础上，针对不同区域，按照林业发展布局和森林主体功能要求，实行不同的采伐管理模式，将森林采伐管理与分区施策以及森林经营方案结合起来，做到有效保护和科学经营森林资源。

行动8：加强林地征占用管理。科学编制“林业发展区划”和“全国林地保护利用规划纲要”，明确不同区域林业发展的战略方向、主导功能和生产力布局。强化林地保护管理，把林地与耕地放在同等重要位置，采取最严格的保护措施，建立和完善林地征占用定额管理、专家评审、预审制度。实施林地保护利用规划和林地用途管制。严格执行征占用林地的植被恢复制度，做到林地占补平衡。最大限度的减少林地征占用造成的碳排放。

行动9：提高林业执法能力。逐步建立起权责明确、行为规范、监督有效、保障有力的林业行政执法体制，充分发挥各级林业主管部门及其森林公安、林政稽查队、木材检查站、林业工作站以及广大护林员队伍的作用，加强森林资源保护。要加大执法力度，依法严厉打击各类破坏森林资源的违法行为。对森林资源管理混乱、破坏严重的地区，要定期或不定期地开展专项整治行动。对一些重大、典型案件要一查到底，决不姑息。

行动10：提高森林火灾防控能力。坚持“预防为主、积极消灭”的原则，采取综合措施，全面提升森林火灾综合防控水平，最大限度地减少森林火灾发生次数，降低火灾损失。认真贯彻落实《森林防火条例》，加强以森林防火指挥为核心的应急管理组织体系建设。组织实施《全国森林防火中长期发展规划》，改善森林防火装备和基础设施建设水平，大力加强森林消防专业队伍建设，加快生物防火隔离带建设步伐，提高火灾应急处置能力。加强火险预报，建立森林火险预警体系和分级响应机制。加强防火宣传、火源管理、隐患排查等防范措施，不断提高全民防火意识，减少人为火灾的发生，推动森林防火由盲目设防、应急扑救为主向主动设防、有准备扑救的转变，实现“打早、打小、打了”。加大对森林防火新技术、新装备的研发引进力度，逐步扩大灭火飞机、全道路运兵车等大型灭火装备的应用范围，增强森林大火的扑救能力。加强与周边国家的联系与协商，建立突发自然火灾紧急互助机制。

行动11：提高森林病虫鼠兔危害的防控能力。坚持“预防为主、科学防控、依法治理、促进健康”的方针，做好森林病虫鼠兔危害的防治工作。修订《森林病虫害防治条例》。加强和完善应急管理和对松材线虫病、美国白蛾、椰心叶甲、红脂大小蠹、松突圆蚧、杨树蛀干害虫等重要外来有害生物和有重要影响的本土病虫害的除治。制定和实施全国林业有害生物防治2008－2015年建设规划。全面加强森林病虫鼠兔危害的监测预报工作以及1000个国家级中心测报点的建设和管理。加强和国家气象主管部门的合作，增强监测预报的科学性、时效性和准确性。加强森林病虫害的检疫执法，与海关部门密切合作，严防外来有害生物的入侵。

领域五：林业产业

行动12：合理开发和利用生物质材料。要抓好生物质新材料、生物制药等开发和利用工作。制订生物质材料开发利用规划。落实《林业产业政策要点》，避免低水平重复，控制高耗能高污染企业，促进林业循环经济发展。要在巩固木材传统应用领域的基础上，通过木质产品性能改良，积极扩大木材在建筑、包装、运输和能源等领域的应用，大力发展木质结构材。在乡村、城郊和风景区等土地资源相对丰富区域，积极推进木结构房屋的建设。大力发展性能优良的木质人造板，积极扩大木材特别是竹材在建筑门窗、墙体材料、建筑模板、集装箱底板等方面的应用。拓展木材产品应用范围，适度倡导以木材产品部分替代化石能源产品。

行动13：加强木材高效循环利用。积极推进木材工业“节能、降耗、减排”和木材资源高效、循环利用，大力发展木材精加工和深加工工业。针对不同树种、不同树龄、不同部位的材性差异，采取不同加工利用技术，发挥木材的最大功能。要利用原木和采伐、造材、加工剩余物，采用新技术，生产木质重组材和木基复合材。积极发展木材保护业，加快推进木材防腐和人工林木材改性产业化，实现木材保护产品的标准化和系列化，逐步建立和完善木材保护产品质量检验检测体系，改善木材使用性能，延长木材产品使用寿命。要根据《林业产业政策要点》，抓紧制定木材工业实施细则。对限制发展的项目要提出行业准入的具体要求和限制条件。对淘汰的项目要采取得力措施限期淘汰。抓紧制定木材加工业资源综合利用条例、木材综合利用国家标准、木材工业节能降耗标准等一系列促进木材高效循环利用的法律法规和标准。积极推进木材工业企业清洁生产、资源循环利用。加强清洁生产、产品质量和环境认证工作，加强木材高效循环利用监督和产品标识管理，建立绿色环境标志和市场准入制度，从源头上抑制高能耗、高污染、低效益产品的生产。

领域六：湿地恢复和利用

行动14：开展重要湿地的抢救性保护与恢复。重点解决重要湿地的生态补水问题，有计划地开展湿地污染物控制工作，实施湿地退耕(养)还泽(滩)项目，扩大湿地面积，提高湿地生态系统质量。根据湿地类型、退化原因和程度等情况，因地制宜地开展湿地植被恢复工作，提高湿地碳储量。

行动15：开展农牧渔业可持续利用示范。建立国家级农牧渔业综合利用示范区、农牧渔业湿地管护区、南方人工湿地高效生态农业模式示范区、红树林湿地合理利用示范基地，优化滨海湿地养殖，实施生态养殖，促进我国农牧渔业对湿地的可持续利用，减少湿地破坏导致的温室气体排放。

二、林业适应气候变化的重点领域和主要行动

领域一：森林生态系统

行动1：提高人工林生态系统的适应性。尊重自然规律和经济规律，根据未来气候变化情景，从增强人工林生态系统的适应性和稳定性角度，科学规划和确定全国造林区域，合理选择和配置造林树种和林种，注意选择优良乡土树种和耐火树种，积极营造多树种混交林和针阔混交林，构建适应性和抗逆性强的人工林生态系统。同时，在造林过程中，要把营造林技术措施和森林防火有机结合起来，减少森林火灾隐患。要充分考虑林分的长期和短期固碳效果，科学选择强阳性和耐阴性树种，尽可能形成复层异龄林。在干旱和半干旱地区，稳步推进防沙治沙工作，因地制宜地加大人工造林种草、封

山育林育草措施，合理调配生态用水，建立和巩固以林草为主体的生态防护体系。加强人工林经营管理，提高人工林生态系统的整体功能，保护生物多样性。进一步扩大生物措施治理水土流失的范围，减少水蚀、风蚀导致的土壤有机碳损失。

行动2：建立典型森林物种自然保护区。要在现有自然保护区基础上，进一步针对分布在不同气候带的面积较小且分布区域狭窄的森林生态系统类型，以及没有自然保护区保护或保护比例较少的森林生态系统类型，建立典型森林物种自然保护区，尽快将极度濒危、单一种群的陆生野生物种及栖息地纳入自然保护区，优先保护种群数量相对较少、分布范围狭窄、栖息地分割严重的陆生野生动物。按照统一规划、统一管理和按行政区域分块的办法，对属于一个生物地理单元、生态系统类型相同或相近的自然保护区进行系统整合，构建完整的保护网络，保证生态系统功能的完整性，提高自然保护区的保护效率。

行动3：加大重点物种保护的力度。一是对于亟待保护的重点物种，要根据其特点和空缺程度不同，分轻重缓急，采取就地保护措施。二是对于需实行抢救性就地保护的物种，要对尚未纳入自然保护区网络的栖息地或原生地，优先划建自然保护区；没有条件建立规范性保护区的地段，划建保护小区或保护点，由相邻的国家级自然保护区管理；对大部分种群还没有纳入保护区网络的物种，要适度扩大已有自然保护区规模，使全部或大部种群及栖息地得到保护；对一些以保护重点物种为主的地方级自然保护区，在具备一定规模和条件时，可升级为国家级自然保护区。对国家级自然保护区内的栖息地较小的种群，应努力改善和扩大种群栖息地。三是对于需要重点进行就地保护的物种，针对其集中分布的物种，应选择几个国家级自然保护区作为核心保护区。在保护空缺处，根据建设条件，划建新的保护区，扩大受保护种群及栖息地的比例。对迁徙性或活动范围较大的野生动物，在主要栖息地和活动通道上建立自然保护区群，注重保护区之间的连通。四是对生境依赖性强的物种，应加大对所处生态系统的保护来保护、恢复和扩大物种种群及其栖息地。五是对广域分布的物种，有针对性地选择条件较好的自然保护区加以重点建设，提高自然保护区水平。六是对已分布在国家级自然保护区内的物种，应加大对自然保护区建设的投入力度，改善、恢复和扩大栖息地。

行动4：提高野生动物疫源疫病监测预警能力。坚持“加强领导、密切配合，依靠科学、依法防治，群防群控、果断处置”的方针，做好野生动物疫源疫病监测防控工作。进一步加强和完善监测体系建设和应急管理，做好野生动物疫病本底调查。全面加强野生动物疫源疫病监测预警工作和国家级监测站建设和管理。加强与卫生、农业等部门的合作，形成联防联动机制。加强人员培训，做好应急演练。

领域二：荒漠生态系统

行动5：加强荒漠化地区的植被保护。针对分布在大江大河源头，且遭受人为破坏严重的半乔木、灌木、半灌木和垫状小半灌木荒漠生态系统，建立一批自然保护区。在保护西部地区独特的植被资源、提高其适应气候变化的能力的同时，增强这类生态系统碳吸收功能，改善西部地区脆弱的生态环境。保护区发展重点是将还没有建立国家级自然保护区的荒漠植被类型，特别是一些面积较小、分布区域狭窄的荒漠植被类型，全部纳入自然保护区，如白杆沙拐枣荒漠等。

领域三：湿地生态系统

行动6：加强湿地保护的基础工作。开展第二次全国湿地资源调查，全面掌握我国湿地资源的生态特征、社会经济状况、面临的主要威胁和发展趋势，对湿地生态系统储碳量和固碳能力进行调查评估。尽快开展第二次全国泥炭资源调查，摸清我国泥炭资源的分布、储量、保护和开发利用现状及变化趋势等。

行动7：建立和完善湿地自然保护区网络。加强现有湿地自然保护区建设，按照《全国湿地保护工程规划》及《全国湿地保护工程实施规划(2005－2010)》的要求，完善湿地保护基础设施建设，建立健全保护区管理机构，开展社区共管。重点加强对滨海湿地、沼泽湿地、泥炭等湿地类型的保护，发展湿地公园，逐步遏制湿地面积萎缩和功能退化的趋势，形成湿地自然保护网络和较为完整的湿地保护与管理体系。

第六部分　保障措施

一、加强领导，积极开展林业应对气候变化行动

各级林业部门要提高对林业在应对气候变化中特殊地位和作用的认识，将林业工作和应对气候变化工作有机结合起来。要切实加强组织领导，认真履行职责，积极采取措施，结合本地区实际，认真贯彻落实林业应对气候变

化的各项措施和目标，真正发挥林业在减缓与适应气候变化中的作用。

二、强化科技，推进林业应对气候变化科学研究

要针对国家应对气候变化战略确定的林业任务和主要行动开展相关研究。一是要紧跟国际研究前沿，深入开展森林对气候变化响应的基础研究，深入探讨气候变化情景下的森林、湿地和荒漠生态系统的碳、氮、水循环过程和耦合机制；开展人类活动对森林、湿地和荒漠等生态系统碳源/汇功能的影响机制研究。二是要结合我国森林的地理分布区域和生态环境类型特点，加强森林生态系统定位站的规划和建设，强化森林生态系统对气候变化响应的定位观测。通过开展生物多样性、森林火灾和森林病虫害等定位观测技术研究，逐步完善森林生态系统观测网络和监测体系，并在此基础上，加强森林适应气候变化的政策建议、技术选择、成本效益以及适应效果评价等研究，不断提高林业适应气候变化的能力。三是要加强林业碳汇计量和监测体系研究，尽早建立国家森林碳汇计量和监测体系，实现相关数据共享。四是要加强林业减排增汇技术研究。针对林业生物质能源林高效培育、生物柴油提取、木纤维转化乙醇、生物质发电等方面开展合作研究；继续开展重点工程和区域减排增汇潜力与成本效益分析，从碳汇能力、木材供应、水源涵养、生境保护等角度，继续研究相关林种树种搭配模式、多重效益兼顾的栽培和采伐方式、湿地与红树林等生态系统恢复和重建技术、可持续经营技术和农林复合系统的经营技术等。五是加强林业防灾体系研究。要继续研究气候变化情景下的森林火灾和森林病虫害发生机理研究，加大火灾防控新技术、新装备的研发引进力度；提出主要林业有害生物灾害影响和防控对策；加强气候变化下各类野生动物疫病，特别是人兽共患病致病机理的研究，逐步掌握野生动物疫病发病机理和快速诊断、检测关键技术。六是加强气候变化情景下森林、湿地、荒漠、城市绿地等生态系统的适应性问题，提出适应技术对策，开展相关的适应成本和效益分析与评价等。

三、注重培训，提高林业从业人员的工作能力

一是强化应对气候变化相关的专家队伍建设，通过科研立项、建立公平竞争机制等措施，积极鼓励中青年科技工作者积极从事林业应对气候变化相关领域科研，逐步培养一批政治素质高、科研能力强、工作作风实的气候变化专家。二是加强林业应对气候变化相关人员培训。此类培训要和贯彻实施

《全国林业人才工作"十一五"及中长期规划》、《全国林业从业人员科学素质行动计划纲要》、"林业专业技术人才知识更新工程"等紧密结合起来。在林业从业人员中树立可持续发展、节约资源、保护生态、改善环境、合理消费、循环经济等观念。三是要积极组织编写《林业应对气候变化地方领导培训大纲》，将生态系统与气候变化关系、地方政府在加强生态建设与保护、应对气候变化过程中的责任与作用、林业应对气候变化措施等作为开展地方党政领导干部林业专题培训的重要内容，开发相关培训课程和教材。四是积极举办林业应对气候变化专题研讨班和讲座，并将相关内容纳入各类干部职工培训计划。

四、深入宣传，不断提高公众应对气候变化意识

一是广泛开展科普宣传，深化全社会对林业的功能与作用的认识。宣传普及森林培育经营管理知识、森林和湿地的吸碳、贮碳的增汇功能和作用，让公众认识到林业是经济有效的减缓气候变暖的重要措施，在应对气候变化中具有不可替代的重大作用，促进全社会重新审视林业的地位和作用，增强公众的生态意识和保护气候意识，动员更多的人参与到"造林增汇、保林固碳、改善环境、应对气候变化"的行动中。二是搞好动态宣传。积极宣传林业在应对气候变化方面的重要举措和具体行动，以及这些举措在增加森林碳汇、防止水土流失、治理荒漠化、消除贫困、保护生物多样性等方面取得的多重效益。通过多种媒体和手段，促进人们进一步"关注森林"。使林业应对气候变化宣传实现全方位和多视角。三是加强典型宣传。突出宣传各地生态建设的典型，报道重点地区在推进植树造林、改善生态状况等方面取得的变化和经验。结合已成立的中国绿色碳基金，大力宣传各级社会团体、组织和重点企业参与造林绿化、减排增汇的行动。选择并树立一批以实际行动参加林业应对气候变化行动的企业、团体、组织和个人的典型事迹，通过典型带动全社会的行动。

五、创新机制，推进林业改革和应对气候变化工作

一是要贯彻落实《中共中央 国务院关于全面推进集体林权制度改革的意见》，明晰产权"、"完善政策"，给予农民更多的发展权利，增强农民的发展能力，保障农民的合法权益，进一步调动广大林农造林护林和经营森林的积极性。二是要大力支持各类社会主体参与林业建设，以政策为引导，以法

律作保障，鼓励和扶持社团、企业、外商等开展多种形式的造林，不断扩大非公有制造林的数量和规模。三是要制(修)订林业保护法律法规，完善相关配套政策，用法律手段和政策保障促进林业发展。适时修订森林法，争取尽快出台国家湿地保护条例，加大执法力度，扩大社会监督。四是要继续完善各级政府造林绿化目标管理责任制和部门绿化责任制，进一步探索市场经济条件下全民义务植树的多种形式，推动义务植树和部门绿化工作的深入发展。五是要充分发挥中国绿色碳基金平台作用，积极鼓励企业、组织、团体、个人以自愿方式加入中国绿色碳基金。对碳汇计量、监测、注册、登记等工作进行资质管理，逐步建立资质认证制度。

六、突出重点，增加对林业应对气候变化主要行动的资金支持

一是要在公共财政体制下，保持对林业发展和保护工作的持续资金投入。要根据林业应对气候变化的重点领域和主要行动，继续保持和加大公共财政对重点工程造林、森林可持续经营、珍贵树种营造、森林火灾和病虫害预防、野生动物疫源疫病监测防控、森林保护等方面的资金支持力度，确保林业应对气候变化的重点领域和主要行动得到有效实施。二是要多渠道筹集林业发展和保护的资金，积极组织编制林业利用外资的项目规划，引导外资流向林业重点工程，进一步完善国家林业信贷资金投入政策和管理体制。三是支持木材高效循环利用，积极争取国家扶持企业在提高木材综合利用率方面的技术改造。四是要加大对林业应对气候变化所涉及的森林碳汇计量和监测、森林恢复技术、困难立地造林技术、可持续经营综合技术、森林适应性评估等方面的专项科研以及与林业应对气候变化相关的能力建设、宣传培训、国际履约等方面的经费支持。

七、服务大局，积极开展林业应对气候变化相关的国际合作

一是以“亚太森林恢复与可持续管理网络”为平台，积极推进区域性林业国际合作。二是要全面深入地参与《公约》和《京都议定书》国际进程中林业议题谈判活动，积极组织部门内外专家针对林业议题开展谈判对策研究；积极支持我国林业专家参与 IPCC 及相关工作。三是要积极推进开展清洁发展机制下碳汇造林活动，积累项目实施经验，探索借鉴国际机制推进国内造林工作的途径。四是要鼓励开展林业与气候变化相关的双边和多边合作以及对话机制，利用国际合作资源提高推进林业应对气候变化能力建设，积极促

进发达国家先进林业经营理念和经营技术转让。积极争取在援外渠道中，增加与发展中国家在林业应对气候变化领域的合作。

参考文献

FAO. 2011. 2010 年世界森林状况 . FAO 出版 .

IPCC，第三次气候变化评告报告 . 2001.

IPCC 第四次评估报告 . 2007.

方精云 郭兆迪 朴世龙等 . 1981 －2000 年中国陆地植被碳汇的估算，中国科学，2007 年第 37(6)期，第 804 －812 页)

国家发展改革委员会 . 应对气候变化国家方案，2007 年

国家林业局 . 2009. 中国森林资源报告 . 北京：中国林业出版社，P2. P8.

国家林业局 .《碳汇造林技术规定(试行)》中国绿色碳汇基金会网 . 2011 年 9 月 8 日浏览

国家林业局 .《应对气候变化林业行动计划》中国林业出版社 2009，P16

国家林业局网 2011 年 12 月 13 日浏览：2011 中国林业基本情况

国家林业局网 . 2010 年 2 月 13 日浏览：

国家林业局网 . 2011 年 12 月 30 日浏览：前瞻 2012：新任务、新期待

国家林业局网 . 2012 年 2 月 13 日浏览：

国家林业局网 . 国家林业局办公室关于印发《林业应对气候变化“十二五”行动要点》的通知(办造字〔2011〕241 号)2011 年 12 月

李怒云，徐泽鸿，王春峰，陈建，章升东，张爽，侯瑞平 . 2007. 中国清洁发展机制造林再造林碳汇项目优先发展区域选择与评价研究 . 林业科学，43：5 －9.

李怒云，杨炎朝，何 宇 . 2009. 气候变化与碳汇林业概述 . 开发研究，3：(94 －97)

李怒云 . 中国林业碳汇，中国林业出版社，2007.

联合国气候变化框架公约 . 1992.

张小全，武曙红 . 中国 CDM 造林再造林项目指南，中国林业出版社，2006.

《Kyoto Protocol to the United Nations Framework Convention on Climate Change》，1998.

http：//cdm. unfccc. int/Projects/projsearch. html，2012 年 2 月 13 日浏览

附件 2

林业应对气候变化“十二五”行动要点

气候变化是全球面临的重大危机和严峻挑战，事关人类生存和经济社会全面协调可持续发展，已成为世界各国共同关注的热点和焦点。林业是减缓和适应气候变化的有效途径和重要手段，在应对气候变化中的特殊地位得到了国际社会的充分肯定。以坎昆气候大会通过的关于“减少毁林和森林退化造成的碳排放以及加强造林和森林管理增加碳汇(REDD +)”和“土地利用、土地利用变化和林业(LULUCF)”两个林业议题决定为契机，紧紧围绕《中华人民共和国国民经济和社会发展第十二个五年规划纲要》和《“十二五”控制温室气体排放工作方案》赋予林业的重大使命，采取更加积极有效措施，加强林业应对气候变化工作，对于建设现代林业、推动低碳发展、缓解减排压力、促进绿色增长、拓展发展空间具有重要意义。为进一步推进“十二五”期间林业应对气候变化工作，特制定本行动要点。

一、指导思想

坚持以科学发展为主题，以发展现代林业为宗旨，以实现林业“双增”目标为核心任务，以落实《应对气候变化林业行动计划》为总要求，全面实施《林业发展“十二五”规划》，继续推进造林绿化，扩大森林面积，着力加强森林经营，提高森林质量，努力防控森林灾害，切实强化森林、湿地、荒漠生态系统和生物多样性保护，不断增加林业碳储量，提高林业减缓和适应气候变化能力，为促进经济社会可持续发展做出积极贡献。

二、基本原则

(一)坚持林业应对气候变化和国家自主控制温室气体排放行动目标相结合。

(二)坚持林业减缓和适应气候变化相结合。

(三)坚持扩大森林面积、增加碳储量和提高森林质量、增强碳汇能力相结合。

(四)坚持增加森林碳吸收和控制森林碳排放相结合。

(五)坚持政府主导和社会参与相结合。

三、主要目标

根据应对气候变化国家战略总体要求，结合林业发展“十二五”规划，紧紧围绕实现林业“双增”奋斗目标，“十二五”期间，全国完成造林任务3000万公顷、森林抚育经营任务3500万公顷，到2015年森林覆盖率达21.66%，森林蓄积量达143亿立方米以上，森林植被总碳储量达到84亿吨。新增沙化土地治理面积1000万公顷以上。湿地面积达到4248万公顷，自然湿地保护率达到55%以上。林业自然保护区面积占国土面积比例稳定在13%左右，90%以上国家重点保护野生动物和80%以上极小种群野生植物种类得到有效保护。森林火灾受害率稳定控制在1‰以下。林业有害生物成灾率控制在4.5‰以下。初步建成全国林业碳汇计量监测体系。

四、重点领域和主要行动

(一)减缓领域

1. 加快推进造林绿化。实施《全国造林绿化规划纲要(2011－2020年)》，继续推进林业重点工程建设，加大荒山造林力度，大力开展全民义务植树，统筹城乡绿化，推动身边增绿，加快构建十大生态安全屏障。大力培育特色经济林、竹林、速生丰产用材林、珍贵树种用材林等，加快木材及其他原料林基地建设。努力扩大森林面积，增加森林碳储量。

2. 全面开展森林抚育经营。建立健全森林抚育经营调查规划、设计施工、技术标准、检查验收、成效评价管理体系，研究建立森林抚育经营管理新机制。完善森林抚育补贴制度，逐步扩大补贴规模，增加建设内容。积极推进低产林改造，提高森林质量，增强森林碳汇能力。

3. 加强森林资源管理。实施《全国林地保护利用规划纲要(2010－2020年)》，分级编制省、县林地保护利用规划纲要。完善林地保护利用制度和政策，修订《林木和林地权属登记管理办法》、《占用征收征用林地审核审批管理办法》。严格执行“十二五”森林采伐限额制度。规范木材运输和经营加工管理，严厉打击木材非法采伐及相关贸易等违法犯罪行为。

4. 强化森林灾害防控。全面落实《全国森林防火中长期发展规划(2009－2015年)》，强化森林火灾预防、扑救、保障体系建设。落实《森林防火条例》，加强法制建设，推进依法治火。落实《全国林业有害生物防治建设规划(2011－2020年)》，加强林业有害生物检疫御灾、监测预警、应急防控、服务保障体系建设，加强松材线虫病、美国白蛾等重大林业有害生物灾害治理。大力推进实施以生物防治为主的林业有害生物无公害防治措施。依法开展林业执法专项整治行动，遏制毁林行为，加强森林火灾病虫害防控，减少森林碳排放。

5. 培育新兴林业产业。落实《林业产业政策要点》，加快林业产业结构调整，积极推进木材工业"节能、降耗、减排"和木材资源高效循环利用，开发木材防腐、改性等技术，延长木材使用寿命，增加木材及林产品储碳能力。编制实施《林业生物质能源发展规划》，加快能源林示范基地建设，推进林业剩余物能源化利用，开发林业生物质能高效转化技术，培育林油、林热、林电一体化产业，优化能源结构，提高林业生物质能源占可再生能源比例，实现对化石能源的部分替代。

（二）适应领域

6. 科学培育健康优质森林。加强主要造林树种种质资源调查和保护，加大林木良种选育和应用力度，加强林木良种基地建设和良种苗木培育，提高人工林良种使用率。坚持适地适树原则，合理选择造林树种，增加乡土树种造林比例，科学配置林种，优化造林模式，提高造林质量，构建适应性好、抗逆性强的人工林生态系统。调整、优化森林结构，改善森林健康状况，增强森林抵御气候灾害能力。加强防护林体系建设，提高海岸堤带、沙化地区和农田生态系统适应气候变化能力。

7. 加强自然保护区建设和生物多样性保护。优化森林、湿地、荒漠生态系统自然保护区布局，加强重点地区自然保护区、自然保护小区和保护点建设。加强野生动物、野生植物类型自然保护区建设，加大重点物种保护力度，加强生物多样性保护，提高野生动物疫源疫病监测预警能力。加大生态区位重要、生态状况脆弱地区植被保护力度，增强森林生态系统适应气候变化能力。

8. 大力保护湿地生态系统。建立和完善湿地保护管理体系，加强泥炭湿地自然保护区建设，加快湿地公园发展。推进国家湿地立法工作，开展湿地可持续利用示范，加强湿地保护管理，维护湿地生态系统碳平衡，增强湿地储碳能力。

9. 强化荒漠和沙化土地治理。继续实施京津风沙源治理工程，加强林草植被保护，巩固工程建设成果。加大岩溶地区石漠化综合治理力度，有效控制石漠化扩展趋势。在西北干旱区和部分半干旱区规划建设国家级沙化土地封禁保护区，增强荒漠生态系统适应气候变化能力。

（三）能力建设

10. 加强机构和法制建设。建立健全林业应对气候变化协调工作机制，充分发挥我局作为国家应对气候变化工作领导小组协调联络办公室副主任单位的职能，加强与相关部门的协调、联络；充分发挥局气候办的组织、协调、联络、督办职责作用，统筹推进林业应对气候变化工作。加快推进《森林法》修改，积极配合有关部门推进国家应对气候变化立法进程，确立林业在应对气候变化中的特殊地位和重要作用，将林业应对气候变化管理工作纳入法制化轨道。

11. 建立碳汇计量监测体系。加快推进全国林业碳汇计量监测体系建设，开展区域林业碳汇计量监测试点。组建各区域林业碳汇计量监测中心，加强技术培训，建立健全碳汇计量监测机构、队伍和管理体系。加快建立林业碳汇计量监测技术标准体系，结合碳汇造林和森林经营试点，同步推进碳汇计量监测工作。开展木质林产品碳储存、林业生物质能源替代化石能源的碳计量技术研究。开展湿地碳汇计量监测指标体系研究。启动湿地生态系统固碳能力调查评估试点。

12. 探索开展试点示范。继续开展国内碳汇造林试点，积极推进清洁发展机制碳汇造林活动。探索开展林业低碳经济综合试点。结合国家控制温室气体排放和碳排放权交易试点，开展林业碳汇试点示范。开展林业碳汇产权、碳汇交易等相关政策研究和试点。

13. 开展相关科学研究。积极开展既与国际接轨又符合我国林情的林业碳汇计量监测基础课题研究。重点研究森林碳汇的增汇、计量、监测以及森林对气候变化的适应等关键技术，评估林业固碳及生物质利用储碳能力，构建碳汇林业建设与管理技术体系。跟踪国际气候变化林业议题谈判，针对利用“参考水平”核算森林管理活动碳源/汇、湿地管理活动和木质林产品碳源/汇核算、森林火灾和病虫害导致的碳排放核算等焦点问题，开展前瞻性研究，支撑林业议题谈判。

14. 积极推进国际合作。积极开展《联合国气候变化框架公约》和《京都议定书》涉林议题对案研究、谈判及履约工作，主动参与相关国际规则制定，推进双边和多边林业应对气候变化务实合作。切实加强气候谈判队伍建设，建立稳定的谈判梯队，强化谈判力量。进一步加强与联合国相关机构和相关国际组织联系，推进林业应对气候变化国际合作。进一步发挥亚太森林恢复与可持续管理网络的作用，加强亚太地区的林业交流合作。

15. 加强宣传引导。积极配合有关部门做好中国林业对外宣传工作，广泛深入宣传中国林业在应对全球气候变化中的特殊地位和重要贡献，增强我国林业国际影响力和话语权。积极推广应用现代信息技术，减少办公纸张物质资源和能源消耗，建设节能机关。倡导低碳生活和低碳消费，鼓励公众积极参加造林增汇，消除碳足迹。引导公众关注气候变化，增强保护气候意识。

附件 3

2013 年林业应对气候变化政策与行动白皮书

2013 年，是贯彻落实党的十八大精神的开局之年，是全面完成“十二五”规划任务的关键之年。按照党中央、国务院决策部署，国家林业局紧紧围绕国务院《“十二五”控制温室气体排放工作方案》和《林业应对气候变化“十二五”行动要点》，扎实推进林业应对气候变化工作并取得新的进展，为实现林业“双增”目标、增加林业碳汇、服务国家气候变化内政外交工作大局作出了积极贡献。

一、加强宏观指导

2013 年 7 月 20 日，习近平总书记在给生态文明贵阳国际论坛的贺信中指出，“保护生态环境，应对气候变化，维护能源资源安全，是全球面临的共同挑战”。这为进一步做好新形势下林业应对气候变化工作指明了方向。5 月 24 日，国家发展改革委解振华副主任应邀到国家林业局，以“建设生态文明、应对气候变化”为主题作了专题辅导报告，从宏观战略层面深入分析了建设生态文明和应对气候变化的形势任务，为进一步做好林业应对气候变化和林业推进生态文明建设工作提出了目标要求。国家林业局印发了《2013 年林业应对气候变化重点工作安排与分工方案》，明确了 2013 年的重点任务和工作分工，启动实施了 REDD + 行动年，从减缓和适应两个层面统筹部署开展林业应对气候变化各项工作。

二、强化组织领导

根据多哈气候谈判大会后国内外新形势，国家林业局及时组织召开了应对气候变化领导小组第八次会议。为落实领导小组会议精神，认真研究提出了《关于建立林业应对气候变化工作框架的报告》。调整重组了领导小组组成，明确由赵树丛局长担任领导小组组长，印红副局长、张永利副局长担任副组长，国家林业局气候办继续设在造林司，由造林司司长担任气候办主任兼部门联络员。领导小组下设工作组，实行以工作组为责任主体的组长负责制，形成了职责分工更加明确、协调运转更为高效的组织架构。

三、增加森林碳汇

紧紧围绕实现“森林面积净增4000万公顷”的目标，加紧组织实施《全国造林绿化规划纲要(2011－2020年)》，稳步推进造林绿化。2013年，全国完成造林面积9138万亩、义务植树25.2亿株，分别占全年计划101.5%和100.8%。碳汇造林稳步推进，截至2013年，累计在18个省(区、市)完成碳汇造林30多万亩。紧紧围绕实现“森林蓄积量净增13亿立方米”的目标，积极推动森林抚育补贴试点转向全面开展森林经营。下达2013年森林抚育计划1.05亿亩，其中争取中央财政森林抚育补贴资金58亿多元，实际完成森林抚育1.19亿亩，超额完成全年计划任务。按照国务院统一部署，组织制定了森林增长指标监测评估实施方案和森林增长指标中期评估评分手册，开展了国家“十二五”规划纲要中确定的省级森林覆盖率和森林蓄积量两项约束性指标中期评估。结果显示，全国森林面积增加约750万公顷、森林蓄积量增长约6亿立方米，分别超中期预期目标值20%和1倍。在国家控制温室气体排放地方政府试考核评价中，27个省(区、市)森林增长指标获得满分。森林面积进一步扩大，森林质量进一步提高，森林碳汇能力进一步增强，为确保实现林业“双增”目标及为实现国家“40%－45%”目标作出贡献奠定了坚实基础。

四、减少林业排放

全面加强森林管理、湿地保护和荒漠化治理力度，努力减少林业领域的碳排放。一是强化森林资源保护管理。严格实施林地保护利用规划，积极推进林木采伐管理改革，强化森林资源管理和监督执法，坚决遏制林地流失势头，努力减少林地流失和森林资源破坏导致的森林碳排放。二是强化森林防火。2013年，全国发生森林火灾次数、受害森林面积、人员伤亡与前三年同期均值相比，分别下降33.2%、55.1%和23.6%，火灾次数、受害森林面积连续五年下降，有效降低了火灾导致的森林碳排放。三是强化林业有害生物防控。严格落实重大林业有害生物防控责任制，着力应对外来重大有害生物入侵，积极推进有害生物无公害防治，有害生物成灾率连续四年控制在5‰以下，大力减少了林业虫灾导致的森林碳排放。四是强化湿地保护恢复。投入调查人员2.2万多人、资金近4亿元，完成第二次全国湿地资源调查，新增国际重要湿地5处，制定了第一部国家层面的部门规章《湿地保护管理规定》，全面加强自然湿地保护，推进退化湿地恢复，维护湿地碳库总体稳定，减少湿地碳排放。五是强化荒漠化防治。2013 年，在 7 省(区)30 个县启动了沙化土地封禁保护补助试点，遏制人为破坏，促进封禁保护区内植被恢复。启动实施了京津风沙源治理二期工程，扎实推进石漠化综合治理工程，严格实行禁止滥开垦、禁止滥放牧、禁止滥樵采的“三禁”制度，保护林草植被，巩固治理成果，减少人为植被破坏引起的碳排放。

五、推进全国林业碳汇计量监测体系建设

2013 年，林业碳汇计量监测体系建设实现全国覆盖，取得重大进展。一是完成了森林碳汇计量监测基础数据库和参数模型库建设，出台了主要乔木树种的立木生物量模型及碳计量参数，初步建成了全国森林碳汇计量监测体系，具备了运用调查实测成果科学测算我国森林碳储量和碳汇量的能力。二是启动实施省级体系建设试点，编制了《土地利用变化和林业碳监测试点技术方案》，制定了林业应对气候变化相关活动基础数据指标体系，为解决土地利用变化和林业活动引起的碳汇核算奠定了基础。三是编制了《红树林湿地碳监测技术方案》，启动了红树林湿地碳储量调查工作，完成了全国重点省份泥炭沼泽湿地碳库调查准备。四是组织编制了全国林业碳汇计量监测体系建设年度报告和全国林业碳汇计量监测总体方案。五是积极协调推进陆地生态系统碳监测卫星项目立项，取得了积极进展。

六、突出林业应对气候变化技术规范建设

加强技术标准规范建设，建立健全林业应对气候变化技术制度体系。一是为加强林业碳汇相关技术标准规范组织研究和制修订工作，积极协调筹建全国林业碳汇标准化技术委员会。二是组织完成了《碳汇造林技术规程》、《造林项目碳汇计量监测指南》、《立木生物量建模样本采集技术规程》、《立木生物量建模方法技术规程》4 项林业行业标准的制定工作。三是积极协调各方，组织编制完成《碳汇造林项目方法学》、《竹子造林碳汇项目方法学》、《森林经营碳汇项目方法学》三个林业碳汇项目方法学，并备案发布。四是《林业碳汇项目审定核查指南》获得林业行业标准立项。

七、加强林业应对气候变化政策研究

积极探索政策创新研究，努力构建林业应对气候变化政策支撑体系。一

是加强林业碳汇交易政策研究。集中力量研究新西兰碳排放交易计划，开展政策调研，提出了《借鉴新西兰碳排放交易经验，积极推进我国林业碳汇交易工作》的政策建议报告。为加强林业碳汇交易的宏观指导和规范管理，组织起草了《国家林业局关于推进林业碳汇交易工作的指导意见》。

二是加强林业应对气候变化立法研究。积极参与国家应对气候变化立法进程，组织开展了应对气候变化立法林业问题深化研究，加快《森林法》修改进程，在已形成的《森林法修改草案》中拟增加发展碳汇造林、开展碳汇计量监测、推进林业碳汇交易的相关规定。三是积极参与《国家适应气候变化战略》编制。配合国家发展改革委完成了《国家适应气候变化战略》编制工作，明确了林业适应气候变化的重点建设任务和试点示范工程。

八、抓好林业应对气候变化科技支撑

加大科研力度，做实林业应对气候变化科技支撑。一是加强林业响应技术研究。组织开展了森林生态系统对气候变化的响应规律研究、典型湖泊沼泽湿地生态系统服务功能评价研究，科学识别气候变化情景下森林和湿地生态系统生产力变化趋势。二是加强碳汇测算方法研究。开发了区域森林土壤碳储量估算模型，完成了暖温带主要人工林碳估算方法研究，引进了林业碳收支模型、森林生态系统碳循环遥感模型等，进一步完善林业碳汇测算技术。三是加强林业增汇技术研究。完成中国木质林产品碳流动机制研究，筛选和优化增加森林植被与土壤碳储量、减少森林碳排放的经营技术措施。四是加强碳汇管理支撑政策研究。启动了林业适应气候变化对策研究，积极推进 REDD + 国家战略、森林碳汇产权问题深入研究，取得阶段性成果。五是加强生态观测研究平台建设。成立了国家林业局生态定位观测网络中心，2013 年新建生态站 24 个，已建站点达到 140 个，其中森林生态站 90 个、湿地生态站 30 个、荒漠生态站 20 个，为开展相关评估和科学研究提供了重要依据。

九、积极参与履约谈判

积极参与气候变化国际履约谈判工作，服务国家气候外交大局。一是建设性参与 REDD + 议题谈判，为华沙气候大会通过的由 7 个决定组成的“华沙 REDD + 行动框架”做出了积极贡献，体现了资金和技术问题的平衡，标志着 REDD + 议题完成了主要问题的谈判，为发展中国家全面实施 REDD +

行动奠定了基础，被誉为华沙气候大会的重要成果之一。二是准确把握LULUCF议题谈判方向，参加LULUCF全面核算方法相关讨论，为应对发达国家统一2020年后土地利用核算方法研究提出谈判策略，并积极建议将森林管理和植被恢复作为2013－2020年间合格的CDM项目，得到许多国家的支持。三是积极开展林业应对气候变化履约战略研究，完成研究初稿。四是参与开展IPCC第五次评估报告编写、讨论，为第五次评估报告三个工作组报告审评及《2013年京都议定书中经修订的补充方法和良好做法指南》和《2006IPCC国家温室气体清单2013增补指南：湿地》两个重要技术文件出台做出了积极贡献。

十、切实开展机关节能

贯彻落实中央国家机关节约能源资源工作会议精神，组织制定了《国家林业局公共机构节能工作实施意见》和《国家林业局公共机构能源资源消费统计制度实施方案》，确保节能工作落到实处。贯彻落实国管局《关于开展中央国家机关节约能源资源工作考核的通知》要求，抓好国家林业局机关本级和有关直属单位的节约能源资源工作考核检查。继续做好日常节约能源资源工作，加强公共机构用油、用电、用水、用气管理和资源循环利用管理。积极开展能源紧缺体验活动、节能学习宣传工作，组织参观节能环保展览，增强机关节能低碳意识。

十一、认真抓好宣传培训

组织举办了第一届海峡两岸林业碳管理研讨会、第五届中国生态文明与绿色竞争力大会，在华沙气候谈判大会“中国角”举办了首场边会“林业碳汇的产权与标准化”，受到有关方面高度关注。成功举办了第七期全国林业碳汇计量监测技术培训班，参训人员近130人。组织开发了两门林业应对气候变化远程培训课件，实现在线远程授课，成为普及应对气候变化、低碳绿色发展的理念和知识、政策和行动的重要平台。密切跟踪国际生态治理进程和应对气候变化新情况，认真编写《气候变化、生物多样性和荒漠化问题动态参考》，截至2013年已刊出59期，共发布数百条有参考价值的政策信息，影响日益扩大。

附件 4

2015 年林业应对气候变化政策与行动白皮书

2015 年，按照党中央、国务院的决策部署，国家林业局围绕《“十二五”控制温室气体排放工作方案》和《林业应对气候变化“十二五”行动要点》确定的目标任务，扎实开展林业应对气候变化工作，推进各项工作取得了新进展，为应对气候变化、建设生态文明作出了新贡献。

一、围绕国家应对气候变化战略，加强林业应对气候变化宏观指导。认真落实《国家应对气候变化规划(2014—2020 年)》、《国家适应气候变化战略》，制定印发了 2015 年林业应对气候变化重点工作方案，明确了年度重点任务和工作分工。积极参与《强化应对气候变化行动—中国国家自主贡献》编制，提出了 2030 年林业应对气候变化行动目标，并写入中国国家自主贡献文件。配合国家发展改革委开展了 2014 年度各省(自治区、直辖市)碳排放强度(含森林碳汇)目标任务完成情况的考核，促进了林业增汇减排工作。认真落实《关于推进林业碳汇交易工作的指导意见》，积极推进林业碳汇交易，指导北京、辽宁、陕西、重庆等地林业碳汇项目建设。截止到 2015 年底，全国正在履行自愿减排项目备案程序的林业碳汇项目已达到 34 个。组织完成《林业应对气候变化“十三五”行动要点》、《林业适应气候变化行动方案(2016—2020 年)》编制和专家论证，明确了今后五年林业行动的目标、重点任务、保障措施。

二、大力开展造林绿化和森林经营，不断增加森林碳汇。紧紧围绕实现“森林面积净增 4000 万公顷”的目标，大力实施《全国造林绿化规划纲要(2011—2020 年)》，加强造林计划督导，全面推进旱区、京津冀等重点区域造林绿化，扩大新一轮退耕还林还草规模，加快实施石漠化综合治理、京津风沙源治理、三北防护林体系建设、长江流域等重点防护林体系建设、天然林资源保护等林业重点工程。全国共完成造林 664. 37 万公顷，占全年任务的 104. 9%。全面加强森林经营，组织编制了《全国森林经营规划(2016—2050 年)》，着力推进森林经营制度建设，认真落实森林抚育补贴政策，科学开展森林抚育，稳步推进森林经营样板基地建设，全国共完成森林抚育 833. 33 万公顷，超额完成全年计划任务。据联合国粮农组织发布的《2015 年全球森林资源评估报告》，我国已成为全球年度森林面积增长最快、森林蓄积稳定增长的国家。随着我国森林资源增长，森林碳汇能力进一步增强，为全球应对气候变化作出了重要贡献。

三、加强林业资源保护，不断减少温室气体排放。一是强化森林资源保护管理。严格实施林地保护利用规划，积极推进林木采伐管理改革，强化林地用途管制，严厉打击非法侵占林地行为，坚决遏制林地流失势头，努力减少资源破坏导致的森林碳排放。二是加强天然林保护。认真落实习近平总书记“力争把全国的天然林都保护起来”的重要指示精神，落实天然林保护政策，扩大天然林保护范围，加快推进停止天然林商业性采伐。河北省和黑龙江、吉林、内蒙古三省区的大小兴安岭、长白山林区已停止天然林商业性采伐，天然林资源保护工程区管护天然林面积已达到1．154亿公顷，实现森林面积、蓄积双增长，涵养水源、吸收CO2等生态功能明显增强。三是加强自然保护区建设，截止到2015年底，林业系统已建立各级各类自然保护区2228处（含国家级自然保护区345处），总面积达到1．24亿公顷，占国土面积的12．99%，林业建设和管理的自然保护区在数量和面积上均超过全国自然保护区的80%，使中国生物多样性最丰富、自然生态系统最珍贵、生态功能最重要、自然景观最优美的区域得以有效保护。四是加强森林防火。积极应对极端不利的气候形势，提前动员部署，狠抓责任落实，全面实时监测，主动预防预警，组织科学扑救。与2014年同期相比，全国发生森林火灾次数、受害森林面积、因灾伤亡人数分别下降20．7%、32．3%和76．8%，继续呈现“三下降”态势，减少了火灾导致的碳排放。五是强化林业有害生物防治。扎实推进《国务院办公厅关于进一步加强林业有害生物防治工作的意见》（国办发〔2014〕26号）的贯彻落实，认真执行重大林业有害生物防控目标责任制，着力应对重大外来有害生物入侵，深入推进联防联治、无公害防治和重点生态区防治。全国完成林业有害生物防治作业面积813．84万公顷，主要林业有害生物成灾率控制在4．5‰以下，无公害防治率达到85%以上，松材线虫病、美国白蛾、鼠（兔）害等重大有害生物严重危害势头得到有效控制，增强了森林健康，减少了因害造成的碳排放。六是强化湿地保护恢复。认真实施《全国湿地保护工程“十二五”实施规划》，大力推进湿地保护与恢复工程建设，下达湿地保护工程中央预算内投资计划2．37亿元；中央财政落实湿地补贴资金16亿元，实施补贴项目336个，全国新增湿地保护面积40万公顷，恢复湿地面积2万公顷，新增国际重要湿地3处，新建国家湿地公园（试点）137处，通过验收的国家湿地公园46处，湿地生态系统的碳汇功能逐步提升。

四、加快林业碳汇计量监测体系建设，为应对气候变化科学决策提供数据支撑。一是编制印发了《2015 年全国林业碳汇计量监测体系建设工作方案》和林业管理活动水平基础数据统计表。召开了 2015 年全国林业碳汇计量监测体系建设培训会，部署年度计量监测体系建设工作。二是在北京等 18 个省（自治区、直辖市）开展了土地利用变化与林业碳汇计量监测，取得阶段性的成果；在京津冀地区开展 19 处重要湿地生态系统评价，指导辽宁、吉林、黑龙江省完成泥炭沼泽碳库调查，摸清了泥炭沼泽湿地面积、分布等情况；建立和完善了森林下层植被、土壤碳库和湿地碳库的模型参数。三是开展荒漠化土地碳储量专题研究，分析估算 2000 年以来全国荒漠化土地生物和土壤碳储量变化。四是加快碳汇技术标准建设。《林业碳汇计量监测技术指南》、《森林生态系统碳库调查技术规范》、《全国优势树种基本木材密度标准》、《林业碳汇计量监测术语》、《湿地碳汇计量监测技术方案》、《木质林产品贮碳测算技术指南》等一批规范的制定已取得重要成果。五是积极推进碳汇计量监测基础设施建设。按有关部门要求，开展碳卫星先期攻关研究，编制了碳卫星工程需求和任务报告、应用系统方案论证报告。

五、强化应对气候变化政策研究，积极推进林业制度建设。密切跟踪应对气候变化国际热点问题和国内重点工作，开展专题研究，为政府决策提供依据。一是开展“气候变化公约”专题研究，完成了“《UNFCCC》REDD + 保障原则议题”、“从第七轮中美战略对话看中国林业投资和贸易管理新动向”专题研究报告。二是启动了土地利用变化和林业谈判的趋势及对我国影响的对策研究。三是组织开展了 2020 年后林业增汇减排行动目标研究，完成了全国森林碳密度分布图研制，初步完成 2020 年后全国森林增汇和减排途径测算分析，提出主要时间节点森林碳储量和碳汇量等目标。四是组织开展“十三五”林业碳排放配额及其政策研究，完成全国及各省（自治区、直辖市）森林消耗年均碳排放量测算。五是密切跟踪国际生态治理进程和应对气候变化进展，积极参与防治荒漠化公约第十二次缔约方大会等重点谈判与国际会议进程，参与里约三公约（生物多样性公约、防治荒漠化公约、气候变化框架公约）联合履约指标的审定工作，编印 19 期《气候变化、生物多样性和荒漠化问题动态参考》。六是积极参与《国家应对气候变化法》制定、《森林法》修订、《碳排放权交易管理条例》制定，对林业应对气候变化及碳汇计量监测、碳汇造林、碳排放权交易等方面提出了政策建议。

六、着力抓好科技支撑，破解林业应对气候变化科学难题。依托公益性行业专项、948 计划、国家科技支撑等科研平台，围绕适应和减缓气候变化的主要领域、关键技术开展研究，取得了重要进展。一是加强适应气候变化技术研究。开展了西北地区干旱荒漠生态系统对全球气候变化的响应、气候变化对长白落叶松林生态系统净初级生产力的影响、冰雪灾害过后森林植被恢复过程、红树林碳汇生态林建设技术等研究，为生态系统适应气候变化提供了技术支撑；完成了森林火灾风险评估模型与指标体系构建研究，模拟了大兴安岭地区 1971—2050 年 4 种气候情景下林火动态变化，评估了林火扑救能力和气候变化对森林燃烧概率的影响。二是加强碳汇测算方法研究。开展了土地利用、土地利用变化及林业（LULUCF）温室气体排放和吸收评估方法体系、典型湿地碳储量与计量方法、典型森林土壤碳储量分布格局及变化规律、森林火灾碳释放评估技术等研究，促进了林业碳汇计量监测科学化、规范化。三是加强林业温室气体清单编制能力建设。开发中国林业碳计量与核算系统，提高土地利用变化与林业清单编制的规范性和准确性。启动了第三次国家信息通报能力建设 LULUCF 温室气体清单编制项目，为完成第三次林业温室气体清单、第一次“两年更新报告”编制奠定了基础。四是加强生态观测研究平台建设。新发布生态系统定位观测研究站观测行业标准 4 项，生态系统定位观测研究站观测标准总数已达 26 项。新建森林生态系统定位观测研究站 26 个，已加入国家陆地生态系统定位观测研究站的数量达到 166 个，为林业生态建设相关评估和科学研究提供了重要支撑。

七、积极参与气候变化谈判和国际合作，全力促进共同发展。一是积极参与气候变化谈判。积极参与 2015 年巴黎气候大会林业议题谈判，对 2020 年后发挥林业减缓和适应气候变化的作用、林业减缓和适应气候变化行动的透明度、发展中国家林业减缓和适应气候变化的行动支持等协议内容提出了意见。在气候变化框架公约附属科技机构下就 2020 年前发达国家实施《京都议定书》第二承诺期（2013—2020 年）土地利用、土地利用变化和林业活动（LULUCF）涉及的核算方法、清洁发展机制下合格的 LULUCF 活动等相关的技术问题，发展中国家实施减少毁林、森林退化和森林保育、森林可持续经营，以及增加碳储量行动（REDD +）涉及的保护生物多样性等技术问题进行了磋商。二是加强与国际组织的合作。组织专家参加气候变化政府间专门委员会（IPCC）国家清单特设工作组 2006 年国家温室气体清单指南修订工作预备会，积极建言献策；组织专家参加第 13 届亚洲国家温室气体清单编制研讨会，与其他国家的专家进行深入交流与沟通。三是加强中美林业应对气候变化合作。落实中美第七轮战略与经济对话气候变化工作组下的“气候变化和林业”合作计划，在“气候公约谈判中就林业议题开展政策对话”等4个领域开展合作。2015年9月，在北京召开了中美森林、湿地和木质林产品碳估算和报告技术研讨会，双方交流了测量、报告和核查技术，商定了下一步合作的具体事项。四是加强与德国低碳土地利用项目合作。组织双方专家调研，修订《低碳土地整治参考指南》，召开了成果研讨会，并就未来二期合作进行了探讨。

八、加强人才培训和宣传普及，夯实林业应对气候变化工作基础。坚持把人才队伍建设摆在林业应对气候变化工作突出位置，不断加大培养力度。国家林业局举办了第九期林业应对气候变化暨林业碳汇交易培训班，培训省级林业管理人员107人。举办了2015年林业碳汇计量监测体系建设培训班，培训省级技术支撑单位人员110人。在全国林业知识培训班上，专门安排了“林业应对气候变化”专题讲座，培训无林业专业知识背景的林业干部100人。各省(自治区、直辖市)林业厅(局)也举办了林业应对气候变化专题业务培训班，林业干部队伍的业务素质和政策水平不断提高。配合有关部门，完成《中国应对气候变化的政策与行动2015年度报告》、《应对气候变化——中国在行动》宣传片制作和宣传册编写、《第三次气候变化国家评估报告》。在2015年巴黎气候大会现场，主办“应对气候变化的中国林业行动”、“建设碳汇城市应对气候变化”主题边会，大力宣传中国林业在应对气候变化中的地位和作用。在福建省永安市举办了第五届“绿化祖国，低碳行动”植树节全国启动仪式，海口等地20多个分会场同时启动，进一步增强了公众对全球气候变化和生态环境保护的关注度。结合国际森林日、全国低碳日等重要节日，组织开展系列宣传活动，展示中国林业应对气候变化行动和成效。充分利用“中国林业应对气候变化网”加大对社会公众的宣传，营造应对气候变化的良好氛围。

九、着力抓好机关节能减排，积极促进绿色低碳发展。贯彻落实国管局2015年公共机构节约能源资源工作安排，进行了2015年国家林业局公共机构节约能源资源工作部署，研究制定了国家林业局公共机构节约能源资源管理办法，进一步完善监督考核制度，建立电、水、热、污水和雨水精确计量统计信息系统，确保节能工作落到实处。做好日常节约能源资源工作，加强机关用油、用电、用水、用气管理和资源循环利用管理。认真抓好节约型公共机构示范单位创建，以及建筑节能、节能技术和产品推广、节水和资源循环利用、可再生能源应用、绿色消费以及管理监督等重点工作。积极开展节能学习培训、宣传工作，认真组织节能环保参观展览，不断增强机关干部职工节能低碳意识，切实形成国家林业局机关节能环保和绿色发展的浓厚氛围和良性机制，以实际行动为林业应对气候变化工作作出应有贡献。

附件5

中国企业境外可持续森林培育指南

前　　言

为维护全球生态环境，促进社会和经济的可持续发展，维护中国负责任大国形象，指导中国企业采取可持续方式进行境外森林培育开发活动，制定《中国企业境外可持续森林培育指南》（简称《指南》，下同）。《指南》为境外从事森林培育活动的中国企业提供行业规范和自律依据。

《指南》由6部分组成，内容分别是：范围、定义、法律法规框架、营造林、生态保护和社区发展。

《指南》附录A列出了我国签署的具有约束力的相关国际公约与协议。附录B为《指南》的用词说明。

《指南》由中华人民共和国国家林业局植树造林司提出。

《指南》由中华人民共和国国家林业局植树造林司归口。

《指南》由中华人民共和国国家林业局负责解释。

《指南》起草单位：中华人民共和国国家林业局调查规划设计院、营造林质量稽查办公室。

《指南》主要起草人：李怒云　刘道平　翟洪波　刘德晶　陈嘉文　张志　闫　平　陈　勇　石　田　桑轶群

《指南》审核专家：蒋有绪　李育材　孙　贺　魏殿生　翟明普　赵中南　李智勇　张艳红　靳芳　张忠田　韩　峥

《指南》为2007年8月27日首次发布。

中国企业境外可持续森林培育指南

1　范围

1.1　《指南》规定了可持续森林培育应遵循的基本原则，以及中国企业为实现可持续森林培育应达到的基本要求。

1.2　《指南》适用于规范和指导境外进行营造林的中国企业森林培育活

动的全过程，适用于评估从事与森林培育相关的中国企业的活动，也可以用于指导提供非木质林产品及其它服务的中国企业。

2 定义

2.1 森林培育(Silviculture)

指从林木种子、苗木、造林到林木成林、成熟的整个培育过程中按既定培育目标和客观自然规律所进行的综合培育活动。

2.2 中国企业(Chinese Enterprises)

指具有法人资格的从事森林培育和相关活动的企业。

2.3 高保护价值森林(High Conservation Value Forest)

高保护价值森林是一片需要维持或提高其保护价值的具有以下特征的森林区域：具有全球性、区域性或国家意义的生物多样性价值显著富集的森林区域；具有全球性、区域性或国家意义的大景观水平的森林区域；拥有珍稀、受危胁或濒危生态系统或者包含其中的森林区域；满足当地社区基本需求的重要森林区域；对当地传统社区文化特性有重要意义的森林区域。

2.4 森林监测(Forest Monitoring)

对森林状况、经营活动及其环境和社会影响进行持续不断或定期的测定与评估。

2.5 森林破碎化(Forest Fragmentation)

指任何导致连续的森林覆盖转化为被非林地分割的森林斑块的过程。

2.6 入侵物种(Invasive Species)

指同时具备下列条件的物种：(1)通过有意或无意的人类活动而被引入一个非本源地区域；(2)在当地的自然或人造生态系统中形成了自我再生能力；(3)给当地的生态系统或地理结构造成了明显的损害或影响。

3 法律法规框架

3.1 应遵守我国和所在国签署的相关国际公约和协议。

3.1.1 应遵守我国和所在国所签署的与森林培育有关的国际公约和协议的有关条款(见附录A)。

3.2 应遵守我国政府主管部门制定的关于企业对外经济技术合作的有关法律、法规、部门规章和相关文件的规定。

3.3 应遵守所在国相关的法律、法规。

3.3.1　应备有所在国现行的与森林培育活动相关的法律、法规文本。

3.3.2　森林培育活动应符合所在国有关法律、法规的要求。

3.3.3　管理人员和职工应了解有关法律、法规的要求。

3.3.4　应了解所需缴纳的税费，并应依法按时缴纳税费。

3.3.5　应依法采伐，严禁毁林和其它未经许可的活动。

3.3.6　应依法保护林地，严格保护高保护价值森林，严禁非法转变林地用途。

4　营造林

4.1　应制定和执行森林培育方案，确定森林培育的目标和措施。

4.1.1　应根据当地林业主管部门制定的林业长远规划以及当地条件，制定和执行森林培育方案。

4.1.1.1　应具有适时、有效的森林培育方案。

4.1.1.2　应以本单位掌握的最新森林资源清查数据编制森林培育方案。

4.1.1.3　森林培育方案及其附属文件应包括以下内容：

(1)森林培育活动目标，包括调查资源结构和优化培育模式；

(2)自然社会经济状况，包括森林特别是高保护价值森林资源、环境限制因素、土地利用及所有权状况、社会经济条件、社会发展与主导需求、森林培育活动沿革，以及邻近土地的概况；

(3)林业生产的总体布局；

(4)森林培育体系和营林措施，包括种苗生产、更新造林、抚育间伐、林分改造等；

(5)森林采伐和更新规划，包括年采伐面积、采伐量、采伐强度、出材量、采伐方式、伐区配置和更新作业等；

(6)森林和环境保护规划，包括森林有害生物防治、森林防火、水土保持、化学制剂和有毒物质的控制，以及林地占用等；

(7)野生动植物保护规划，特别是珍稀、受威胁及濒危物种；

(8)多种经营和林产品加工规划设计；

(9)重要非木质林产品培育、保护与利用的经营规划和措施；

(10) 基本建设和林道规划；

(11) 森林培育活动效益和风险评估；

(12) 森林生态系统的监测措施；

（13）与森林培育有关的必要图表；

（14）应符合所在国其他方面的具体要求。

4.1.1.4 应根据森林培育方案，制定年度作业计划。

4.1.2 应适时修订森林培育方案。

4.1.2.1 应及时了解与本地区森林培育相关的科学技术发展信息以及政策。

4.1.2.2 应根据森林资源的监测结果、新的科技信息和政策，以及环境、社会和经济条件的变化，适时修订森林培育方案。

4.1.3 森林作业与作业设计应保持一致。

4.1.3.1 应按作业设计开展森林培育活动。

4.1.3.2 在保证森林培育更有利于实现经营目标和保证森林生态完整性的前提下，可对作业设计做适当调整。

4.1.3.3 作业设计的调整内容应备案。

4.1.4 应对林业职工进行必要的培训和指导，使他们具备正确实施作业的能力。

4.1.4.1 应具有对职工进行培训和指导的机制。

4.1.4.2 应确保林业职工受到良好培训，了解并掌握作业技术。

4.1.4.3 应具有专业技术人员对职工的野外作业提供必要的技术指导。

4.1.5 应向当地社区或有关方面公告森林培育方案的主要内容。

4.2 应按照可持续发展的原则开展造林、营林生产活动，培育、保护和发展森林资源，开发多种林产品。

4.2.1 森林培育应力争实现稳定的经济效益，确保维持森林生态系统生产力的必要投入。

4.2.1.1 应充分考虑到森林培育成本和管理运行成本的承受能力，在经济上可行。

4.2.1.2 应保证对可持续森林培育的合理投资规模和投资结构。

4.2.2 鼓励开展林区多种经营，可持续利用木材和非木质林产品，如林果、油料、食品、饮料、药材和化工原料等，促进当地经济发展。

4.2.3 对种子苗木的引进、生产及经营应遵守所在国的相应法规，保证种子和苗木的质量。

4.2.3.1 林木种子、苗木的引进、生产及经营应符合所在国家相关法律法规的要求，如《森林法》、《种子法》、《植物检疫法》等。

4.2.3.2　从事林木种苗生产、经营的单位，应按照当地林业行政主管部门的规定生产和经营。

4.2.4.3　在种苗调拨和出圃前，应按所在国有关技术标准进行质量检验，填写种子、苗木质量检验证书。

4.2.3.4　引进林木种子、苗木和其他繁殖材料，应具有所在国相应林业主管部门开具的引进林木种子、苗木和其它繁殖材料的检疫审批单。

4.2.4　应按照经营目标因地制宜选择造林树种，优先考虑当地适生树种，特别是乡土树种，慎用外来树种。造林后应对其生长情况、有害生物和对生态环境产生的影响等进行监测。

4.2.4.1　应根据经营目标和适地适树的原则选择造林树种。

4.2.4.2　应优先选择乡土树种造林。

4.2.4.3　应监测外来物种成活率、保存率、有害生物和环境影响。

4.2.5　应在符合当地立地条件和经营目标的前提下，开展造林设计和作业。

4.2.5.1　造林设计应符合经营目标并规定合理的造林、抚育、疏伐、主伐和更新计划。

4.2.5.2　应严格按照造林设计进行施工作业并进行全过程监控。

4.2.5.3　宜采取下列一种或多种森林培育措施，促进林分结构多样化和加强林分的稳定性：

(1)使用多树种，合理营造混交林；

(2)经营设计避免短期内集中砍伐；

(3)多龄级或分期造林；

(4)合理配置林种比例；

(5)营造防护林带。

4.2.5.4　森林培育活动宜有利于景观和生境多样化。

4.2.5.5　森林培育布局和规划宜有利于维持自然景观的价值和特性。

4.2.5.6　森林培育宜促进同龄林逐步向异龄林和多种生境结构转化。

4.2.6　应依法进行森林采伐和更新，木材和非木质林产品消耗率不得高于再生能力。

4.2.6.1　应依据用材林年消耗量低于年生长量，以及合理经营和可持续利用的原则，制定年采伐计划和年采伐限额，报相应林业主管部门审批。

4.2.6.2　应具有年木材采伐量和采伐地点的记录。

4.2.6.3　对森林进行采伐和更新应符合所在国家有关森林采伐作业规程的要求。

4.2.6.4　对非木质林产品的利用不应超过其可持续利用所允许的水平。

4.2.7　应有利于天然林的保护与更新。

4.2.7.1　应采取有效措施促进恢复和保护天然林。

4.2.7.2　不宜将天然林转化为人工林经营。

4.2.8　应尽量减少对资源的浪费和破坏。

4.2.8.1　应采用对环境影响最小的森林培育活动作业方式，减少对森林资源和环境的破坏。

4.2.8.2　应提高木材采伐和造材过程中的木材综合利用率。

5　生态保护

5.1　生物多样性保护

5.1.1　应制定保护珍稀、受威胁和濒危动植物物种及其栖息地的措施。

5.1.1.1　应确定出森林培育范围内需要保护的珍稀、受威胁和濒危动植物物种及其栖息地，并在图上标注。

5.1.1.2　应根据具体情况，划出一定的保护区域，作为保护珍稀、受威胁和濒危动植物物种的栖息地。若不能明确地划出保护区域，则对每种森林类型应保留足够的面积。对上述区域的划分应考虑到野生动物在森林中的迁徙。

5.1.1.3　应制定被保护区域内的相应保护措施，对职工进行相关培训和教育。

5.1.1.4　必须保护所在国法律、法规和国际公约明令保护物种的栖息环境。

5.1.2　不得开展不适宜的采集活动。

5.1.2.1　采集活动应符合所在国有关野生动植物保护方面的法规。

5.1.2.2　采集活动应采用可持续利用资源的方法，最大限度地减少对当地资源的破坏。

5.1.3　应保护森林培育区域内典型的森林生态系统类型，维持其自然状态。

5.1.3.1　应通过调查，确定森林培育范围内典型的森林生态系统类型。

5.1.3.2　应制定出保护典型生态系统的措施。

5.1.3.3　应实施保护措施，保持典型生态系统的自然状态。

5.1.4　应采取有效措施恢复、保持和提高生物多样性。

5.2　环境影响

5.2.1　应考虑森林培育活动对环境的影响。

5.2.1.1　应根据森林培育的规模、强度及资源特性，对森林培育作业进行环境影响评估。

5.2.1.2　应根据评估的结果调整森林培育作业方式，减少采伐、集材、运输等活动对环境的影响。

5.2.2　应采取各种保护措施，维护林地的自然特性，避免地力衰退，保护水资源。

5.2.2.1　应采取有效措施最大限度地减少整地、造林、采伐、更新和道路建设等人为活动对林地的破坏，维护森林土壤的自然特性及其长期生产能力。

5.2.2.2　减少森林培育作业对水资源质量、数量的不良影响，控制水土流失，避免对森林集水区造成重大破坏。

5.2.2.3　宜在溪河岸边，建立足够宽的缓冲区，保持水土。

5.2.2.4　宜利用有机肥和生物肥料增加土壤肥力，减少化肥使用量。

5.2.3　应严格控制化学制剂的使用，减少因使用化学制剂造成的环境影响。

5.2.3.1　不得使用所在国法律、法规和国际公约明令禁止使用的农药。

5.2.3.2　应提供适当的设备和技术培训，减少使用化学制剂对环境的污染和对人类健康的危害。

5.2.3.3　应采用符合环保要求的方法处理化学制剂的废弃物和容器。

5.2.4　应严格控制和监测外来物种的引进和入侵，避免其造成不良的生态后果。

5.2.4.1　应在经过检疫，确保对环境和生物多样性不造成破坏的条件下引进外来物种。

5.2.4.2　应对外来物种的使用进行记录，监测其生态影响。

5.2.4.3　应制定并执行控制外来有害物种入侵的措施。

5.2.5　应维护森林生态服务功能。

5.2.5.1　应了解并确定森林培育区内森林的生态服务功能，如森林旅游、教育、科研、渔牧资源、水源涵养等。

5.2.5.2　应采取措施维护森林特别是高保护价值森林的相关价值和服务功能。

5.3　森林保护

5.3.1　应制定森林有害生物防治计划，以营林措施为基础，采取有利于环境的生物、化学、物理等措施，进行有害生物综合治理。

5.3.1.1　森林有害生物治理应符合所在国法律、法规的要求。

5.3.1.2　有条件时，应开展有害生物的预测预报，评估森林潜在的有害生物影响，制订相应的防治计划。

5.3.1.3　应采取营林措施为主，生物、化学、物理等防治相结合的有害生物综合治理措施。限制在森林中使用化学农药，避免或减少化学农药对环境的影响。

5.3.1.4　应采取有效措施，保护森林内的各种有益生物，提高森林健康水平。

5.3.2　应建立健全的森林防火制度，制定并实施防火措施。

5.3.2.1　应根据所在国的相关法律、法规，建立森林防火制度。

5.3.2.2　应对森林培育区域划定森林火险等级区。

5.3.2.3　应制定和实施森林火情监测和防火措施。

5.3.2.4　应建设森林防火设施，建立防火组织，负责本企业的森林防火和扑救工作。

5.3.2.5　应进行森林火灾统计，建立火灾档案。

5.4　森林监测

5.4.1　应建立适宜的森林监测制度和森林资源档案，对森林资源进行连续的或定期的监测。

5.4.1.1　应进行森林资源调查，建立森林资源档案制度。

5.4.1.2　应根据本单位的森林培育活动的规模和强度以及所在地区的条件，建立适宜的监测制度和监测程序，确定森林监测的方式、频度和强度。

5.4.1.3　应按监测制度连续或定期开展各项监测活动。

5.4.1.4　应对监测结果进行比较和评估。

5.4.1.5　应在制定或修订森林培育方案和作业计划中体现监测的结果。

5.4.2　森林监测应包括资源现状、森林培育状况及其社会环境影响监测等内容。

5.4.2.1　森林监测应包括以下内容：

（1）主要林产品的储量、产量和资源消耗量；

（2）森林结构、生长、更新及健康状况；

（3）动植物的种类及其变化趋势；

（4）采伐及其它经营活动对环境与社会的影响；

（5）森林培育的成本和效益；

（6）年度作业计划的执行情况。

6　社区发展

6.1　尽可能的为林区及周边地区的居民提供就业、培训及其它社会服务的机会。

6.2　应保障劳工合法权益，鼓励社区居民参与森林培育活动的决策。

6.3　不得侵犯当地居民对林木和其它资源所享有的法定权利。

6.3.1　应采取适当措施，防止森林培育活动直接或间接地威胁和削弱原住民的资源及使用权。

6.3.2　当地居民自愿把资源经营权委托给中国企业时，双方应签定协议或合同。

6.4　应建立与当地社区的协商机制。积极与原住民协商，划定和保护对原住民具有特定文化、生态、经济或宗教意义的林地，尤其是在多民族聚居区。

6.5　应根据需要，在信息保密的前提下，公布森林监测结果概要。

附 录 A
（资料性附录）
相关国际公约、协定和宣言

A. 1 生物多样性公约
A. 2 保护臭氧层维也纳公约
A. 3 气候变化与生物多样性公约
A. 4 联合国气候变化框架公约
A. 5 国际植物新品种保护公约
A. 6 保护野生动物迁徙物种公约
A. 7 濒危野生动植物国际贸易公约
A. 8 关于特别是作为水禽栖息地的国际重要湿地公约
A. 9 国际鸟类保护公约
A. 10 植物检疫及其虫害与疾病防护合作协定
A. 11 保护候鸟及其栖息环境协定
A. 12 国际热带木材协定
A. 13 里约环发大会宣言

附　录 B
(规范性附录)
《指南》用词说明

为便于在执行《指南》条文时区别对待，对于要求严格程度不同的用词说明如下：

B.1 表示很严格，非这样做不可的：

正面词采用“必须”；反面词采用“严禁”。

B.2 表示严格，在正常情况下均应这样做的：

正面词采用“应”；反面词采用“不应”或“不得”。

B.3 表示允许稍有选择，在条件许可时首先应这样做的：

正面词采用“宜”或“可”；反面词采用“不宜”。

附件 6

中国绿色碳汇基金会章程

第一章　总则

第一条　本基金会的名称是中国绿色碳汇基金会。

第二条　本基金会属于公募基金会。本基金会面向公众募捐的地域范围是中国以及许可本基金会募捐的国家和地区。

第三条　本基金会的宗旨：推进以应对气候变化为目的的植树造林、森林经营、减少毁林和其他相关的增汇减排活动，普及有关知识，提高公众应对气候变化意识和能力，支持和完善中国森林生态补偿机制。

第四条　本基金会的原始基金数额为人民币伍仟万元，来源于中国石油天然气集团公司捐赠。

第五条　本基金会的登记管理机关是民政部，业务主管单位是国家林业局。

第六条　本基金会的住所是北京市东城区和平里东街 12 号。

第二章　业务范围

第七条　本基金会公益活动的业务范围：

（一）支持社会各界积极参与以应对气候变化为目的的植树造林、森林经营、荒漠化治理、能源林基地建设、湿地及生物多样性保护等活动；

（二）支持营造各种以积累碳汇为目的的纪念林、森林管理、认种认养绿地等活动；

（三）支持加强森林和林地保护，减少不合理利用土地造成的碳排放；

（四）支持各种以公益和增汇减排为目的的科学技术研究和教育培训；

（五）支持碳汇计量、监测以及相关标准制定；

（六）宣传森林在应对气候变化中的功能和作用，提高公众保护生态环境和保护气候意识；

（七）支持有关林业应对气候变化公益事业的国内外合作与交流；

（八）开展适合本基金会宗旨的其他社会公益活动。

第三章　组织机构、负责人

第八条　本基金会由13－25名理事组成理事会。

本基金会理事每届任期为5年，任期届满，连选可以连任。

第九条　理事的资格：

（一）拥有较高的生态环境保护意识、志愿为中国林业应对气候变化作贡献；

（二）工作勤奋认真、愿意为本基金会的发展努力奋斗；

（三）有较高的社会威望、为人正直、身体健康。

第十条　理事的产生和罢免：

（一）第一届理事由业务主管单位、主要捐赠人、发起人分别提名并共同协商确定；

（二）理事会换届改选时，由业务主管单位、理事会、主要捐赠人共同提名候选人并组织换届领导小组，组织全部候选人共同选举产生新一届理事；

（三）罢免、增补理事应当经理事会表决通过，报业务主管单位审查同意；

（四）理事的选举和罢免结果报登记管理机关备案；

（五）具有近亲属关系的不得同时在理事会任职。

第十一条　理事的权利和义务：

（一）参加本基金会理事会会议，行使选举权、被选举权、表决权；

（二）对本基金会基金和财产的管理和使用行使监督权；

（三）对本基金会的工作行使建议权和批评权；

（四）遵守本基金会章程，出席理事会会议，执行理事会决议；

（五）积极为本基金会募集资金，开拓相关业务工作；

（六）积极参加本基金会组织的有关重要活动。

第十二条　本基金会的决策机构是理事会。理事会行使下列职权：

（一）制定、修改章程；

（二）选举、罢免理事长、副理事长、秘书长；

（三）决定重大业务活动计划，包括资金募集、管理和使用计划；

（四）年度收支预算及决算审定；

（五）制定内部管理制度；

（六）决定设立办事机构、分支机构、代表机构；

（七）决定由秘书长提名的副秘书长和各机构主要负责人的聘任；

（八）听取、审议秘书长的工作报告，检查秘书长的工作；

（九）决定基金会的分立、合并或终止；

（十）决定其他重大事项。

第十三条　理事会每年召开 2 次会议。理事会会议由理事长负责召集和主持。

有 1/3 以上理事提议，必须召开理事会会议。如理事长不能召集，提议理事可推选召集人。

召开理事会会议，理事长或召集人需提前 5 日通知全体理事、监事。

第十四条　理事会会议须有 2/3 以上理事出席方能召开；理事会决议须经出席理事过半数通过方为有效。

下列重要事项的决议，须经出席理事表决，2/3 以上通过方为有效：

（一）章程的修改；

（二）选举或者罢免理事长、副理事长、秘书长；

（三）章程规定的重大募捐、投资活动；

（四）基金会的分立、合并和终止。

第十五条　理事会会议应当制作会议记录。形成决议的，应当当场制作会议纪要，并由出席理事审阅、签名。理事会决议违反法律、法规或章程规定，致使基金会遭受损失的，参与决议的理事应承担责任。但经证明在表决时反对并记载于会议记录的，该理事可免除责任。

第十六条　本基金会设监事 2 名。监事任期与理事任期相同，期满可以连任。

第十七条　理事、理事的近亲属和基金会财会人员不得任监事。

第十八条　监事的产生和罢免：

（一）监事由主要捐赠人、业务主管单位分别选派；

（二）登记管理机关根据工作需要选派；

（三）监事的变更依照其产生程序。

第十九条　监事的权利和义务：

监事依照章程规定的程序检查基金会财务和会计资料，监督理事会遵守法律和章程的情况。

监事列席理事会会议，有权向理事会提出质询和建议，并应当向登记管理机关、业务主管单位以及税务、会计主管部门反映情况。

监事应当遵守有关法律法规和基金会章程，忠实履行职责。

第二十条　在本基金会领取报酬的理事不得超过理事总人数的1/3。监事和未在基金会担任专职工作的理事不得从基金会获取报酬。

第二十一条　本基金会理事遇有个人利益与基金会利益关联时，不得参与相关事宜的决策；基金会理事、监事及其近亲属不得与基金会有任何交易行为。

第二十二条　理事会设理事长、副理事长和秘书长，从理事中选举产生。

第二十三条　本基金会理事长、副理事长、秘书长必须符合以下条件：

（一）在本基金会业务领域内有较大影响；

（二）理事长、副理事长、秘书长最高任职年龄不超过70周岁，秘书长为专职；

（三）身体健康，能坚持正常工作；

（四）具有完全民事行为能力；

（五）第一届理事长不受最高任职年龄不超过70周岁的限制。

第二十四条　有下列情形之一的人员，不能担任本基金会的理事长、副理事长、秘书长：

（一）属于现职国家工作人员的；

（二）因犯罪被判处管制、拘役或者有期徒刑，刑期执行完毕之日起未逾5年的；

（三）因犯罪被判处剥夺政治权利正在执行期间或者曾经被判处剥夺政治权利的；

（四）曾在因违法被撤销登记的基金会担任理事长、副理事长或者秘书长，且对该基金会的违法行为负有个人责任，自该基金会被撤销之日起未逾5年的。

第二十五条　担任本基金会副理事长或者秘书长的香港居民、澳门居民、台湾居民以及外国人，每年在中国内地居留时间不得少于3个月。

第二十六条　本基金会的理事长、副理事长、秘书长每届任期5年，连任不超过两届。因特殊情况需超届连任的，须经理事会特殊程序表决通过，报业务主管单位审查并经登记管理机关批准同意后，方可任职。

第二十七条　本基金会理事长为基金会法定代表人。本基金会法定代表人不兼任其他组织的法定代表人。

本基金会法定代表人应当由中国内地居民担任。

本基金会法定代表人在任期间，基金会发生违反《基金会管理条例》和本章程的行为，法定代表人应当承担相关责任。因法定代表人失职，导致基金会发生违法行为或基金会财产损失的，法定代表人应当承担个人责任。

第二十八条　本基金会理事长行使下列职权：

(一)召集和主持理事会会议；

(二)检查理事会决议的落实情况；

(三)代表基金会签署重要文件；

(四)提议名誉职务人选，由理事会决定；

本基金会副理事长、秘书长在理事长领导下开展工作，秘书长行使下列职权：

(一)主持开展基金会日常工作，组织实施理事会决议；

(二)组织实施基金会年度公益活动计划；

(三)组织拟订基金的筹集、管理和使用计划；

(四)组织拟订基金会的内部管理规章制度；

(五)协调各机构开展工作；

(六)提议聘任或解聘副秘书长，由理事会决定；

(七)提议聘任或解聘各机构主要负责人，由理事会决定；

(八)决定各机构专职工作人员的聘用和解聘；

(九)章程和理事会赋予的其他职权。

第四章　财产的管理和使用

第二十九条　本基金会为公募基金会，本基金会的收入来源于：

(一)自然人、法人或其他组织的捐赠；

(二)组织公益募捐所得收入；

(三)政府资助；

(四)国家法律和政策允许的基金增值和投资收益；

(五)其它合法收入。

第三十条　本基金会组织募捐、接受捐赠，应当遵守法律法规，符合章程规定的宗旨和公益活动的业务范围。

第三十一条　本基金会组织募捐时，应当向社会公布募得资金后拟开展的公益活动和资金的详细使用计划。重大募捐活动应当报业务主管单位和登记管理机关备案。

本基金会组织募捐，不得以任何形式进行摊派及变相摊派。

第三十二条　本基金会的财产及其他收入受法律保护，任何单位、个人不得侵占、私分、挪用。

第三十三条　本基金会根据章程规定的宗旨和公益活动的业务范围使用财产；捐赠协议明确了具体使用方式的捐赠，根据捐赠协议的约定使用。

接受捐赠的物资无法用于符合本基金会宗旨的用途时，基金会可以依法拍卖或者变卖，所得收入用于捐赠目的。

第三十四条　本基金会财产主要用于：

（一）业务活动成本；

（二）管理费用；

（三）筹资费用；

（四）资产保值、增值；

（五）理事会决定的其他费用。

第三十五条　本基金会的重大募捐活动是指：

（一）依据国家法律规定，须经审批的或全国性的募捐活动；

（二）预计募捐金额在500万元以上的募捐活动；

（三）在境外的募捐活动。

重大投资活动是指：

（一）年度投资计划；

（二）超过500万元以上的投资。

第三十六条　本基金会按照合法、安全、有效的原则实现基金的保值、增值。

第三十七条　本基金会每年用于从事章程规定的公益事业支出，不得低于上一年总收入的70%。

本基金会工作人员工资福利和行政办公支出不超过当年总支出的10%。

第三十八条　本基金会开展公益资助项目，应当向社会公开所开展的公益资助项目种类以及申请、评审程序。

第三十九条　捐赠人有权向本基金会查询捐赠财产的使用、管理情况，并提出意见和建议。对于捐赠人的查询，基金会应当及时如实答复。

本基金会违反捐赠协议使用捐赠财产的，捐赠人有权要求基金会遵守捐赠协议或者向人民法院申请撤销捐赠行为、解除捐赠协议。

第四十条 本基金会可以与受助人签订协议，约定资助方式、资助数额以及资金用途和使用方式。

本基金会有权对资助的使用情况进行监督。受助人未按协议约定使用资助或者有其他违反协议情形的，本基金会有权解除资助协议。

第四十一条 本基金会应当执行国家统一的会计制度，依法进行会计核算、建立健全内部会计监督制度，保证会计资料合法、真实、准确、完整。

本基金会接受税务、会计主管部门依法实施的税务监督和会计监督。

第四十二条 本基金会配备具有专业资格的会计人员。会计不得兼出纳。会计人员调动工作或离职时，必须与接管人员办清交接手续。

第四十三条 本基金会每年 1 月 1 日至 12 月 31 日为业务及会计年度，每年 3 月 31 日前，理事会对下列事项进行审定：

（一）上年度业务报告及经费收支决算；

（二）本年度业务计划及经费收支预算；

（三）财产清册，包括当年度捐赠者名册及有关资料。

第四十四条 本基金会进行年检、换届、更换法定代表人以及清算，应当进行财务审计。

第四十五条 本基金会按照《基金会管理条例》规定接受登记管理机关组织的年度检查。

第四十六条 本基金会通过登记管理机关的年度检查后，将年度工作报告在登记管理机关指定的媒体上公布，接受社会公众的查询、监督。

第五章 终止和剩余财产处理

第四十七条 本基金会有以下情形之一，应当终止：

（一）完成章程规定的宗旨的；

（二）无法按照章程规定的宗旨继续从事公益活动的；

（三）基金会发生分立、合并的；

（四）由于其他原因终止的。

第四十八条 本基金会终止，应在理事会表决通过后 15 日内，报业务主管单位审查同意。经业务主管单位审查同意后 15 日内，向登记管理机关申请注销登记。

第四十九条 本基金会办理注销登记前，应当在登记管理机关、业务主管单位的指导下成立清算组织，完成清算工作。

本基金会应当自清算结束之日起 15 日内向登记管理机关办理注销登记；在清算期间不开展清算以外的活动。

第五十条　本基金会注销后的剩余财产，应当在业务主管单位和登记管理机关的监督下，通过以下方式用于公益目的：

（一）根据本基金会宗旨规定的业务范围，捐赠给国家重点生态建设工程或转赠给地方碳汇造林公益项目；

（二）经业务主管单位支付给符合本基金会性质、宗旨的公益活动。

无法按照上述方式处理的，由登记管理机关组织捐赠给与本基金会性质、宗旨相同的社会公益组织，并向社会公告。

第六章　章程修改

第五十一条　本章程的修改，须经理事会表决通过后 15 日内，报业务主管单位审查同意。经业务主管单位审查同意后，报登记管理机关核准。

第七章　附则

第五十二条　本章程经 2010 年 7 月 9 日理事会表决通过。

第五十三条　本章程的解释权属于理事会。

第五十四条　本章程自登记管理机关核准之日起生效。

附件 7

中国绿色碳汇基金会基金管理办法

第一章 总则

第一条 为规范中国绿色碳汇基金会（以下简称“基金会”）基金的使用和管理，保证基金使用的安全性、合法性和有效性，保护捐赠人、受益人和基金会的合法权益。根据《中华人民共和国公益事业捐赠法》、《基金会管理条例》、《民间非营利组织会计制度》和《中国绿色碳汇基金会章程》（以下简称《章程》）的有关规定，制定本办法。

第二条 本办法所指基金来源基金会通过捐赠人捐赠、国家财政拨付以及增值活动所得的资金。根据捐赠人的意愿，基金分为非限定性基金和限定性基金。非限定性基金指捐赠人对资金的使用没有具体的限定（对本类基金的管理详见第三章）。限定性基金指捐赠人对资金的用途或时间有具体的限定（对本类基金的管理详见第四章）。国家财政拨付的资金按照拨款单位的要求使用。基金增值活动所得资金依照本办法中对非限定性基金管理要求使用。

第三条 基金将用于开展符合基金会章程的公益活动。基金的使用严格遵守国家有关规定，按照合法、安全、公开、有效的原则，积极实现资金的应有价值。项目经费使用实行责任人制度，具体办法另文规定。

第二章 基金募捐及管理

第四条 基金会依照《章程》规定的宗旨和业务范围，积极组织开展社会募捐活动；针对《章程》规定的重大募捐活动应制定详细计划，提出切实可行的项目活动报告，并提报理事会会议通过方可予以执行。募捐活动应积极开展宣传，务求实效。

第五条 捐赠人的捐赠遵照自愿原则，所捐赠的财产受国家法律保护；捐赠财产的使用应符合基金会的公益目的及业务范围，并充分尊重捐赠人的意愿。基金会视捐赠财产情况，可以要求捐赠人出具捐赠财产的合法证明文件。

第六条 基金会接受捐赠遵循以下程序：

（一）基金会与捐赠人经过协商达成捐赠意向、交换相关证明文件并签署捐赠意向书；

（二）基金会与捐赠人就捐赠财产的种类、质量、数量、用途和双方权益等内容订立并正式签署捐赠协议；

（三）捐赠人按照捐赠协议约定的期限和方式将捐赠财产转移给基金会；

（四）基金会确认收到捐赠人的捐赠财产后，出具捐赠收据和相关的荣誉证书。

第七条　基金的管理：

（一）根据捐赠人的意愿使用捐赠财产，捐赠财产单独列账，专款专用；基金会财务部门负责对捐赠财产进行登记造册，达到固定资产标准的应按固定资产登记入账，妥善保管。捐赠协议文本由基金会秘书处统一保存管理；

（二）依据国家有关规定，在安全、合法、有效的前提下，基金可通过银行或其它途径进行增值，提高基金收益。对《章程》规定的重大投资活动，应制订详细计划，并提报理事会会议通过才可予以执行；

（三）根据《基金会管理条例》中的有关规定，基金会按不超过捐赠资金10%的比例提取管理成本，用于公益项目的宣传、管理费用和行政开支；捐赠资金用于救援赈灾的不提取管理成本。管理成本的提取比例，需在接受捐款时商榷捐赠人并由捐受双方以合同形式确认。管理成本的使用严格执行国家法律法规及《章程》的规定，实行预决算制度，由基金会财务部门负责具体工作；管理成本提取使用情况每年向社会公布一次。

（四）基金会办事机构工作人员的工资福利，按下列规定执行：国家事业编制内的工作人员，按照国家林业局相关规定执行，不足部分从基金利息等收入中列支；签订劳动协议聘用的其他工作人员，其费用执行协议规定，由基金利息、管理成本等中列支。

第三章　非限定性基金的管理

第八条　非限定性基金由基金会统一管理使用，开展与基金会业务范围相关的公益活动。

第九条　10万元（不含）（人民币，下同）以下的非限定性基金的使用，由项目经办人提出意见，秘书长决定。10万元（含）至100万元（不含）以下的非限定性基金的使用，由秘书长办公会决定。100万元（含）以上的非限定性基金的使用，由秘书长办公会提出使用计划及预算，经理事长批准后方可实施。

第十条　基金会理事会对年度经费收支进行审议时，基金会财务部门应就非限定性基金的收支情况予以专门说明。

第四章　限定性基金的管理

第十一条　限定性基金分为专项基金和非专项基金。专项基金是指经基金会批准、在基金会内部设立、专户管理、捐赠数额较大、专门用于某项业务活动的基金；非专项基金多为一次性捐赠、捐赠数额较少，主要用于捐赠人指定的活动。

第十二条　专项基金的管理：

（一）凡向基金会捐赠1000万元以上的自然人、法人或其他组织，只要与基金会签署捐赠协议时明确捐赠意向，且符合基金会宗旨和业务范围，均可设立专项基金。

（二）设立基金会专项基金的程序是：执行完毕第二章相关程序后，由基金会秘书处根据与捐赠人签订的捐赠协议报请基金会理事长批准设立。设立后，专项基金的名称，由基金会商捐赠人确定。基金会与捐赠人签署的协议书应包括以下主要内容：

1. 捐赠设立专项基金的数额及基金名称；
2. 捐赠人的捐赠意向及管理、使用要求；
3. 管理成本的提取比例；
4. 专项基金管理机构的组成人员；
5. 其他需要约定的事项。

（三）专项基金由基金会财务部按捐赠人意愿设专户管理；可按专项基金捐赠人意愿，由基金会和捐赠人委派代表组成专项基金执行委员会进行管理，并制订专门管理办法。专项基金执行委员会由主任、副主任和委员组成，原则上不超过7人。具体人数和组成结构由捐受双方具体商定。专项基金执行委员会的职能是制订和修改该专项基金的管理办法、工作计划以及年度支出预算，审核年度工作计划完成情况和年度财务决算。专项基金执行委员会决定经费支出的权限及程序，并出具书面文件，基金会财务部据此执行。

（四）专项基金具体使用上，基金会财务部严格按照“分账管理，专款专用”原则，设立该专项基金科目，统一管理，不得挪用、占用。专项基金的支持项目经专项基金执行委员会确定后，其具体的组织实施工作由基金会负责，捐赠人不介入项目的具体实施。基金会须在项目执行过程中，随时向捐赠人报告项目执行情况；在项目执行完毕时，向捐赠人提交项目总结报告。

（五）专项基金的撤销。专项基金存在以下情况，应当撤销：实施中出现违反国家有关政策法规的情况的；捐资人未能按照合同或协议履行其职责，拖欠应支付捐助款一年以上的；登记管理机关或业务主管单位认为应当撤消的。

（六）专项基金的终止。专项基金存在以下情况，应当终止：合同到期的；所资助或支持的对象发生变化，致使该专项基金任务不能完成的；登记管理机关或业务主管单位认为应当终止的；专项基金终止后，该专项基金的结余资金可转入非限定性基金进行管理。

（七）专项基金的撤销或终止，应通过该专项基金执行委员会审议，并提出相应报告，经基金会理事长办公会同意后正式撤销或终止，并向理事会通报。

第十三条　非专项基金的管理：

（一）非专项基金捐赠数额一般少于 50 万元。捐赠遵照本办法第二章的有关规定进行。捐赠人应就有关活动的权益与基金会签定协议，待资金到位后协议正式生效。

（二）非专项基金在完成指定的活动后，其结余资金可根据捐赠人的意愿继续用于同类公益活动，亦可转入非限定性基金进行管理。

第五章　审计与监督

第十四条　按照国家有关规定，基金会应向有关主管部门提交基金会财务工作报告和会计报表；并主动接受相关主管部门的审计监督。

第十五条　基金会每年邀请社会中介机构对基金收支进行审计，并将结果向理事会报告，同时在基金会网站向社会公布。

第十六条　专项基金的收支情况和项目执行结果，应及时向捐赠人通报。同时，不断健全内部监督机制，完善各项规章制度，增强基金管理的有效性。

第六章　权责与奖惩

第十七条　捐赠人有权向基金会查询其捐赠财产的使用、管理情况，并提出意见和建议；如发现基金会违反捐赠协议，捐赠人有权要求基金会立即纠正违反协议的行为。捐赠人享有财政部、国家税务总局、民政部规定(财税〔2008〕160号)的“企业捐赠支出在年度利润总额12%以内的部分，准予在计算应纳税所得额时扣除；个人捐赠支出准予在计算应缴纳个人所得税时全额扣除”的税收优惠政策。

第十八条　基金会应在《章程》规定的宗旨和公益活动的业务范围内，尊重捐赠人的意愿，按协议或合同的规定严格管理使用基金，保证资金使用的合法性和有效性。

第十九条　基金会对捐赠人可给予以下方式的鼓励或表彰：

(一)个人捐赠财物价值达人民币1000元(含)以上，法人或组织捐赠财产价值达人民币5万元(含)以上的，由基金会颁发捐赠荣誉证书；可受邀参加基金会组织的公益活动；

(二)个人捐赠财产价值达人民币10万元(含)以上，法人或组织捐赠财产价值达人民币100万元(含)以上的，可根据捐赠人的意愿，举行捐赠仪式，由基金会理事长颁发荣誉证书，通过新闻媒体予以宣传；可受邀参加基金会组织的公益活动；可在基金会网站或相应出版物发布相关信息，具体事宜由双方商定；

(三)巨额捐赠达到人民币500万元(含)以上的，可根据捐赠人的意愿，举行捐赠仪式，由基金会理事长颁发荣誉证书，通过新闻媒体予以宣传，经基金会理事会批准聘为理事或荣誉理事(单位)；可应邀参加基金会组织的公益活动；可在基金会网站或相应出版物发布相关信息，具体事宜由双方商定；

(四)对在捐赠活动中做出重要贡献的其他有关人员，基金会将视具体情况予以奖励。

第二十条　基金会对基金会工作人员及项目关联人员可给予以下方式的奖励：

(一)对管理基金有突出贡献的人员，按基金增值部分年终实际到帐金额的适当比例予以一次性奖励。奖金从基金增值收入中列支；

(二)具体奖励人员和金额，由基金会秘书处提出意见，报理事长批准后执行；

(三)对违反基金会规定，造成基金损失的，根据事实和情节，按照法律和规定，追究有关人员的责任。

第七章　附则

第二十一条　本办法经2010年7月9日理事会表决通过，自公布之日起执行。

第二十二条　本办法由基金会秘书处负责解释。

附件 8

中国绿色碳汇基金会项目管理办法

第一章　总则

第一条　为规范中国绿色碳汇基金会(以下简称基金会)项目的管理，确保项目运行的合法、规范、高效，实现项目的预期目标，维护基金会、捐赠方和受益方的合法权益，根据国务院《基金会管理条例》、《中国绿色碳汇基金会章程》、《中国绿色碳汇基金会基金管理办法》和国家相关法律法规，参照国内外先进的项目管理办法，特制定本办法。

第二条　本办法适用于使用中国绿色碳汇基金会的资助基金、以应对气候变化为目的的公益活动项目的管理。依据《中国绿色碳汇基金会章程》第二章第七条的有关规定，资助项目范围包括：

(一)支持社会各界积极参与以应对气候变化为目的的植树造林、森林经营、荒漠化治理、能源林基地建设、湿地及生物多样性保护等活动；

(二)支持营造各种以积累碳汇为目的的纪念林、森林管理、认种认养绿地等活动；

(三)支持加强森林和林地保护，减少不合理利用土地造成的碳排放；

(四)支持各种以公益和增汇减排为目的的科学技术研究和教育培训；

(五)支持碳汇计量、监测以及相关标准制定；

(六)宣传森林在应对气候变化中的功能和作用，提高公众保护生态环境和保护气候意识；

(七)支持有关林业应对气候变化公益事业的国内外合作与交流；

(八)开展符合本基金会宗旨的其他社会公益活动。

第三条 基金会设立项目数据库，通过基金会的官方网站向国内外公布，供捐赠方和项目实施单位选择。

第二章　组织管理

第四条　基金会每一年度项目计划由基金会理事会审核决定。专项基金的项目领导小组为专项基金执行委员会。

第五条　基金会设立项目部，作为项目管理机构，配备专职人员，行使项目管理职能，负责项目的开发、立项、实施、检查和验收等管理工作。

第三章　项目立项管理

第六条　立项原则

根据《中国绿色碳汇基金会章程》，基金会资助项目的立项原则主要有：

(一)符合基金会宗旨和章程的有关规定；

(二)充分尊重捐资方意愿；

(三)优先考虑生态环境脆弱区、生物多样性保护重点区和贫困地区；

(四)综合考虑项目的公益性、可行性和实效性。

第七条　立项程序

(一)根据第六条规定的立项原则和基金募集情况，由基金会项目部提出鼓励性项目清单，并通过基金会官方网站或其他媒体发布项目申报通知，公布鼓励性项目性清单及申报条件等事宜。

(二)申请项目实施的单位按通知要求和时限向基金会项目部报送项目立项申请书、详细的经费预算以及项目实施方案，碳汇造林项目或森林经营项目要报送项目设计文件。

(三)基金会项目部对立项申报材料行审查，必要时开展适当的项目前期调研。在此基础上，向秘书长提出书面的项目前期调研报告、项目立项申报材料审查意见和建议纳入评审项目的名单。

对于基金会自主立项实施的项目，由项目部负责编写项目立项申请书、详细的经费预算和项目实施方案，并向秘书长申请列入评审项目的名单。

(四)基金会召开项目立项评审会，由纳入评审项目的申请单位汇报立项报告，专家组对评审项目逐一进行论证，通过评审的项目纳入后续审批项目名单。立项评审专家组由主要捐赠方、基金会和专家代表等组成。

(五)根据项目评审会结果，对申请的项目进行分类立项审批。

申请非限定性基金资助项目立项，根据项目资助额度由基金会秘书处决定。

申请限定性基金资助项目立项：专项基金资助项目，由专项基金执行委员会进行立项审批；非专项基金资助项目，由秘书长办公会提出立项建议，报经理事长批准后方可立项。

获得批准正式立项的项目均在基金会的官方网站公布。

第四章 项目实施管理

第八条 基金会施行项目合同制管理，推行项目负责人制度，对实施项目进行全过程监管，确保项目资金按时到位、项目运营通畅、项目成效显著、社会反响良好。

第九条 由基金会与项目实施单位签署项目实施合同，明确约定项目的预期目标、项目内容、考核指标、项目经费及付款条件、项目实施负责人（简称为项目负责人）、各方的责任以及违约责任等，并把项目实施合同作为基金会检查项目执行情况、项目验收及拨付项目资金的主要依据。

第十条 具体项目的负责人由基金会项目部和项目实施单位共同确定。项目负责人对管理所执行的项目负全责。其主要职责是：负责项目实施合同的执行，落实项目配套资金的足额到位；负责项目年度实施计划、年度经费预算的编制、报批和具体执行；负责项目的日常管理；负责项目的自查验收及验收材料准备，配合基金会项目部对项目进行检查和验收，及时向基金会报告项目执行进展情况及其结果。

第十一条 实行项目全过程监管制度。项目责任人要对项目的执行情况进行全过程监管，确保项目按项目实施合同、项目实施方案、实施计划有序推进。项目负责人对负责执行的项目终身负责，接受国家审计部门、业务主管部门和基金会监事的监督。

第十二条 基金会项目部实行项目监管人制度，按项目把管理责任落实到人。项目监管人的主要职责是：随机或定期检查监督项目计划、预算执行情况，监督项目负责人的工作成效，处理项目执行中出现的问题，推进实现项目的预期目标。

第五章 项目资金管理

第十三条 严格按照国务院《基金会管理条例》、《中国绿色碳汇基金会章程》、《中国绿色碳汇基金会基金管理办法》以及国家有关法律法规对项目资金进行规范化管理。

第十四条 基金会对项目资金实行预算制管理。由项目负责人根据项目实施合同以及批准的项目立项报告、实施方案和项目年度计划，编制年度项目经费预算，报基金会项目部和财务部审核后，依据权限范围由基金会理事长或秘书长批准后执行。

第十五条　基金会依据项目实施合同付款条件、经费预算、项目进度、检查与验收结果，向项目实施单位拨付项目资金，项目实施单位向基金会提供合法、有效的发票。

第十六条　项目实施单位按预算对项目资金实行报账制管理。每笔开支必须经项目负责人审核批准后方能报销，确保项目资金的合法、合理、规范、高效使用。

第六章　项目验收管理

第十七条　项目实施单位在项目执行完毕的二个月内对照项目实施合同，按要求完成自查验收报告及所需上报的验收材料，并上报基金会项目部，提请基金会开展项目验收。

第十八条　基金会项目部收到项目实施单位自查验收报告的一个月内，对自查验收报告及验收材料提出审查意见。项目部结合审查意见、捐资额度和项目内容，向秘书长提出项目验收方式的建议，由秘书长决定采纳会议评审验收方式或现场验收方式。项目验收工作由基金会项目部具体组织。碳汇造林项目验收根据项目合同以及国家林业局造林司颁发的《碳汇造林技术规定(试行)》和《碳汇造林检查验收办法(试行)》进行检查验收。其他项目按项目合同约定进行检查验收。

第十九条　项目验收结果在对外公布前，须报经秘书长同意，认为必要时可请示理事长同意。

第二十条　奖罚分明，表彰先进。根据项目验收情况，将项目实施结果分为优秀、合格、不合格三个档次。

对优秀项目的实施单位和项目负责人和项目监管人，由项目部门负责人提出意见，经秘书长同意后报请理事长批准，予以适当奖励，奖金从该项目的管理费中列支。

对不合格项目的实施单位和项目负责人及项目监管人，若造成严重损失或有其他违法违规行为的，除自费组织项目返工，直至达到合格外，还要依法追究项目负责人、监管人的责任。

第七章　项目信息管理

第二十一条　基金会对项目实施的各种数据与信息，实行制度化、常态化管理。

项目执行单位指定信息管理专员负责具体项目的信息管理，信息专员接受基金会项目部的领导和监督。

项目信息管理专员的职责是，保证项目管理信息系统处于良性运转状态；保证项目数据及时、准确；适时对项目数据信息进行系统分析并形成书面报告，上报基金会项目部；对项目实施提供信息数据的支持。

第二十二条　基金会资助的以面积为单元的项目，如碳汇造林项目、森林经营项目、森林保护减排项目等的信息管理，推行采用以地理信息系统为基础的项目管理信息系统，由基金会项目部负责组织开发并进行管理。

第二十三条　项目部根据项目进展情况，利用基金会官方网站或其他媒体大力宣传基金会应对气候变化的实际行动（项目）的进展及其成效，大力宣传并树立捐赠方积极承担企业社会责任、自愿减排的良好形象。

第八章　附则

第二十四条　根据实际需要，基金会项目部可参照本办法，制定具体项目的管理办法或实施细则。

第二十五条　本办法经2011年1月13日第一届理事会第二次会议表决通过，自公布之日起执行。

第二十六条　本办法由中国绿色碳汇基金会秘书处负责解释。

公布日期：二〇一一年三月十日

后　记

当我敲完本书初稿的最后一行字，一种释然的历史责任感从心底油然而生。本书按时间顺序，记述了中国林业碳管理从 2002 年开始至今已走过的 14 个年头。却好似一段专业的回望，如数家珍般地讲述了很多也许在他人看来微不足道的历史“细节”。如列出了参加第一、二次研讨班和培训班的人员名单，还追根溯源地罗列了国家应对气候变化管理机构从 1990 年初成立“国家气候变化协调小组”到后来国家发展和改革委员会成立应对气候变化司这十几年的历史性“变迁”；甚至还辑录了早期国家“初始信息通报”的些许内容等。凡此种种，让人读起来或许会有点像“流水账”，而且也没有太多的科技含量。但在笔者眼里，这些活动细节和事件，却如其分地反映了中国应对气候变化事业包括林业碳管理工作从无到有、从小到大的生成和发展的历史进程。之所以留存下这些文字，无非是想展示给读者一个历史的、真实的中国林业碳管理的初始、创新、发展以及对未来的美好憧憬。透过这每一个阶段性的活动细节，认同和感悟林业这样一个“挖坑栽树”的行业 是怎样突破传统观念和发展思路，不断拓展专业领域和创新工作方向，与生态、环境、应对全球气候变化等国际重大问题、与人类的生存发展密切联系、且与人类的和谐进步休戚相关。

因为责任所在，也许是一种喜好，抑或是一种科研情趣，说得更崇高一点，应该是一种林业工作者的历史责任感，促使笔者 14 年来与林业应对气候变化这一新生事物结下了不解之缘。每天十多个小时呈现在脑海里的，多是绿色碳汇的科学问题、实践创新和管理规范的眼前事儿，始终挥之不去。

对于广大社会公众来说，林业碳汇这个概念太生僻、太专业、太难懂了；而对于林业人来说，绿色植物通过光合作用吸收二氧化碳、放出氧气，这样的生物学解读就太普通、太简单、太好懂了。但是，当林业碳汇与应对气候变化联系起来，特别是与国家经济发展的碳排放空间、与碳交易联系在一起时，就变得不一般、不简单、也不好懂了。这就不仅要知晓一般的林业科学知识，还要了解应对气候变化的国际制度和规则以及碳交易本质及其运作模式等。通常我们宣传森林的诸多功能和价值，怎么宣传都不会过分。但是当它与碳交易挂钩，就有一定条件的限定了。这个条件就是每笔交易出去的减排量，一定都要真实地减少碳排放(或增加碳吸收)，才能达到降低和稳定大气中二氧化碳浓度的目的，才能起到减缓气候变暖的作用。由此而产生了方法学、额外性等规则要求和复杂计算，同时，在管理实践中又催生了许多新理论、新观点、新技术、新标准、新职能以及新挑战。这也对传统的管理带来了不小的冲击和影响。从我们已走过的路和做过的事中深切地感受到，林业碳管理的实践探索进程，步履艰难，困难重重，时时会有一些不理解、不配合、不支持的情况发生。十多年一路走来，很是艰难。对于一个新生事物的发生、发展而言，笔者以为，这是很自然的事。

幸运的是，自开创林业应对气候变化工作的新领域始，国家林业局党组和每一时任领导，始终高瞻远瞩地重视和支持林业应对气候变化工作。在颇有争议的情况下，批准举办了首个“造林绿化与气候变化”研讨班，决定成立国家林业局碳汇办、能源办、气候办乃至“亚太森林恢复与可持续管理网络”中心和中国绿色碳汇基金会。从组织上保证了绿色碳汇事业的创新与发展。当然，还要感谢众多同事和朋友所给予的理解、认同和大力支持。因此，在本书中，记入了在2002年尚未谋面就给我们第一个研讨班授课的时任国家发改委地区经济司副司长、气候办副主任高广生、中国农科院林而达教授以及时任中国科学院农业政策研究中心副主任、现任北京大学国家发展研究院副院长的徐晋涛教授。令人难忘和感怀的是他，徐晋涛教授把我引入了应对气候变化领域。2002年4月，他邀请我参加在北京友谊宾馆举行的“生态环境效益补偿政策与国际经验研讨会”。我第一次听到了林业碳汇这个词儿。在没有经费支持的情况下，是他筹资帮助我们举办了首个“造林绿化与气候变化”国际研讨班。自此，我们勇敢而坚定地走出了林业应对气候变化管理工作的第一步。此外，书中叙述了2006年当我提出建立“绿色碳基金”设想时给予充分肯定、鼓励和大力支持的大自然保护协会(TNC)张爽博士和北京大学吕植教授。2004年底，我十分荣幸地受国家林业局委派到美国国际纸业公司(International paper company IP)做高级访问学者半年。我得到了开阔眼界、培训学习、了解世界的绝好机会。我带着对新事物的学习热望和专业探求，如饥似渴学习，并不辞劳顿地按访问计划访问了美国国务院、美国林务局、世界银行总部、联合国基金会、美国林学会、美国林纸协会、世界自然基金会(WWF)、大自然保护协会(TNC)等众多国际机构和组织。从中我惊奇地发现，几乎每个机构都有专门从事应对气候变化和生物质能源管理的工作组，同时，我也得以了解对应对气候变化的国际制度、政策、规则和许多新概念、新知识。我得到了一系列有关应对气候变化和林业碳汇的国际知识的“滋养”，让我收获颇丰。后来，又先后两次受世界银行邀请，作为观察员赴华盛顿和巴拉圭参加了森林碳伙伴基金(Forest Carbon Partnership Facticity)会议，7次参加联合国气候大会并组织边会，还在边会进行专业性发言……，尽可能在国际上发出中国林业的声音。

“我们都是一边干一边学”。这是我入此行以来听到的国内外大牌专家说的得最多的一句话，也是我从事林业碳管理工作的真实写照。藉此，我要说的这本“流水账”，想表达的就是适时、真实、原汁原味的中国林业碳管理的缘起、发生和发展历程，仅此而已。因为，对于这个事业的未来发展愿景而言，这仅仅是一个开始。当然，已是一个良好的开端。

李怒云

2016年5月